浙江农林大学 生态文明研究院 碳中和研究院
Institute of Ecological Civilization & Institute of Carbon Neutrality, Zhejiang A&F University

浙江智库
ZHEJIANG THINK TANK

浙江省生态文明智库联盟

U0650609

浙江生态文明发展报告
——生物多样性保护的浙江经验

陈真亮　熊立春　孔令乾　李玉文　等 / 著

中国环境出版集团 · 北京

图书在版编目（CIP）数据

2023浙江生态文明发展报告. 生物多样性保护的浙江
经验 / 陈真亮等著. -- 北京 : 中国环境出版集团,
2025. 3. -- ISBN 978-7-5111-6208-3

Ⅰ. X321.255

中国国家版本馆CIP数据核字第20253HQ269号

责任编辑　宾银平
封面设计　宋　瑞

出版发行　中国环境出版集团
　　　　　（100062　北京市东城区广渠门内大街 16 号）
　　　　　网　　址：http://www.cesp.com.cn
　　　　　电子邮箱：bjgl@cesp.com.cn
　　　　　联系电话：010-67112765（编辑管理部）
　　　　　发行热线：010-67125803，010-67113405（传真）
印　　刷　北京鑫益晖印刷有限公司
经　　销　各地新华书店
版　　次　2025 年 3 月第 1 版
印　　次　2025 年 3 月第 1 次印刷
开　　本　787×1092　1/16
印　　张　14.25
字　　数　320 千字
定　　价　78.00 元

【版权所有。未经许可，请勿翻印、转载，违者必究。】

如有缺页、破损、倒装等印装质量问题，请寄回本集团更换。

中国环境出版集团郑重承诺：
中国环境出版集团合作的印刷单位、材料单位均具有中国环境标志产品认证。

目　录

第一篇

政策制度篇

本篇由浙江省生物多样性保护政策制度的发展评析、创新及完善建议等三章内容构成。

生物多样性一般是指生物（动物、植物、微生物）与环境形成的生态复合体以及与此相关的各种生态过程的总和，包括遗传多样性、物种多样性和生态系统多样性。生物多样性关系人类福祉，是人类赖以生存和发展的重要基础，是生态文明建设的显著标志。浙江省委、省政府坚定不移走人与自然和谐共生的现代化之路，积极推进生物多样性保护工作的主流化与法治化。通过系统梳理和总结国家、浙江省及其设区市三个层面在生态系统多样性、物种多样性、遗传多样性等领域的政策制度建设，发现浙江省生物多样性保护的政策制度和机制建设走在全国前列：首先，在基本理念上，浙江省注重建章立制与改革创新相结合，政策制度创新呈现基于系统集成理念的体系化、基于迭代升级理念的实效性、基于优化升级理念的绩效性、基于制度耦合理念的非正式制度互补性；其次，在创新特征上，浙江省生物多样性保护体现出由末端治理到预防型保护的规制转型、由地方政策制度到区域协同保护的法治转型、由命令型控制到引导激励型的政策制度转型；最后，在制度设计上，浙江省精准构建从顶层规划到地方规范体系，全局统筹海陆空合力解决生物多样性丧失威胁、全面提升生物多样性永续利用与惠益分享水平、着力增强生物多样性保护的治理体系与治理能力。

尽管浙江省生物多样性保护的政策制度已有良好基础,但也存在规范立法不足、法治保障体系有待完善、管护机制上需要加强多元共治、制度实施上需要推进生物多样性公益诉讼保障法律适用等方面的困境,亟须构建长效机制并不断优化法治保障体系。建议在规范供给上加快推进生物多样性保护专门立法,突出浙江地方特色,加强党内法规与地方法规的衔接及协同实施。在治理体系上统筹整合各类自然保护地立法,提升立法层级,加强省际合作和陆海统筹。在管护机制上加强多元治理,加强各部门间协调合作和公众参与。在法律适用上完善生物多样性公益诉讼,拓展诉讼适格主体范围,明确重大风险的界定标准。

第一章

浙江省生物多样性保护政策制度的发展评析

　　加强生物多样性保护是实现人与自然和谐共生的现代化的重要基础。生物多样性保护是美丽浙江、法治浙江建设的重要内容，早在 2013 年浙江省就发布了生物多样性保护的纲领性文件——《浙江省生物多样性保护战略与行动计划（2011—2030 年）》。2022 年，浙江省发布《关于进一步加强生物多样性保护的实施意见》，2023 年发布《浙江省生物多样性保护战略与行动计划（2023—2035 年）》等，省级和各地级市建立健全相关政策制度，积极推进生物多样性保护试点和先行示范，有力地促进了生物多样性保护的主流化与法治化。本章主要对国家、浙江省级及其设区市三个层面的生态系统、物种和基因等方面的生物多样性保护政策制度进行梳理和评析。

一、生态系统多样性保护政策制度的发展评析

（一）生物多样性保护的基础性政策制度建设

1. 国家层面的进展情况

　　（1）建立健全以《中华人民共和国环境保护法》为核心的法律规范体系。中国是联合国《生物多样性公约》第十五次缔约方大会（CDB COP15）主席国，是生物多样性最丰富的国家之一。保护环境是我国的基本国策，截至 2023 年底，现行有效的生态环保类法律有 30 余件、行政法规 100 余件、地方性法规 1 000 余件，已构建起以《中华人民共和国环境保护法》为统领的环境法规范体系。2014 年修订的《中华人民共和国环境保护法》被称为"史上最严的环保法"，原则性规定了生物多样性保护[①]。中国正在制定《中华人民共和

[①] 《中华人民共和国环境保护法》（2014 年修订）第三十条："开发利用自然资源，应当合理开发，保护生物多样性，保障生态安全，依法制定有关生态保护和恢复治理方案并予以实施。引进外来物种以及研究、开发和利用生物技术，应当采取措施，防止对生物多样性的破坏。"

国生态环境法典》《中华人民共和国国家公园法》等法律。中共中央办公厅、国务院办公厅联合印发《中央生态环境保护督察工作规定》等，国家法律法规和党内法规不断完善，形成了依法治国和依规治党统筹协调推进的生态文明建设格局。中国还加入了《生物多样性公约》《关于特别是作为水禽栖息地的国际重要湿地公约》等公约，是全球生物多样性保护的重要参与者、贡献者和引领者。

（2）完善海洋生态系统多样性保护法律规范体系。海洋环境保护是生态文明建设、美丽中国建设的重要组成部分。2023 年修订的《中华人民共和国海洋环境保护法》坚持陆海统筹、区域联动，为海洋生态系统多样性保护提供了法律保障。相关规定还有《中华人民共和国海岛保护法》《中华人民共和国海域使用管理法》《中华人民共和国防治陆源污染物污染损害海洋环境管理条例》《中国海洋 21 世纪议程》《全国海洋功能区划》《全国海洋主体功能区规划》《全国海岛保护规划》《海岸带及近岸海域空间规划（2021—2035 年）》《海岸带生态保护和修复重大工程建设规划（2021—2035 年）》《"十四五"海洋生态保护修复行动计划》《红树林保护修复专项行动计划（2020—2025 年）》《互花米草防治专项行动计划（2022—2025 年）》等。中国积极推进海洋环境保护国际合作，为全球海洋环境治理提出中国方案、贡献中国力量。

（3）构建民事、行政和刑事诉讼"三合一"的生物多样性保护司法体系。中国自 1984 年以来共计审理了 5 000 余件各类海洋环境民事纠纷案件。海事法院 2015 年以来审结 1 000 余件涉及海洋环境的行政诉讼案件，探索管辖污染海洋环境、海上非法采砂及非法采捕珍贵、濒危水生野生动物等刑事案件。[①]2016 年，最高人民法院制定《关于审理发生在我国管辖海域相关案件若干问题的规定》，依法打击侵害海洋生态环境的违法行为。2021 年，最高人民法院与联合国环境规划署合作举办世界环境司法大会。2022 年，最高人民法院发布《中国生物多样性司法保护》白皮书以及 15 项生物多样性司法保护典型案例，涵盖物种多样性、遗传多样性和生态系统多样性等核心领域。2023 年，最高人民检察院发布 11 起生物多样性保护公益诉讼典型案例。2024 年 11 月，最高人民法院发布十年环境资源审判有重大影响力案件。

2．省级层面的进展情况

（1）构建生态环境保护"1+N"地方性法规体系，高水平推进生态文明建设先行示范。2010 年以来，浙江省共制（修）订自然保护地、森林、湿地、河湖以及珍稀濒危野生动植物保护等相关地方性法规章 40 余部，将生物多样性保护纳入林长制、美丽浙江、平安浙江等考核任务，"用最严格制度最严密法治保护生态环境"[②]。2022 年，生物多样性保护首次写入《浙江省生态环境保护条例》。2023 年，浙江省十四届人大常委会第四次会议通过《关于坚定不移深入实施"八八战略"高水平推进生态文明建设先行示范区的决定》，

---

① 中华人民共和国国务院新闻办公室. 中国的海洋生态环境保护 [EB/OL]. （2024-07-11）[2024-07-25]. https://www.gov.cn/zhengce/202407/content_6962503.htm.

② 习近平. 习近平谈治国理政（第三卷）[M]. 北京：外文出版社，2020：363.

提出要"全面加强物种保护和生物安全管理，守牢美丽浙江建设安全底线，全方位开展生物多样性友好行动，打造生物多样性保护和可持续利用实践范例"。2024 年 8 月，中共浙江省委、浙江省人民政府联合印发《关于全面深化美丽浙江建设的实施意见》，要求奋力打造生态文明绿色发展标杆之地，建立生态文明建设情况报告制度。

（2）加强海洋生物多样性保护和"美丽海湾"建设。海洋生物多样性保护是《生物多样性公约》的重要领域，学术界研究已经从最初关注海洋生物多样性的现状，逐渐拓展到识别并解决海洋生物多样性面临的主要压力和威胁因素，以及探讨解决海洋生物多样性威胁的生态系统工具和方法等。[①]浙江省强化入海污染源监管、陆海统筹治污、海上污染防控、海洋资源保护与修复等，深化海洋生态环境保护的责任体系、制度体系和区域联动体系建设。相关规定有《浙江省海洋环境保护条例》、《浙江省海域使用管理条例》、《浙江省南麂列岛国家级海洋自然保护区管理条例》、《浙江省海洋生态环境保护"十四五"规划》（浙发改规划〔2021〕210 号）、《浙江省美丽海湾保护与建设行动方案》（浙政发〔2022〕12 号）、《浙江省八大水系和近岸海域生态修复与生物多样性保护行动方案（2021—2025年）》（浙政办发〔2021〕55 号）、《浙江省红树林保护修复专项行动计划（2020—2025 年）实施方案》、《红树林造林技术规程》（DB33/T 920—2023）、《浙江省互花米草防治攻坚战三年行动方案（2023—2025 年）》（浙林湿〔2023〕17 号）等。

（3）加强自然保护地体系建设和生物多样性保护。浙江省发布实施《浙江省生物多样性保护战略与行动计划（2023—2035 年）》，统筹布局全省生物多样性保护工作。这是自联合国《生物多样性公约》第十五次缔约方大会第二阶段会议达成《昆明-蒙特利尔全球生物多样性框架》（以下简称《昆蒙框架》）以来全国范围内出台的首个省级计划。对生物多样性进行保护，一个重要的问题就是确定保护的关键区域。[②]《浙江省自然保护地体系发展"十四五"规划》（浙发改规划〔2021〕163 号）要求全面加强自然保护地建设，形成生态完好、类型丰富、布局合理、功能完善、管理规范的自然保护地体系。《浙江省生态环境保护"十四五"规划》（浙发改规划〔2021〕204 号）要求全面实施以"三线一单"为核心的生态环境分区管控体系，开展重点区域、重点流域、重点行业和产业布局的规划环评。此外，浙江省开展《浙江省生物多样性保护战略与行动计划（2011—2030 年）》中期评估和修编，生物多样性体验地建设等。2023 年，浙江省生态环境厅与省林业局联合印发《生态环境部门与林业部门自然保护地生态环境保护执法协作机制》（浙环函〔2023〕184 号）。浙江省生态环境厅连续发布 2023 年度、2024 年度浙江省生物多样性保护优秀案例。

（4）数字赋能生物多样性保护，构建生态产品价值实现长效机制。2022 年，浙江省委办公厅、省政府办公厅印发《关于进一步加强生物多样性保护的实施意见》（浙委办发〔2022〕23 号），提出了加强生物多样性保护的总体要求、主要目标、重点任务和保障措施，

---

① 耿宜佳，李子圆，田瑜.《生物多样性公约》下海洋生物多样性保护的进展、挑战和展望[J]. 生物多样性，2023（4）：16.

② 文彬. 生物多样性保护基础知识[M]. 昆明：云南民族出版社，2007：31.

强调将生物多样性保护融入生态文明建设全过程；以数字化改革为牵引，提升生物多样性保护执法监管能力。2022 年，浙江省人民检察院发布 10 件生物多样性保护典型案例。此外，浙江省制定《关于建立健全生态产品价值实现机制的实施意见》、《浙江（丽水）生态产品价值实现机制试点方案》（浙政办发〔2019〕15 号），启动《浙江省生态产品价值实现"十四五"规划》编制等工作。2020 年，浙江省发布全国首部省级生态系统生产总值（GEP）核算标准《生态系统生产总值（GEP）核算技术规范　陆域生态系统》（DB33/T 2274—2020），2021 年印发《浙江省生态系统生产总值（GEP）核算应用试点工作指南（试行）》（浙发改函〔2021〕10 号）等。

3. 设区市的进展情况

（1）加强生态文明建设政策制度建设和专门立法。代表性的有《杭州市生态文明建设促进条例》、《湖州市生态文明先行示范区建设条例》、《宁波市生态文明先行示范区建设实施方案》、《丽水市建设"全国生物多样性保护引领区"行动方案》[①]、《丽水市生物多样性保护与可持续利用发展规划（2020—2035 年）》（丽政办发〔2021〕4 号）、《丽水的生物多样性保护白皮书》、《金华市生物多样性保护实施方案》、《磐安县生物多样性友好城市建设试点实施方案》（磐政〔2022〕20 号）、《磐安县生物多样性友好城市建设标准》、《湖州市全面加强生物多样性保护工作行动方案（2023—2025 年）》等。杭州市被誉为"生态文明之都"，其生态文明制度建设走在全国前列[②]，2024 年开始推进《杭州市生态文明之都建设条例》《杭州市生物多样性保护条例》等专门立法。

（2）大力推进生物多样性友好城市建设试点和先行示范。例如，湖州市在 2022 年被《生物多样性公约》第十五次缔约方大会认定为生态文明国际合作示范区；丽水市正积极创建全国生物多样性保护引领区；金华市磐安县完成全国首个生物多样性友好城市试点建设；开化县被授予生物多样性保护与可持续利用试验区。宁波市龙观乡作为全国首个生物多样性友好乡镇试点，已发布有关地方标准、技术规范。2024 年，浙江省推进杭州上城友好城区、海盐澉浦友好乡镇、开化高田坑友好乡村、绍兴友好企业、温州三垟友好湿地等生物多样性友好试点。温州市出台《南麂世界生物圈保护区十年提升方案》，计划将南麂列岛建成我国生态文明建设示范区和联合国教科文组织世界生物圈保护区可持续发展典范，并启动创建南北麂列岛国家公园。

（3）丽水市、湖州市率先开展生态产品价值实现机制试点。自 2019 年 1 月丽水市成为全国首个生态产品价值实现机制试点市以来，《丽水市生态产品价值核算技术办法（试行）》、《生态产品价值核算指南》（DB3311/T 139—2020）等试点成果和经验被中共中央办公厅、国务院办公厅《关于建立健全生态产品价值实现机制的意见》充分吸收。2024 年 6 月，湖州市入选国家发展改革委公布的首批国家生态产品价值实现机制试点名单。湖州市

---

① 2021 年 9 月，生态环境部与浙江省人民政府签订《共同推进浙江高质量发展　建设共同富裕示范区合作协议》，提出支持丽水市建设"全国生物多样性保护引领区"。

② 沈满洪，陈真亮，杨永亮，等. 生态文明制度建设的杭州经验及优化思路[J]. 观察与思考，2021（6）：98-105.

发布全国首个地市级标准《特定地域单元生态产品价值评估技术规范》（DB3305/T 271—2023）、《"两山银行"建设与运行管理指南》（DB3305/T 227—2022），率先构建市县乡三级"两山合作社"。《浙江省湖州市生态文明国际合作示范区实施方案（2023—2027 年）》的出台，标志着湖州市探索建立生态文明国际合作新模式迈出实质性一步。

总之，生物多样性保护是事关我国生态安全和生态文明建设的战略问题，也是一项功在千秋、实现可持续发展目标的公益性事业。[①]自 2021 年联合国《生物多样性公约》第十五次缔约方大会第一阶段昆明大会之后，浙江省致力于在生物多样性保护方面强化顶层设计和法治保障，各地发挥能动性和实践创新，政策制度先行探索，有力地促进了生物多样性保护的主流化[②]和法治化。

（二）生态保护领域的政策制度建设

1. 国家层面的进展情况

（1）制定实施一系列针对特定区域生态系统的专门法律。主要有《中华人民共和国长江保护法》、《中华人民共和国黄河保护法》、《中华人民共和国青藏高原生态保护法》[③]、《中华人民共和国海岛保护法》、《中华人民共和国湿地保护法》等。这些立法针对特定区域的生态系统，提出了相应的保护措施和管理要求，持续优化生物多样性保护空间格局。生态空间保护立法群的兴起，体现了中国生态文明建设在法律客体、调整范围和规范手段等方面的大尺度、生态系统、整体保护的发展趋势[④]。

（2）制定实施一系列生态保护相关行政法规规章。生物多样性是衡量生态环境质量和生态文明程度的重要标志，中国制定了《中华人民共和国自然保护区条例》《风景名胜区条例》《国家级自然公园管理办法（试行）》《生态功能区划管理办法》《长江水生生物保护管理规定》《森林和野生动物类型自然保护区管理办法》《生态环境行政处罚办法》《自然资源行政处罚办法》《生态保护红线生态环境监督办法（试行）》等，提高了生态保护工作的系统性、整体性和规范性。

（3）制定实施一系列生态系统保护相关标准。主要有《生物多样性综合观测站建设标准》（HJ 1341—2023）、《生物多样性（陆域生态系统）遥感调查技术指南》（HJ 1340—2023）、《生态环境损害鉴定评估技术指南　生态系统　第 1 部分：农田生态系统》（GB/T 43871.1—2024）等，推动了生物多样性保护工作的规范化和系统化。2024 年 10 月，中国生物多样性保护与绿色发展基金会发布团体标准——《生物多样性友好光电项目标准》（T/CGDF 00047—2024）。

---

① 蔡颖莉，朱洪革，李家欣. 中国生物多样性保护政策演进、主要措施与发展趋势[J]. 生物多样性，2024，32（5）：25.

② 孙佑海. 生物多样性保护主流化法治保障研究[J]. 中国政法大学学报，2019（5）：38.

③ 《中华人民共和国青藏高原生态保护法》是我国首部以"生态保护"命名的专门法律，也是生态环境保护法律体系建设的又一标志性成果，为守护"世界屋脊"打下坚实法治基础。

④ 刘洪岩. 生态文明与中国法治革新[J]. 城市与环境研究，2021（4）：21.

2．省级层面的进展情况

（1）专门立法专章规定生物多样性保护情况报告制度。2022 年通过的《浙江省生态环境保护条例》第三章专门规定"碳减排和生物多样性保护"，规定县级以上人民政府应当完善生物多样性保护体系，加强野生生物物种及其遗传资源保护，对珍稀濒危物种实施抢救性保护，对本省特有物种实施重点保护，并且规定省、设区的市人民政府应当将推进碳达峰碳中和、生物多样性保护和生态环境修复情况纳入生态环境状况和环境保护目标完成情况年度报告。该条例还规定实施分区域差异化精准管控的环境管理制度。

（2）规范生态环境损害赔偿管理及信息公开工作。《中华人民共和国民法典》等为生态环境损害赔偿提供了法律依据，对违反国家规定造成生态环境损害的，应依法追究生态环境修复和损害赔偿责任。对此，浙江省颁布实施《浙江省生态环境损害赔偿制度改革实施方案》《浙江省生态环境损害赔偿管理办法》《浙江省自然资源领域生态环境损害赔偿工作指引（试行）》《浙江省生态环境损害修复管理办法（试行）》等。浙江省人民政府会同省检察机关建立生态环境损害赔偿制度与生态环境公益诉讼制度的衔接协调机制，在全国率先实施异地替代修复，相关案例入选生态环境部首批生态环境损害赔偿磋商十大典型案例。2024 年 7 月，浙江省生态环境厅就《浙江省生态环境损害赔偿信息公开管理办法（试行）》（征求意见稿）向社会公开征求意见。

（3）坚持数字赋能，强化生态红线监管，促进生态系统保护与修复。浙江省制定《浙江省人民政府办公厅关于加强生态保护红线监管的实施意见》（浙政办发〔2022〕70 号）、《浙江省水生生物多样性保护实施方案》（浙环函〔2020〕106 号）、《浙江省八大水系和近岸海域生态修复与生物多样性保护行动方案（2021—2025 年）》（浙政办发〔2021〕55 号）、《浙江省中央重点生态保护修复治理资金管理办法实施细则》（浙财资环〔2022〕19 号）、《浙江省生态保护监管行动计划（2024—2028 年）》等规定，成为全国首个"三线一单"（生态保护红线、环境质量底线、资源利用上线和生态环境准入清单）省、市、县三级全覆盖的省份。此外，浙江省加强数字化监管，为提升生态保护红线监管的效率提供技术支持；加强山水林田湖草沙一体化保护和修复工程、历史遗留废弃工矿土地整治，提升生态系统多样性、稳定性、持续性。浙江省还制定《浙江省生态环境保护行政执法培训省级师资库管理办法（试行）》，加快培养生态环境保护执法领域专业型、技术型人才。

3．设区市的进展情况

（1）杭州市启动专门立法并构建生物多样性保护法治保障体系。2016 年通过的《杭州市生态文明建设促进条例》确立了资源环境配置量化管理、资源有偿使用、社会化第三方专业服务等制度，明确了生态保护红线、生态补偿、企业环境信息公开、统一监督管理等规定。杭州市发布《杭州市湿地保护条例》、《杭州市生物多样性保护战略与行动计划（2024—2035 年）》（杭环发〔2024〕69 号）、《杭州的生物多样性保护》白皮书等，并启动《杭州市生物多样性保护条例》的专门立法，探索城市生物多样性地方标准等。2024 年，杭州市人民代表大会常务委员会通过《浙江天目山国家级自然保护区条例》，对动植物、生物多样性和文化多样性保护等作出规定，并启动《杭州市生态文明之都建设条例》的立法起草。

（2）丽水市立法强化生态文明建设示范创建的规范性和协同性。相关规定有《丽水市生物多样性保护管理办法》《丽水市南明湖保护管理条例》《丽水市饮用水水源保护条例》《丽水市扬尘污染防治规定》《新时代高水平建设美丽丽水规划纲要（2020—2035 年）》《丽水国家级生态文明建设示范市规划》《丽水市"两山"实践创新基地建设方案》等，2022 年发布《丽水的生物多样性保护》白皮书，促进"百山祖国家公园+"的生物多样性保护，推动生态文明建设从先行示范向典范引领的跨越。

（3）衢州、丽水市跨域联动，协同创建国家公园。钱江源-百山祖国家公园是我国首批 10 个国家公园创建体制试点之一，衢州、丽水市共同创建钱江源-百山祖国家公园，发布《钱江源国家公园管理办法（试行）》《钱江源-百山祖国家公园百山祖园区管理办法（试行）》《丽水市"一支队伍管执法"进百山祖国家公园实施方案》《钱江源-百山祖国家公园自然资源确权登记实施方案》《百山祖国家公园生态物种多样性循环系统建设详细规划》等规定，丽水市中级人民法院出台《关于服务保障百山祖国家公园创建工作的意见》。这些地方法治实践，为浙江省人民代表大会常务委员会制定《浙江省钱江源-百山祖国家公园管理条例》积累了地方经验和法治样本。

总之，为了充分解决跨区域生态环境问题，生态保护领域的政策制度建设正逐步展现出跨区域立法的优势以及较强的实践性和有效性。这些制度体系建设已成为解决区域间重大生态环境保护事项的有效手段，使浙江省在资源开发与利用、管理机制、协商程序等重要内容上的政策和做法逐渐明晰。

（三）污染防治领域的法律法规规章建设

1．国家层面的进展情况

（1）制定实施了一系列污染防治法律，全面治理各类污染源和规范排污行为。解决环境污染、气候变化和生物多样性丧失三重危机，就需要将减污、降碳和保护自然视为相辅相成的三个目标，实现生物多样性保护、应对气候变化和污染防治协同推进。[①]污染防治是生态系统多样性保护的重要方面和保障，需要完善精准治污、科学治污、依法治污制度机制。主要法律有《中华人民共和国水污染防治法》《中华人民共和国大气污染防治法》《中华人民共和国土壤污染防治法》《中华人民共和国噪声污染防治法》《中华人民共和国固体废物污染环境防治法》《中华人民共和国放射性污染防治法》等。全国人民代表大会常务委员会 2024 年度立法工作计划要求初次审议生态环境法典，扎实推进生态环境法典编纂工作。

（2）制订实施了一系列污染防治行动计划，持续深入推进"蓝天、碧水、净土"三大保卫战。《中共中央　国务院关于全面加强生态环境保护　坚决打好污染防治攻坚战的意

---

① 徐靖. 生物多样性保护、应对气候变化和污染防治需要协同治理[J]. 世界环境，2023（6）：44-45.

见》提出要"坚决打赢蓝天保卫战，着力打好碧水保卫战，扎实推进净土保卫战"。相关计划主要有《大气污染防治行动计划》（国发〔2013〕37 号）、《水污染防治行动计划》（国发〔2015〕17 号）、《土壤污染防治行动计划》（国发〔2016〕31 号）、《打赢蓝天保卫战三年行动计划》（国发〔2018〕22 号）、《"十四五"噪声污染防治行动计划》（环大气〔2023〕1 号）、《空气质量持续改善行动计划》（国发〔2023〕24 号）等。

（3）坚持减污降碳协同治理，调整产业结构并优化能源结构，完善能源法律体系并生态化转型。相关法律有《中华人民共和国能源法》《中华人民共和国电力法》《中华人民共和国煤炭法》《中华人民共和国节约能源法》《中华人民共和国可再生能源法》《中华人民共和国石油天然气管道保护法》《中华人民共和国核安全法》《中华人民共和国矿产资源法》等。2024 年 7 月，《中共中央 国务院关于加快经济社会发展全面绿色转型的意见》要求"秉持人类命运共同体理念，积极参与应对气候变化、海洋污染治理、生物多样性保护、塑料污染治理等领域国际规则制定"。

2．省级层面的进展情况

（1）水污染防治立法注重生态文明建设。水安全问题俨然已成为制约我国长期可持续发展的主要"瓶颈"，水资源法律制度也需要与生态文明的特征相匹配。[1]2015 年，浙江省人民政府印发实施《关于加强农村生活污水治理设施运行维护管理的意见》。在《浙江省饮用水水源保护条例》《浙江省温瑞塘河保护管理条例》《浙江省曹娥江流域水环境保护条例》等专门立法基础上，2017 年修订后的《浙江省水污染防治条例》要求"积极推进生态治理工程建设，预防、控制和减少水环境污染和生态破坏"，并专章规定"生态建设和污染控制"。2021 年，《浙江省农村生活污水治理"强基增效双提标"行动方案（2021—2025 年）》（浙政办发〔2021〕42 号）要求全面摸清现状，编制规划计划，抓好问题整改，规范项目实施，强化运维管理。

（2）大气污染防治立法注重生态文明建设。大气污染对生物多样性的危害是多方面的，如酸雨会对陆生、水生生物造成破坏，不仅影响动植物的健康，而且威胁生态系统的稳定性。浙江省的相关规定主要有《浙江省大气污染防治条例》、《浙江省空气质量改善"十四五"规划》（浙发改规划〔2021〕215 号）、《浙江省臭氧污染防治攻坚三年行动方案》（浙美丽办〔2022〕26 号）、《化学纤维工业大气污染物排放标准》（DB 33/2563—2022）、《浙江省空气质量持续改善行动计划》（浙政发〔2024〕11 号）等，推动形成绿色低碳生产生活方式，全链条推进大气污染防治。

（3）土壤污染防治立法注重对生态环境的影响。土壤污染对生物多样性有直接和间接的负面影响，特别是农用地土壤污染防治存在预防作用有限、治理修复难度大等问题[2]，土壤污染已经成为限制我国农产品质量和社会经济可持续发展的重大障碍之一[3]。为此，

---

[1] 陈真亮. "健康中国"战略的环境法回应研究[M]. 北京：法律出版社，2021：162.
[2] 王伟. 农用地土壤污染防治路径的思考[J]. 环境保护，2023，51（20）：23-24.
[3] 洪坚平. 土壤污染与防治[M]. 北京：中国农业出版社，2011：5-7.

《浙江省土壤污染防治条例》规定了土壤污染状况详查制度，要求查明土壤污染对生态环境的影响等。其他相关规定有《浙江省建设用地土壤污染风险管控和修复监督管理办法》（浙环发〔2024〕47号）、《浙江省土壤、地下水和农业农村污染防治"十四五"规划》（浙发改规划〔2021〕250号）、《浙江省土壤污染防治工作方案》等。

（4）优化政策制度、调动地方积极性和部门联动，协同促进减污降碳。除前述领域立法之外，其他相关规定有《浙江省固体废物污染环境防治条例》、《浙江省机动车排气污染防治条例》、《浙江省噪声污染防治行动计划（2023—2025年）》（浙环发〔2023〕35号）、《浙江省报废机动车回收拆解行业环境污染整治工作方案》（浙环发〔2023〕23号）、《长江三角洲跨区域跨流域生态环境联合执法办法》等。《浙江省能源发展"十四五"规划》（浙政办发〔2022〕29号）、《浙江省节能降耗和能源资源优化配置"十四五"规划》（浙发改规划〔2021〕209号）等提出了能源生态化的转型要求。浙江省注重优化污染防治的监督管理、防治措施、制度设计，明确责任主体及其法律责任，加强对环境污染源头的管理和监督，强调主管部门之间协同互助、明确行动方案及目标，减少污染对生态系统多样性的影响。2023年，浙江"蓝色循环"海洋塑料废弃物治理项目荣获联合国"地球卫士奖"。

3. 设区市的进展情况

（1）完善水污染防治政策制度。各地以"五水共治"为载体，以河长制为抓手，不断改善水环境质量。代表性的政策规章有《宁波市环境污染防治规定》《宁波市饮用水源保护和污染防治办法》《宁波市余姚江水污染防治条例》《杭州市苕溪水域水污染防治管理条例》《杭州市排水管理办法》《金华市水环境保护条例》《嘉兴市大运河世界文化遗产保护条例》《温州市水污染防治行动计划》等。

（2）完善大气污染防治和气候资源保护政策制度。代表性的有《杭州市机动车排气污染防治条例》《杭州市大气污染防治规定》《杭州市城市扬尘污染防治管理办法》《宁波市大气污染防治条例》《温州市扬尘污染防治条例》等。2021年，温州市在全省率先将碳排放评价内容纳入环评体系。2022年，嘉兴市平湖在浙江省率先启动环境准入制度的改革，在规划环评中开展"碳评价"试点。气候资源保护和利用方面的立法有《杭州市气候资源保护和利用办法》《宁波市气候资源开发利用和保护条例》《温州市气候资源保护和利用条例》等。

（3）完善土壤污染防治政策制度。代表性的有《台州市土壤污染防治条例》、《杭州市土壤污染防治"十四五"规划》（杭土固办〔2022〕1号）、《宁波市土壤和地下水污染防治"十四五"规划》（甬发改规划〔2021〕386号）等。台州市从2018年开始创建土壤污染综合防治先行区。2021年，《衢州市工业固体废物管理若干规定》对省际边界跨省倾倒固体废物等问题进行了规定。

总之，浙江省级和地方层面出台一系列污染防治领域的专门规定，建立健全陆海统筹的环境治理制度和联防联控机制，促进跨条线跨地域生态环境保护多元共治。山区型地级市、平原型地级市、滨海型地级市均高度重视，积极行使地方立法权，先行先试，从体系构建到贯彻落实，依法推动生态系统多样性保护。

二、物种多样性保护政策制度的发展评析

（一）加强动植物保护领域的政策制度建设

1. 国家层面的进展情况

（1）制定动植物保护专门法律，完善刑法规定和司法解释。在全面依法治国的背景下，党和国家对动植物保护工作越来越重视，不断完善动植物保护法治体系。中国加入《濒危野生动植物种国际贸易公约》（CITES），制定实施《中华人民共和国野生动物保护法》《中华人民共和国畜牧法》《中华人民共和国动物防疫法》《中华人民共和国渔业法》《中华人民共和国森林法》《中华人民共和国草原法》等，优化野生动物保护的制度体系，兼顾陆生和水生生物资源的多样性保护。2020 年 2 月 24 日，第十三届全国人民代表大会常务委员会第十六次会议通过《全国人民代表大会常务委员会关于全面禁止非法野生动物交易、革除滥食野生动物陋习、切实保障人民群众生命健康安全的决定》。《中华人民共和国刑法》规定了危害国家重点保护植物罪，盗伐林木罪，滥伐林木罪，以及非法收购、运输盗伐、滥伐的林木罪等。2022 年，最高人民法院、最高人民检察院联合发布《关于办理破坏野生动物资源刑事案件适用法律若干问题的解释》，2023 年最高人民法院发布《关于审理破坏森林资源刑事案件适用法律若干问题的解释》等。

（2）制定动植物保护专门法规和部门规章，陆生、水生动植物保护并重。相关规定主要有《中华人民共和国森林法实施条例》《中华人民共和国陆生野生动物保护实施条例》《中华人民共和国水生野生动物保护实施条例》《中华人民共和国野生植物保护条例》《中华人民共和国植物新品种保护条例》《中华人民共和国濒危野生动植物进出口管理条例》《野生药材资源保护管理条例》《实验动物管理条例》《野生动物收容救护管理办法》《农业野生植物保护办法》《外来入侵物种管理办法》《关于加强基层动植物疫病防控体系建设的意见》等。2023 年 9 月，国家林业和草原局发布《古树名木保护条例（草案）》（征求社会意见稿），公开向公众征求意见。2024 年 10 月，司法部公开征求《古树名木保护条例（送审稿）》意见。2025 年 1 月 3 日，国务院第 50 次常务会议通过《古树名木保护条例》。

（3）颁布实施动植物保护专门名录。物种保护名录制度是野生动植物管理和执法的基础，相关名录主要有《国家重点保护野生动物名录》《国家保护的有重要生态、科学、社会价值的陆生野生动物名录》《国家重点保护野生植物名录》《国家珍贵树种名录》《国家重点保护野生药材物种名录》《〈濒危野生动植物种国际贸易公约〉附录水生动物物种核准为国家重点保护野生动物名录》、《中华人民共和国禁止携带、寄递进境的动植物及其产品和其他检疫物名录》等。

2. 省级层面的进展情况

（1）动植物保护兼顾并重，制定专门法规规章及配套立法。《浙江省生态环境保护条例》规定要加强野生生物物种及其遗传资源保护，对珍稀濒危物种实施抢救性保护，对本省特有物种实施重点保护。专门规定主要有《浙江省陆生野生动物保护条例》、《浙江省人民代表大会常务委员会关于加强海洋幼鱼资源保护　促进浙江渔场修复振兴的决定》、《浙江省森林管理条例》、《浙江省古树名木保护办法》、《浙江省温州生态园保护管理条例》、《浙江省南麂列岛国家级海洋自然保护区管理条例》、《浙江省湿地保护条例》、《浙江省野生植物保护办法》、《浙江省重点保护陆生野生动物名录》（浙政办发〔2016〕17 号）等。浙江省实施《浙江省极小种群野生植物拯救保护工程》《浙江省珍稀濒危野生动植物抢救保护工程行动方案》，率先在全国实现省、市、县三级野生动植物保护工作联席会议制度全覆盖，建立生物遗传资源数据库和全省生物遗传资源信息管理平台，健全生物遗传资源获取与惠益分享制度。

（2）强化环境健康风险规制，严禁非法交易和滥食野生动物。环境健康风险是指环境中存在的危害因素对人体健康造成不良后果的可能性。[①]为全面禁止非法交易和食用野生动物，革除滥食野生动物陋习，要倡导科学健康文明的生活方式和饮食习惯，保障人民群众生命健康安全，保护野生动物资源，促进人与自然和谐共生，2020 年 3 月 26 日，浙江省人民代表大会常务委员会通过《关于全面禁止非法交易和滥食野生动物的决定》，规定"行政机关和司法机关应当健全行政执法与刑事司法衔接工作机制，加强对非法猎捕、交易、运输野生动物等相关违法犯罪行为的惩处。检察机关应当发挥公益诉讼检察职能，督促、支持行政机关依法查处非法食用、猎捕、交易、运输、携带、寄递野生动物等相关违法行为，必要时可以依法提起野生动物保护民事或者行政公益诉讼"。

（3）构建动植物保护生态补偿制度。早在 2005 年，浙江省就出台了《关于进一步完善生态补偿机制的若干意见》（浙政发〔2005〕44 号），2008 年成为全国第一个实施省内全流域生态补偿的省份。2018 年，浙江省开始实施《浙江省公益林和森林公园条例》。除编制《浙江省防控野猪危害技术指南》等之外，2022 年中共浙江省委办公厅、浙江省人民政府办公厅印发《关于深化生态保护补偿制度改革的实施意见》，要求"优化森林生态保护补偿机制"，"加强野生动物危害防控，依法对因法律规定保护的陆生野生动物造成人身伤害、财产损失的公民、法人和其他组织进行野生动物致害补偿，鼓励开展野生动物致害赔偿保险业务"，"建立海洋生态保护补偿机制。支持海洋生态保护修复、重点海域污染防治、海洋生物多样性保护，开展'蓝色海湾'整治行动和'美丽海湾'保护与建设行动"。2022 年，浙江省财政厅、省林业局联合发布《浙江省森林生态效益补偿资金管理办法》（浙财资环〔2022〕74 号），规范森林生态效益补偿资金管理，以提高资金使用效益。

[①] 席悦. 环境健康风险法律规制的理论路径探析[J]. 环境保护，2023，51（5）：49.

3．设区市的进展情况

（1）加强野生动物的立法保护。代表性的有《台州市野生动物保护专项法治宣传行动实施方案》（台自然资规明电〔2020〕3号）、《湖州市全面加强生物多样性保护工作行动方案（2023—2025年）》、《衢州市非法猎捕陆生野生动物违法行为举报奖励办法（试行）》（衢自然资规〔2023〕120号）等，各地结合陆生野生动物资源状况及其栖息繁衍规律，扎实推进野生动物资源本底监测，对市域范围内的陆生野生动物禁猎区、禁猎期和禁猎工具、方法等进行规定。不少地方还依托"林长+检察长+森林警长"部门协作机制，完善野生动物保护体系。

（2）加强古树名木的立法保护。古树名木被誉为"绿色的国宝""有生命的文物"①。代表性的规章制度有《杭州市城市古树名木保护管理办法》《丽水市古树名木保护管理办法》《宁波市古树名木保护管理办法》《绍兴市区古树名木保护管理办法》等。2024年9月，宁波市人民代表大会常务委员会通过《宁波市古树名木保护规定》。杭州市园林文物局于2024年9月印发《关于加强全市文物保护单位内城市古树名木保护的行动计划》，制定保护对象清单、保护要求清单、责任主体清单"三张清单"，推动文物数据库与城市古树名木数据库两库有机融合，打造文物保护单位内城市古树名木专题数据资源库，构建文物和城市古树名木保护"一张图"。

（3）加强动植物的司法保护。2024年8月，浙江"全省法院8·15'全国生态日'暨普陀山环境资源司法保护基地设立活动"在普陀山镇举行，浙江省高级人民法院发布2024年浙江法院环境资源审判典型案例，涉及生物多样性保护等多个领域。各地司法机关通过司法保护令、司法修复令及相关司法建议等督促修复生态环境，构成犯罪的依法追究刑事责任。代表性实践创新有：2024年4月，杭州市首个古树名木司法保护基地在浙江天目山国家级自然保护区成立，临安法院发布《关于加强古树名木司法保护的十条意见》，探索形成古树名木行政与司法双层保护，建立"林长+法官"等多项长效联络机制。2024年8月，磐安县人民检察院与磐安县人民法院签发金华市首份野生动植物司法保护令等。

总之，生物多样性保护要回答两个基本问题："一是我们要保护的是什么，二是我们优先保护什么。"②浙江省致力于提升动植物保护管理水平，促进珍稀濒危物种保护恢复和均衡协调发展，为建设生态文明、美丽中国提供浙江样本。

（二）加强动植物检疫及进出境管理的政策制度建设

1．国家层面的进展情况

（1）制定进出境动植物检疫的专门法律及国际合作。代表性的有《中华人民共和国进出口商品检验法》《中华人民共和国进出境动植物检疫法》《中华人民共和国动物防疫法》《中华人民共和国渔业法》《中华人民共和国种子法》《中华人民共和国畜牧法》《中华人民

---

① 张泽国，于跃. 我国古树名木保护立法的现状与思考[J]. 国土绿化，2024（5）：52.

② 杜红. "物种"与"个体"：究竟谁是生物多样性保护的恰当对象？[J]. 生物多样性，2023（8）：181.

共和国野生动物保护法》《中华人民共和国农产品质量安全法》等。我国参照世界贸易组织《实施卫生和植物卫生措施协定》（简称 SPS 协定）的有关规定，积极参与国际动植物检疫组织的活动，推动动植物检疫标准和规则的制定与完善，加强与其他国家和地区的检疫信息共享和技术交流，共同提高全球动植物检疫工作的标准和质量。

（2）制定进出境动植物检疫的配套法规。代表性的有《中华人民共和国进出口动植物检疫条例》《中华人民共和国进出境动植物检疫法实施条例》《植物检疫条例》《重大动物疫情应急条例》《中华人民共和国濒危野生动植物进出口管理条例》《实验动物管理条例》等，强化出境动植物检疫及其危害因素确定、风险评估、风险管理和风险交流等方面的源头预防与风险规制。

（3）制定进出境动植物检疫的配套规章和名录制度。代表性的有《进境水果检验检疫监督管理办法》《进境水生动物检验检疫监督管理办法》《进出境粮食检验检疫监督管理办法》《进境货物木质包装检疫监督管理办法》《进出境动植物检疫除害处理管理办法》《出入境人员携带物检疫管理办法》《进出境非食用动物产品检验检疫监督管理办法》《兽用生物制品经营管理办法》《进境动物和动物产品风险分析管理规定》《中华人民共和国进境一、二类动物传染病寄生虫名录》《国家动物疫病强制免疫指导意见（2022—2025 年）》等。

2. 省级层面的进展情况

（1）制定动物防疫的专门规定，构建现代动物防疫体系。动物防疫是指动物疫病的预防、控制、扑灭和动物、动物产品的检疫。随着规模化养殖的发展，动物疫病的发生越发频繁，完善现代动物防疫体系有助于降低养殖风险，减少人畜共患病发生的概率。浙江省人民代表大会常务委员会于 2010 年颁布《浙江省动物防疫条例》，并于 2017 年修正。2024 年 2 月，浙江省农业农村厅印发《关于切实加强现代动物防疫体系建设　全面提升动物疫病防控能力的意见》（浙农牧发〔2024〕2 号），要求建设全链条动物防疫体系、加强动物防疫基础设施建设、加强重大风险防范和应急处置数字化建设，要求相关职能部门加强信息通报、联防联控，联合开展违法违规调运和私屠滥宰打击行动。2024 年 3 月，浙江省防治农业动植物疫病指挥部制订《浙江省动物疫病强制免疫计划》。

（2）制定植物防疫的专门规定，加强松材线虫病防治检查。为防止危害植物的危险性病、虫、杂草传播蔓延，保护农业、林业生产安全和生态环境，浙江省根据国务院《植物检疫条例》等的规定，制定了《浙江省松材线虫病防治条例》、《浙江省农作物病虫害防治条例》、《浙江省植物检疫实施办法》、《浙江省政府办公厅关于加强林业有害生物防治工作意见》（浙政办发〔2015〕47 号）、《关于加强松材线虫病科学防治工作的通知》（浙政办发明电〔2017〕38 号）等，各地林业主管部门依法加强森林植物检疫管理和执法。《浙江省森林管理条例》第二十六条规定，各级人民政府应当贯彻"预防为主，综合治理"的方针，加强对森林病虫害防治和检疫工作的领导，实行森林病虫害防治目标管理。2021 年，浙江省人民代表大会常务委员会开展了《浙江省松材线虫病防治条例》贯彻执行情况检查。

（3）强化动植物防疫考核与监测防控能力建设。浙江省印发《全面推行林长制的实施意见》，要求建立健全重大林业有害生物灾害防治地方政府负责制，将松材线虫病防治工作纳入防灾减灾救灾体系和各设区市政府年度考核体系。浙江省还加强野生动物疫源疫病监测防控，加快疫源疫病监测防控标准化建设，加强人员队伍、设施设备建设和应急物资储备，全面提升疫源疫病监测防控能力，确保日测报率达95%以上。2021年，浙江省启动"数字森防"应用场景和移动端建设。此外，浙江省统筹综合执法等力量向基层动物卫生监督执法岗位倾斜，实行动物检疫区域派驻制度，派出机构或派驻工作人员由县级畜牧兽医主管机构管理，有困难的可以委托所在乡镇政府管理。

3．设区市的进展情况

（1）各地建立健全动植物疫病防控机制和制度体系。相关规定有《杭州市限制养犬规定》《台州市养犬管理条例》《温州市重大动物疫病防控工作责任制规定》《温州市突发重大动物疫情应急预案》《温州市病死动物和病死动物产品无害化处理管理办法》《宁波市动物疫病强制免疫"先打后补"实施方案（试行）》《湖州市突发重大动物疫情应急预案》《湖州市农作物生物灾害应急预案》等。

（2）完善执法检查机制，打击各种破坏野生动植物违法行为。各地在市、县两级建立动物疫病防治指挥体系，完善重大动物疫情报告和核查机制、人畜共患病联合防控机制、目标管理考核机制、重大动物疫病联防联控机制、畜禽屠宰联席会议机制等工作机制。而且，各地从严打击动物防疫违法行为，坚持日常监管与专项整治相结合，突出抓好养殖、屠宰、经营、动物诊疗等环节的执法检查，严厉查处动物卫生领域违法行为。

（3）加强动植物防疫检疫的司法保障，防范野生动植物疫源疫病。各地积极响应国家疫病防控规定，坚决取缔非法从业机构，严厉打击涉野生动物违法行为，强化野生动植物保护管理和各类违法犯罪行为的打击力度。例如，有的地方人民检察院对相关主管部门的工作人员以涉嫌动植物检疫徇私舞弊罪向法院提起公诉。2017年江山市人民法院公开审理了叶某某犯妨害动植物防疫、检疫罪案件，这是浙江省首次查办的跨省松材线虫病疫木非法调运刑事案件。2023年，余姚市唐某、陈某涉嫌伪造、变造、买卖国家机关公文、证件、印章案入选2023年度农业行政执法典型案例。在该案中，当事人唐某、陈某构成"妨害动植物防疫、检疫罪"。

（三）加强生物安全法律保障体系建设与国际合作

1．国家层面的进展情况

（1）把生物安全纳入国家安全体系，严密防控外来物种入侵。中国历来高度重视生物安全，将生物安全纳入国家安全体系，标志着生物安全建设被提升至新的战略高度。国家颁布实施《中华人民共和国生物安全法》《病原微生物实验室生物安全管理条例》《农业转基因生物安全管理条例》《农业转基因生物安全评价管理办法》《外来入侵物种管理办法》《人间传染的高致病性病原微生物实验室和实验活动生物安全审批管理办法》《国家重点管理外来入侵物种名录》《中国自然生态系统外来入侵物种名单》等，填补生物安全领域基础性法律规范的空白，系统规划国家生物安全风险防控和治理体系建设。外来物种入侵防控机制逐渐完善，生物技术健康发展，生物遗传资源保护和监管力度不断增强，国家生物安全管理能力持续提高。

（2）充分发挥审判职能，全方位、全地域、全过程加强生物多样性司法保护。"保护生物多样性是人类自身发展的基础所在，是人民美好生活的寄托所在，更是人民法院以司法之力造福人类、助力人与自然和谐共生的职责所在。"[①]最高人民法院制定《关于审理森林资源民事纠纷案件适用法律若干问题的解释》《关于检察公益诉讼案件适用法律若干问题的解释》等 20 余部，发布"生物多样性保护"等环境资源专题指导性案例 26 件、典型案例 26 批 280 件，强化裁判指引，保护对象涵盖各类环境要素和生态系统。各地法院准确适用《中华人民共和国刑法修正案（十一）》新增的"非法引进、释放或者丢弃外来入侵物种罪"，强化环境刑事司法与行政执法衔接，探索推进"预防预警、检测监测、扑灭拦截、联控减灾"机制，加大对走私、贩运境外动植物品种违法犯罪行为打击力度。

（3）强化《生物多样性公约》等国际公约的国内转化及履行机制建设。中国是世界动物卫生组织（OIE）、《国际植物保护公约》（IPPC）、亚太区域植物保护委员会（APPPC）、《濒危野生动植物种国际贸易公约》（CITES）等的成员国，与世界上 100 多个国家和地区建立合作交流机制，为全球生态文明建设贡献中国力量。2022 年 12 月《生物多样性公约》第十五次缔约方大会第二阶段会议召开，通过了《昆蒙框架》。2024 年 1 月，生态环境部发布《中国生物多样性保护战略与行动计划（2023—2030 年）》。2024 年 5 月 28 日，昆明生物多样性基金正式启动。

2. 省级层面的进展情况

（1）构建生物安全法治保障体系。2011 年，《浙江省人民政府办公厅关于加快构建环境安全保障体系的意见》（浙政办发〔2011〕5 号）要求构建环境监测监控保障体系等六大体系，形成科学、规范、高效的环境安全保障体系。近 15 年来浙江省共制修订生物多样性相关地方性法规和政府规章约 40 部。例如，《浙江省农作物病虫害防治条例》规定要防止外来农业有害生物入侵。2022 年颁布的《浙江省生态环境保护条例》首次对全省生物多样性保护体系架构、部门职责、生物安全、遗传资源、监督管理等作出系统规定。

（2）健全完善生物多样性保护的工作体系。浙江省印发实施《浙江省生态环境安全大排查大整治行动方案》《浙江省病原微生物实验室生物安全管理实施细则》等规定，完成生物多样性保护战略与行动计划修编，健全生物多样性保护综合性协调机制，完善生物遗传资源获取与惠益分享、外来入侵物种管理等领域的法规政策，建立生物多样性调查评估、生物多样性体验地建设等相关标准规范，在省域层面形成系统完整的综合性政策制度体系。浙江省加强生物安全防护三级实验室特别是大动物生物安全防护三级实验室建设。《浙江省公共卫生防控救治能力建设实施方案（2020—2022 年）》鼓励有条件的设区市建设加

---

① 最高人民法院. 中国生物多样性司法保护[M]. 北京：人民法院出版社，2024：2-3.

强型生物安全二级（P2）实验室。

（3）提升生物安全监督管理与执法水平。2022 年颁布的《中共浙江省委　浙江省政府关于深入打好污染防治攻坚战的实施意见》要求"严格外来入侵物种和重大农林业有害物种防控"。浙江省加强基层野生动植物保护管理队伍建设，建立健全生物安全应急预案、技能培训、跟踪检查、定期报告等工作制度，统筹解决外来入侵物种防控重大问题，全面开展外来入侵物种普查，加强生物安全风险测报防治。全省检验检疫主管部门构建国门生物安全防御体系，快速感知生物安全风险，强化口岸防控和检验检疫，及时定期动态控制和有效治理加拿大一枝黄花、福寿螺等主要外来入侵物种。

3. 设区市的进展情况

（1）制定生物多样性保护工作行动方案，健全生物安全防御体系。代表性的有《温州市生物多样性保护工作方案》《湖州市全面加强生物多样性保护工作行动方案（2023—2025年）》，各地加快构建生物多样性保护网络体系，实施生物多样性系统保护修复工程，健全生物安全防御体系，建立生物多样性保护与绿色共富协同增效机制，完善生物多样性保护的体制机制和法规体系。

（2）制定专门规划和方案，完善生物安全保护应急管理和监测等体系。例如，《新时代美丽杭州建设实施纲要（2020—2035 年）》要求严控外来物种引入，完善生物安全应急管理体系。2023 年，丽水市率先发布《丽水市生物多样性推动共同富裕行动方案》《丽水市生物多样性体验地建设与评定导则》《生物多样性智慧监测体系建设技术规范》《生物遗传资源获取与惠益共享技术导则》等，将生物多样性保护工作纳入全市"十四五"发展规划，构建全国首个覆盖全市域生物多样性智慧监测体系；丽水市提出的"生物多样性体验地"概念被《中国生物多样性保护战略与行动计划（2023—2030 年）》采纳。

（3）强化外来入侵物种综合治理。外来物种入侵是指生物物种由原产地通过自然或人为的途径迁移到新的生态环境的过程。例如，《丽水市生物多样性保护管理办法》规定禁止从事危及公众健康、损害生物资源、破坏生态系统和生物多样性等危害生物安全的生物技术研究、开发与应用活动。《绍兴市突发重大动物疫情应急预案》将突发动物疫情划分为特别重大（Ⅰ级）、重大（Ⅱ级）、较大（Ⅲ级）和一般（Ⅳ级）四个等级，以防范和应对突发重大动物疫情引起的生物安全风险。《杭州市实施浙江省家畜屠宰行业发展规划工作方案》要求"落实动物疫病自检和屠宰、分割加工、冷链物流生物安全防控措施"。

总之，生物安全"不仅包含人类的正常生存与健康发展免受现代生物技术滥用、致病有害生物侵害、外来入侵生物攻击、突发传染病风险传播等不利因素的威胁，而且包含自然界各类生物的良性生存与发展不受人类非法行为侵害的状态，用以维护生物多样性，保持生态平衡，增进人与自然的和谐共处"。[①]在生物安全保护政策制度方面浙江省已经展现

---

① 王倩. 以生物安全观建构野生动物保护公益诉讼[J]. 北方工业大学学报，2024（3）：145.

出显著进展与创新，通过一系列规范性文件的制定与修订，实施一系列保护行动方案，强化执法力度，运用现代科技手段提升环境治理效能，构成了生物多样性保护的多层次、全方位制度体系。

三、遗传多样性保护政策制度的发展评析

（一）加强动植物遗传与生物安全领域的政策制度建设

1. 国家层面的进展情况

（1）颁布实施生物安全领域的基础性、综合性法律《中华人民共和国生物安全法》及刑法修正案。生物安全既是国家安全的重要组成部分，也是非传统安全的重要组成部分。我国生物安全立法肇始于 20 世纪 90 年代，1993 年国家科学技术委员会发布的《基因工程安全管理办法》，是我国最早关于基因安全的管理立法。2020 年通过的《中华人民共和国刑法修正案（十一）》新增"非法引进、释放或者丢弃外来入侵物种罪"。2021 年 4 月 15 日实施的《中华人民共和国生物安全法》是生物安全领域的基本法，填补了生物安全领域的法律空白，确立了以《中华人民共和国生物安全法》为核心，由相关领域法律、行政法规、部门规章、技术标准体系等组成的遗传多样性保护法律体系。

（2）建立健全遗传资源保护和转基因管理的配套法律规范体系。我国是世界上裸子植物最多的国家[①]，是水生生物遗传资源最为丰富的国家[②]，是世界三大农业起源地之一[③]，是水稻、大豆和谷子等八大作物的起源中心之一，是世界栽培植物的四大起源中心之一，是猪、鸡、牦牛等畜禽驯化起源中心，还有异常丰富的花卉资源[④]。对此，中国积极履行《〈生物多样性公约〉关于获取遗传资源和公正公平分享其利用所产生惠益的名古屋议定书》（以下简称《名古屋议定书》），制定和修订了《中华人民共和国环境保护法》《中华人民共和国野生动物保护法》《中华人民共和国畜牧法》《中华人民共和国森林法》《中华人民共和国草原法》《中华人民共和国渔业法》《中华人民共和国中医药法》《中华人民共和国种子法》等 20 多部相关法律，以及《农业转基因生物安全管理条例》《农业转基因生物安全评价管理办法》《农作物种质资源管理办法》《农作物种质资源共享利用办法（试行）》《基因工程安全管理办法》《生物技术研究开发安全管理办法》《国家级农作物种质资源库（圃）管理规范》《进出境转基因产品检验检疫管理办法》等部门规章。2017 年环境保护部公开发布《生物遗传资源获取与惠益分享管理条例（草案）》（征求意见稿）。发布转基因生物安全评价、检测及监管技术标准 200 余项，转基因生物安全管理体系逐渐完善，建立

---

① 王献溥，宋朝枢. 生物多样性就地保护[M]. 北京：中国林业出版社，2006：85.
② 刘永新，邵长伟，张殿昌，等. 我国水生生物遗传资源保护现状与策略[J]. 生态与农村环境学报，2021（9）：1090-1091.
③ 韩茂莉. 世界农业起源地的地理基础与中国的贡献[J]. 历史地理研究，2019（1）：116-117.
④ 孙名浩，李颖硕，赵富伟. 生物遗传资源保护、获取与惠益分享现状和挑战[J]. 环境保护，2021，49（21）：31.

生物遗传资源获取与惠益分享、生物多样性可持续利用机制。

（3）全面加强遗传多样性的监管和司法保护。一是强化生物遗传资源监管，保障种质资源基因安全。国家加强对生物遗传资源保护、获取、利用和惠益分享的管理和监督，保障生物遗传资源安全，组织开展第四次全国中药资源普查、第三次全国农作物种质资源普查与收集行动、第三次全国畜禽遗传资源普查、第一次全国林草种质资源普查等。各级法院严惩危害种质资源安全违法犯罪，通过建立重点巡查、救护和常态化宣传机制、生物及栖息地保护合作机制、生态保护法律服务站等方式，全力守护大自然种质资源和基因宝库安全。二是加强本土自然生态系统、防治外来物种入侵的司法保障。准确适用《中华人民共和国刑法修正案（十一）》新增"非法引进、释放或者丢弃外来入侵物种罪"和《中华人民共和国生物安全法》等规定，强化环境刑事司法与行政执法衔接，构建"预防预警、检测监测、扑灭拦截、联控减灾"机制，加大对走私、贩运境外动植物品种违法犯罪行为打击力度。三是筑牢动植物检验检疫防线。强化司法保障重大疫情防控救治体系和应急能力建设，依法严惩买卖、运输涉疫动植物违法犯罪行为。

2. 省级层面的进展情况

（1）加强对渔业资源的规范管理。代表性的有《浙江省渔业管理条例》、《浙江省海洋与渔业局关于加强渔船管控实施海洋渔业资源总量管理的若干意见》（浙海渔发〔2017〕6 号）、《浙江省海洋与渔业局关于对违法违规渔船取消或扣减渔业生产成本补贴的通知》（浙海渔计〔2017〕92 号）、《浙江省渔业船员管理办法》（浙海渔政〔2017〕8 号）等。

（2）加快推进现代畜禽种业发展、畜禽养殖现代化、高密度动物防疫体系建设，规范畜牧业资源发展利用。代表性的有《浙江省人民政府办公厅关于加快畜牧业高质量发展的意见》（浙政办发〔2021〕61 号）、《浙江省农业厅等 4 部门关于支持畜牧业绿色发展的意见》（浙农专发〔2016〕97 号）、《浙江省人民政府关于加快畜牧业转型升级的意见》（浙政发〔2013〕39 号）、《关于进一步深化畜禽养殖污染防治加快生态畜牧业发展的若干意见》（浙环发〔2010〕26 号）等。

（3）推进农业现代化管理。农业现代化管理为解决农村资源发展需求、创造良好经济发展条件、激发农村地区经济活力①提供现实路径。2014 年，浙江省制定《关于加快发展现代生态循环农业的意见》（浙政办发〔2014〕54 号），与农业部联合开展现代生态循环农业发展试点省建设，不断完善农业领域的生态循环利用模式、推进化肥农药减量、建立"属地管理、部门联动、镇村巡查、主体负责、社会监督"的网格化防控机制，形成生态农业的长效运行机制。

3. 设区市的进展情况

（1）杭州市推进农业生态化转型。2023 年，杭州市以"走高效生态的新型农业现代化道路"为主题，通过参观考察、主旨演讲、成果发布、圆桌对话等形式，共同交流分享临

---

① 段海燕. 农业现代化管理对农村经济可持续发展的作用与实现[J]. 中国集体经济，2024（17）：51-52.

平区高效生态农业发展经验模式，探讨推进农业现代化高质量发展的新路径新方法，发布《杭州市临平区新时代高效生态农业发展行动计划》。

（2）湖州市推广绿色生态农业种植模式。2023年起，湖州市以"肥药两制"改革为引领，依托"浙农优品·双碳账户"数字化场景应用，开展低碳生态农场建设和农业碳排放核算试点，打造一批低碳生态农场样板。全市已创建省级低碳生态农场27家，国家级4家，计划到2025年建成省级低碳生态农场90家。

（3）其他地级市优化渔业、畜牧业绿色发展政策制度。代表性的有《宁波市人民政府关于加快推进绿色畜牧业发展的实施意见》（甬政发〔2017〕58号）、《宁波市渔业安全生产规定》（宁波市政府令　第144号）、《宁波市海洋经济发展"十四五"规划》、《台州市渔业高质量发展"十四五"规划》（台发改规划〔2021〕97号）、《温州市渔业发展"十二五"规划》、《温州市海洋经济发展"十四五"规划》（温政发〔2021〕20号）、《舟山市渔业高质量发展"十四五"规划》（舟发改规划〔2021〕43号）、《舟山市远洋渔业管理规定》、《舟山市渔业捕捞许可管理规定》等。

（二）加强人类遗传资源领域的政策制度建设

1. 国家层面的进展情况

（1）促进人类遗传资源管理的体系化、科学化、规范化。人类遗传资源包括人类遗传资源材料和人类遗传资源信息。1998年，国务院批准发布《人类遗传资源管理暂行办法》，这是我国最早有关人类遗传资源管理的专门规定。2019年，针对采集、保藏、利用、对外提供我国人类遗传资源问题，国务院颁布《中华人民共和国人类遗传资源管理条例》。2020年，《中华人民共和国民法典》对从事与人体基因有关的医学和科研活动设置了专条规定；《中华人民共和国生物安全法》对采集、保藏、利用、对外提供我国人类遗传资源等行为作出了具体规定；《中华人民共和国刑法修正案（十一）》专门增设了非法采集人类遗传资源罪，非法植入基因编辑、克隆胚胎罪。2021年，修订的《中华人民共和国科学技术进步法》对科技伦理治理作出了规定，并适用于人类遗传资源利用领域。2023年，《人类遗传资源管理条例实施细则》发布；2023年，国家卫生健康委等4部门联合印发《涉及人的生命科学和医学研究伦理审查办法》，强化医疗卫生机构、高等学校、科研院所等开展涉及人的生命科学和医学研究伦理审查。

（2）规范、严格管控人类遗传资源利用。在《中华人民共和国生物安全法》规定的人类遗传资源安全保障制度的基础上，国家成立中国人类遗传资源管理办公室，负责监督和管理人类遗传资源的采集、保存、研究和开发等活动，并制定（修订）了《中华人民共和国人类遗传资源管理条例》《人类遗传资源管理暂行办法》《人类遗传资源管理条例实施细则》《涉及人的生物医学研究伦理审查办法》《尸体出入境和尸体处理的管理规定》《人类遗传资源采集、收集、买卖、出口、出境审批行政许可事项服务指南》等。

（3）积极履行国际公约义务，增进基因多样性保护的国际合作交流。中国加入《生物多样性公约》《卡塔赫纳生物安全议定书》《名古屋议定书》等，强化对凭借现代生物技术获得的、可能对生物多样性的保护和可持续利用产生不利影响的转基因生物体的越境转移问题的治理，促进生物遗传资源惠益分享。作为公约及其议定书的缔约方，中国高质量提交《中国履行〈生物多样性公约〉第六次国家报告》《中国履行〈卡塔赫纳生物安全议定书〉第四次国家报告》等。自 2019 年以来，中国成为《生物多样性公约》及其议定书核心预算的最大捐助国，加强"南南合作"，与国外建构生物多样性政策对话机制；持续加大对全球环境基金捐资力度，成为全球环境基金最大的发展中国家捐资国，有力地支持了《生物多样性公约》的运作和执行。

2. 省级层面的进展情况

（1）规范人类遗传资源活动管理，建立专家库、资源库和专门平台。2020 年，浙江省科学技术厅发布《关于开展人类遗传资源调查工作的通知》，调研浙江省人类遗传资源采集、保藏、利用、对外提供以及管理等方面的总体情况；并建立浙江省人类遗传资源专家库，组织开展人类遗传资源行政许可管理专项检查。2021 年发布的《浙江省科技创新发展"十四五"规划》（浙政发〔2021〕17 号）指出要支持建设人类遗传资源库等重大基础科研平台，推进省人类遗传资源管理平台建设。《浙江省突发公共卫生事件应急管理"十四五"规划》（浙发改规划〔2021〕141 号）要求建成集生物信息、人类遗传资源等生物安全战略资源信息共享服务平台。

（2）落实人口计划，鼓励优生优育，完善人口与计划生育立法。实行计划生育是基本国策，《浙江省人口与计划生育条例》明确了计划生育的基本政策、管理和服务措施、法律责任等内容，对于控制人口数量、优化人口结构、提高人口素质具有重要意义。其中第三条规定各级人民政府应当采取宣传教育、技术服务、建立健全奖励和社会保障制度等综合措施，控制人口数量，提高人口素质，实现人口与经济、社会、资源、环境的协调发展。

（3）加强科技伦理治理，打造健康中国省域示范区。2022 年，浙江省印发《关于加强科技伦理治理的实施意见》，要求常态化开展人类遗传资源管理检查抽查，加强对人类遗传资源采集、保藏、利用、对外提供等活动的科技伦理管理，维护国家生物资源安全。浙江省制造业高质量发展领导小组办公室印发《关于支持生物医药产业创新发展若干举措》（浙制高办〔2023〕22 号），规范细胞治疗临床研究省级初审、备案、监管。《浙江省生物经济发展行动计划（2019—2022 年）》（浙发改高技〔2019〕458 号）要求研究探索筹建区域生物伦理审查委员会，加强对医学研究、新兴生物技术应用的伦理安全监管。2023 年，浙江省成立科技伦理委员会。《浙江省科技创新发展"十四五"规划》（浙政发〔2021〕17 号）指出要完善科技伦理监管制度，强化科技伦理审查与风险评估，健全科技伦理体系。2024 年，《浙江省人民政府办公厅关于推进浙江省卫生健康现代化建设的实施意见》（浙政办发〔2023〕25 号）要求把健康融入所有政策，推进健康城市、健康县（区）建设，探索开展公共政策、重大工程项目等健康影响评价。

3. 设区市的进展情况

（1）依法开展人类遗传资源调查。例如，2022年杭州市科技局发布《关于开展人类遗传资源调查工作的通知》，要求市内的医疗机构、高等院校、研究机构、企业及其他有关单位对重要遗传家系、特定地区人类遗传资源、罕见病遗传资源、大样本或特定人群人类遗传资源登录科学技术部政务服务平台人类遗传资源管理申报系统填报人类遗传资源调查表。

（2）规范人类遗传资源管理程序和能力建设。各地积极落实《中华人民共和国人类遗传资源管理条例》等上位法规定，加快人类遗传资源管理信息平台建设，提高人类遗传资源专业人才队伍的科学管理水平。浙江中医药大学、温州医科大学附属第二医院分别发布《人类遗传资源管理办理流程》《人类遗传资源管理相关办事指南》等。各地建成涵盖婚前、孕前、孕期、新生儿期各阶段出生缺陷预防全链条体系，代表性规定有《台州市出生缺陷综合防治工作实施方案》（台卫办〔2023〕7号）等。

（3）严厉打击非法采供卵等违法乱象行为。根据浙江省卫生健康委等部门联合印发的《严厉打击非法应用人类辅助生殖技术专项行动工作方案》（浙卫发函〔2023〕103号），各地严厉打击买卖配子、合子、胚胎，代孕，非法采供卵，买卖和出具虚假出生医学证明等违法乱象行为；落实联合执法调查、重大案件会商督办、案件移送、案件信息通报共享、舆情引导、有奖举报等机制，强化与人类辅助生殖技术应用相关的全链条管理。情节严重、构成犯罪的，移送公安机关依法追究刑事责任。

（三）加强农业生物领域的基因安全管理和立法

1. 国家层面的进展情况

（1）建构农业生物领域的基因安全管理规范体系。1996年，农业部颁布《农业生物基因工程安全管理实施办法》。2001年，国务院颁布《农业转基因生物安全管理条例》，规定了安全评价制度、标识管理制度、生产许可制度、经营许可制度和进口安全审批制度等。2002年，农业部颁布《农业转基因生物安全评价管理办法》《农业转基因生物进口安全管理办法》《农业转基因生物标识管理办法》。2006年，农业部颁布《畜禽遗传资源保种场保护区和基因库管理办法》。这些立法促进了农业转基因生物的全方位、全流程精细化管理。此外，我国还发布了《主要农作物品种审定办法》、《生物技术研究开发安全管理办法》、《进出境转基因产品检验检疫管理办法》、《转基因植物安全评价指南》（农科办〔2022〕27号）、《病害动物和病害动物产品生物安全处理规程》（GB 16548—2006）[①]等，制定了转基因生物标识目录，建立健全了研究、试验、生产、加工、经营、进口许可审批和标识管理制度。转基因生物安全评价、检测及监管技术标准共计200余项，转基因生物安全管理体系逐渐完善。

---

① 该标准已于2017年废止。

（2）加强遗传资源的知识产权保护。全球竞争性优势越来越突出地表现在对物种内生物遗传信息的认识、掌握和利用，"生物物种及其基因资源被看作是化石能源之后人类最后一块'淘金场'，而与生物基因资源相关的知识产权就是知识经济时代全球经济技术化'抢滩'和'圈地'的工具"。[①]自《生物多样性公约》诞生以来，相关政府部门、立法部门认识到保护生物多样性与知识产权有密切的联系[②]，因此，我国不断加强对遗传资源的知识产权保护。2008 年修订的《中华人民共和国专利法》增加了对遗传资源来源披露的规定，专利申请人应承担举证责任。对违反法律、行政法规的规定获取或者利用遗传资源，并依赖该遗传资源完成的发明创造，不授予专利权。《中华人民共和国人类遗传资源管理条例》规定，利用我国人类遗传资源开展国际合作科学研究，产生的成果申请专利的，应当由合作双方共同提出申请，专利权归合作双方共有。《中华人民共和国植物新品种保护条例》规定实质性派生品种在以商业目的利用时，应当征得原始品种的植物新品种权人同意，保护权利人对其授权品种享有的独占权。2024 年 5 月，中国政府代表团参加世界知识产权组织（WIPO）缔结知识产权、遗传资源和遗传资源相关传统知识国际法律文书外交会议，促进会议成功缔结《产权组织知识产权、遗传资源和相关传统知识条约》。

（3）加快重要生物遗传资源采集标准和基因库建设。中国高度重视生物资源保护，《中华人民共和国畜牧法》《中华人民共和国种子法》《中华人民共和国野生动物保护法》《中华人民共和国中医药法》《中华人民共和国生物安全法》《中华人民共和国黄河保护法》《中华人民共和国长江保护法》等均有提及动植物遗传资源基因库建设。《生物遗传资源采集技术规范（试行）》（HJ 628—2011）规定了野生生物遗传资源（动物、植物、大型真菌等）采集相关程序、技术规程和注意事项等。中国已形成了以国家作物种质长期库及其复份库为核心、10 座中期库与 43 个种质圃为支撑的国家作物种质资源保护体系，建立了 199 个国家级畜禽遗传资源保种场（区、库），为 90% 以上的国家级畜禽遗传资源保护名录品种建立了国家级保种单位；建设 99 个国家级林木种质资源保存库、31 个药用植物种质资源保存圃和 2 个种质资源库，保存种子种苗 1.2 万多份。第四次全国中药资源普查获得 1.3 万多种中药资源的种类和分布等信息，其中 3 150 种为中国特有种。中国持续加大迁地保护力度，实施濒危物种拯救工程。截至 2023 年，中国建立植物园（树木园）近 200 个，保存植物 2.3 万余种；建立 250 处野生动物救护繁育基地，60 多种珍稀濒危野生动物人工繁殖成功。

总之，中国通过制定一系列法律法规规章政策、科技创新以及国际合作等方式，建立了相对完善的基因多样性保护体系，促进动植物和人类遗传资源的保护和合理利用，生物遗传资源的收集、保存和利用水平显著提高，为全球其他国家尤其是发展中国家提供了中国方案、贡献了中国智慧。

---

① 薛达元. 新形势下应着重防范生物物种资源流失[J]. 人民论坛·学术前沿，2020（20）：68.
② 徐祥民，王诗成. 污染防治与生物多样性保护[M]. 济南：山东大学出版社，2009：227.

2. 省级层面的进展情况

（1）专门立法保护农业、渔业、水产资源。《浙江省农作物病虫害防治条例》规定了危害农作物及其产品的病、虫、草、鼠等有害生物的防治制度。《浙江省渔业管理条例》规定"禁止向开放性水域投放外来水生物种、杂交种、转基因种及种质不纯的物种；禁止在水产种质资源保护区、重要经济鱼、虾、蟹类的产卵场等敏感水域进行放流"。《浙江省水产种苗管理办法》对水产种苗的品种进行规定，对用于繁育、增养殖（栽培）生产和科研实验、观赏的水产动植物的亲本、稚体、幼体、受精卵、孢子及其遗传育种材料，对水产种苗的基因遗传品种进行规范化管理。浙江省农业厅发布《关于进一步加强农业转基因生物安全监管工作的通知》，要求落实"第一责任人"制度，加强农业转基因生物标识、农业转基因生物加工环节等监管，统筹建立农业文化遗产资源库，健全"省级遗传资源库+活体基因库+保种场"保护体系。

（2）依法促进品种选育与种质资源管理。资源库是种质资源的"方舟"、农业现代化的"重器"，浙江省制定《浙江省基本农田保护条例》、《浙江省畜牧业高质量发展"十四五"规划》（浙发改规划〔2021〕253号）、《关于深化种业体制机制改革的若干意见》（浙政办发〔2015〕135号）、《关于加快畜牧业高质量发展的意见》（浙政办发〔2021〕61号）、《浙江省农业行政处罚裁量基准》（浙农政发〔2015〕10号）等，建立健全种质资源省级保护名录发布和保护、品种审定、种子储备等制度。《浙江省蚕种管理条例》在保护蚕种资源，规范市场准入，加强蚕种质量监管，鼓励发展新品种、新技术，加强执法监管和加大惩罚力度等方面作出具体规定，有利于提升蚕业的竞争力和可持续发展能力。《浙江省蚕种生产经营许可证管理办法》《浙江省蚕种储备管理办法》《浙江省蚕品种审定实施办法》等规定，细化和加强了蚕种遗传资源保护与利用。《浙江省实施〈中华人民共和国种子法〉办法》针对种质资源保护、品种选育与管理、种子储备、种子生产经营扶持措施等进行了规定。

（3）强化畜禽遗传资源保护，推进畜禽遗传资源保种场管理工作。《浙江省动物防疫条例》对动物防疫的责任主体、疫病监测和报告等作出规定，保护动物的基因多样性，从动物防疫的各个环节来减少疫病传播风险。《浙江省种畜禽管理办法》（浙政令〔2012〕298号）、《浙江省种畜禽场和畜禽遗传资源保种场管理规范》（浙农专发〔2013〕27号）、《浙江省畜禽遗传资源保护名录》、《浙江省农业厅关于进一步规范畜禽遗传资源保种场管理工作的通知》（浙农专发〔2015〕34号）等规定的颁布实施，加强了遗传资源的建设和管理，修订浙江省畜禽遗传资源保护名录，建立省级畜禽遗传物质保存库，加大对畜禽遗传资源保护的扶持力度，健全基因多样性保障制度。2024年3月，浙江省畜禽遗传资源库项目开工仪式在杭州市临安区举行。

3. 设区市的进展情况

（1）推进农业战略基础前沿研究和专门立法。在2004年浙江省人民政府办公厅发布《关于加强生物物种资源保护和管理的通知》（浙政办发〔2004〕101号）之后，各地完善生物物种资源保护政策制度，加强了离体保护设施和生物物种资源基因核心库建设，促进动物基因、细胞、组织及器官的保存和特异优质基因的保护。例如,《湖州市桑基鱼塘系统保护规定》鼓励建立优良桑、蚕、鱼等种质资源库、基因库,开展种质资源收集保存、良种选育和示范推广等活动。相关特色立法有《杭州市西湖龙井茶保护管理条例》《绍兴会稽山古香榧群保护规定》等。各地还积极开展农业生物基因资源多样性与演化规律、病虫害发生规律及环境感知、农产品营养调控及评价等研究,加强基因编辑、农业传感器与专用芯片、细胞工厂等底盘技术研究,提升生物农业科技产业孵化水平。

(2)依法开展畜禽遗传资源面上普查。畜禽遗传资源是生物多样性的重要组成部分,也是维护国家生态安全、农业安全的重要战略资源,还是畜牧业可持续发展的物质基础。自 2023 年农业农村部开启为期 3 年的全国农业种质资源普查以来,各地已提前全面完成畜禽遗传资源面上普查,实行"谁普查、谁负责,谁审核、谁负责"制度。各地在云端建立基因数据库,以及种质保存库、农作物种质资源精准鉴定公共平台、种质信息共享平台等种质资源库,实现数字化保种,并与各科研院所、种业企业共享测序数据。自 2022 年以来,各地农业行政执法队开展种畜禽质量监督检查,依法打击未取得"种畜禽生产经营许可证"生产经营种畜禽、销售假劣种畜禽等违法行为。

(3)依托数字赋能,促进农业遗传资源的精细化、信息化和特色保护与可持续发展。数字技术赋能不仅可以促进农业环境污染防治精准化、透明化、高效化,还有助于农业现代化建设。例如,杭州市率先推进产业数字化改革,实现传统牧业的产业蝶变,推动奶业数字化、智能化建设,实现由粗放式饲养模式向精细化、信息化养殖模式的升级。衢州市发展生物医药、生物能源、生物农业等产业,发展中药材产业,大力发展创新药。湖州市积极发展生物医药、生物能源、生物农业等产业,探索生物环保技术的应用与推广模式,协同推进浙江省长三角生物医药产业技术研究园(德清)、"两山"农业科技园区建设。

总之,我国国家层面的生物多样性保护政策制度建设,对提升生物多样性保护水平起到了良好的规范作用,但关于生物多样性保护的内容规定相对宏观[①]。浙江省高度重视生物多样性保护,相关的法规政策规范性文件包括调查、监测、评估,优化保护空间,监督管理和保障措施等,为生物多样性保护提供了具体的实施方案,走出了一条具有浙江特色的生物多样性保护法治之路。浙江省坚持科学立法、严格执法、公正司法、全面守法,用最严格制度最严密法治保护生物多样性,取得了显著的保护和治理成效。

---

① 鄢德奎. 中国生物多样性保护政策的共同要素、不足和优化建议[J]. 生物多样性,2024(5):35.

第二章

浙江省生物多样性保护政策制度的创新

浙江省坚持把生物多样性保护作为生态文明建设的重要内容、推动高质量发展的重要抓手，注重建章立制与改革创新相结合，政策制度创新呈现基于系统集成理念的体系化、基于迭代升级理念的实效性、基于优化升级理念的绩效性、基于制度耦合理念的非正式制度互补性，体现了由末端治理到预防保护的法律规制转型、由地方政策到区域协同法治的相关立法转型、由命令型控制到引导激励型的政策制度体系转型等鲜明特征。浙江省精准构建从顶层规划到地方规范体系，全局统筹海陆空合力解决生物多样性丧失威胁、全面提升生物多样性永续利用与惠益分享水平、着力增强生物多样性保护的治理体系与治理能力。

一、浙江省生物多样性保护政策制度创新的基本理念

（一）政策制度体系化的系统集成理念

一是浙江省坚持贯彻以系统观念治理生态环境，注重系统集成推进生物多样性的顶层政策制度设计。习近平总书记指出："生态是统一的自然系统，是相互依存、紧密联系的有机链条。"[1]围绕生物多样性政策制度创新这一主题，浙江省坚持系统观念，力扛"两个先行"，从强化生物安全管理、显著提升生物多样性保护、可持续利用和惠益共享水平等方面统筹规划，建立健全体系化的生物多样性政策制度，以严密的"法网"确保重要生态系统、生物物种和生物遗传资源得到全面保护[2]，提升生态系统的多样性、稳定性、可持续性，切实推进生物多样性治理体系和治理能力现代化，推动生物多样性保护与经济社会绿色发展良性互动，助力在高质量发展中奋力推进中国特色社会主义共同富裕先行和省域

---

① 习近平. 论坚持人与自然和谐共生[M]. 北京：中央文献出版社，2022：12.
② 刘彤彤. 整体系统观：中国生物多样性立法保护的应然逻辑[J]. 理论月刊，2021（10）：130-141.

现代化先行，共建人与自然和谐共生的美丽浙江。

二是浙江省坚持制度政策体系化保障，立足省域特色协同创新，打造全局视角下的实践范式。浙江省拥有超过 60%的森林覆盖率，也是中国海岛最多的省份，依山傍海的优美生态环境造就了浙江的生物多样性。全省陆生野生脊椎动物分布 790 种，约占全国总数的 27%，高等植物 6 100 余种，约占全国总数的 17%[①]，在我国东南植物区系中占有重要地位。动物、植物、微生物共同组成互相支持的生态系统，如果物种和遗传资源种类单一，抗风险能力弱，生态系统就更容易崩溃。作为绿水青山就是金山银山理念发源地和中国第一个生态省，浙江把全省作为大花园来打造，坚持山水林田湖草系统治理，生物多样性治理能力和治理水平显著提升，探索形成了一套具有浙江特色的生物多样性保护与可持续利用的实践范式。浙江基于丰富的生物资源禀赋，锚定构建与"生态文明高地"相适应的生物多样性保护制度体系，通过《浙江省生物多样性保护战略与行动计划（2023—2035 年）》等来统筹布局全省生物多样性保护工作，奋力打造生物多样性保护、可持续利用、价值转化的浙江样板，为国家生物多样性保护工作提供先行先试经验。

三是浙江省深化国内与国际合作交流，从人类命运共同体格局共享生物多样性保护的中国智慧与浙江方案。浙江省积极参与国际生物多样性保护合作，与国际组织、各国政府及非政府组织等建立广泛的联系与合作，分享生物多样性保护的成功经验和制度创新模式。通过举办国际研讨会、展览、项目合作等方式，促进国际在生物多样性保护政策、技术、资金等方面的交流与合作，共同应对全球性生物多样性危机。此外，浙江省还积极履行国际公约义务，参与并推动全球生物多样性保护目标和指标的制定与实施。浙江生物多样性保护的实践成果，促进了国际社会对中国生态文明理念的认同和支持，推动形成全球生物多样性保护的良好氛围和共同行动。

（二）政策制度时效性的迭代升级理念

一是浙江省立足"生物多样性"谋篇布局，较早启动生物多样性保护谋划与实施。《浙江省生物多样性保护战略与行动计划（2011—2030 年）》于 2013 年发布，成为浙江省近十年（2013—2022 年）来开展生物多样性保护的纲领性文件，各地市认真实施该规划，将生物多样性保护纳入生态文明和美丽浙江建设顶层设计，推动生物多样性保护与经济社会协调发展。

二是浙江"生态省"的绿色基底持续推动浙江全方位强调生态环境治理能力提升，衔接生物多样性的国际新阶段要求。2022 年是浙江省紧扣生物多样性保护国际形势、及时总结省域工作中期成果、升级迭代生物多样性政策制度时效的承上启下之年。2022 年，浙江省为响应 COP15 通过的《昆蒙框架》，对标《昆蒙框架》中提出的到 2030 年 23 个以行动为导向的全球目标（涵盖修复退化生态系统、建立自然保护地、保护受威胁物种、应对外

---

① 生物多样性可持续利用的浙江实践[J]. 中华环境，2023（Z1）：52-54.

来物种入侵、惠益分享遗传资源等多个方面），贯彻落实中共中央办公厅、国务院办公厅《关于进一步加强生物多样性保护的意见》，于全国率先全面、系统开展省级生物多样性保护战略与行动计划进展评估工作。浙江省率先开展全面、系统、科学的《浙江省生物多样性保护战略与行动计划（2011—2030 年）》中期评估工作，从生态系统、物种与遗传资源三个层面，借鉴国际最新评估方法，采用多学科融合、多部门参与的方式，建立了科学和可操作的评价指标体系和评价方法，首次针对中期目标、优先行动、保护形势，全面总结、提炼了浙江省生物多样性保护成果。中期评估结果全面展示了浙江生物多样性保护的行动和成就，确立了浙江生态文明建设和生物多样性保护的先行先试、引领示范地位。①

三是浙江省高水平推进生态文明建设先行示范区，率先在全国迭代生物多样性纲领性文件。浙江把握全国首个完成中期评估论证优势，立即启动《浙江省生物多样性保护战略与行动计划（2011—2030 年）》修编工作，于 2022 年公开发布《关于进一步加强生物多样性保护的实施意见》（浙委办发〔2022〕23 号），2023 年印发《浙江省生物多样性保护战略与行动计划（2023—2035 年）》，再次成为全国首个迭代升级纲领性文件的省份，借势协调推进生物多样性调查评估、试点示范、强化监督、对外合作等工作，全面提升生物多样性治理水平。该计划锚定 2030 年和 2035 年目标，深入推进生物多样性主流化、全力应对生物多样性丧失威胁、着力提升生物多样性可持续利用与惠益共享水平、切实加强生物多样性保护能力保障等四个领域，明确浙江要优先做到的 30 项行动，并且设置了每项行动的 2030 年目标，与《昆蒙框架》全球目标精准衔接。②例如，浙江将优化就地保护网络和迁地保护体系、加强海陆生态修复、改善环境质量、加大执法力度和防控外来物种，力争到 2030 年，至少 30%的陆地和内陆水域以及沿海和海洋区域得到有效保护和管理，这与《昆蒙框架》中"30×30"目标相一致。

四是浙江省生物多样性政策制度创新注重政策制度实效，及时总结提炼生物多样性保护经验，形成可推广、可借鉴的行动举措，为全国贡献生物多样性保护"浙江案例"。浙江生物多样性保护走在全国前列的经验主要有：一是坚持生态立省，统筹谋划，全面推进生物多样性保护进程；二是坚持绿水青山就是金山银山理念，试点先行，激发生物多样性保护内生动力；三是坚持制度创新，深化改革，持续加强生物多样性制度保障；四是坚持科技赋能，研发驱动，不断提升生物多样性治理效能；五是坚持全民参与，科教融合，有效推动生物多样性共治共享。③

① 《浙江省生物多样性保护战略与行动计划（2011—2030 年）》中期评估通过专家论证[EB/OL]. （2022-06-24）[2024-07-21]. http://sthjt.zj.gov.cn/art/2022/6/24/art_1229589298_58931914.html.

② 浙江出台新政保护生物多样性 [EB/OL]. （2023-09-19）[2024-07-21]. http://www.zj.gov.cn/art/2023/9/19/art_1554467_60165422.html.

③ 浙江省生物多样性保护战略与行动计划（2011—2030 年）取得积极进展[EB/OL]. （2022-08-05）[2024-07-21]. http://mp. weixin. qq. com/s? __biz=MzA5NzM0NjUwOA==&mid=2652205688&idx=1&sn=2ac363d1e7317e4bb1d20014d8168d20&chksm= b43e4dbbc346dcd80a75eb980944289b29a4897be3ce0506552b85885353bd355b7f73c5ac1&scene=27.

（三）政策制度绩效性的优化选择理念

一是注重发挥政策制度的"指挥棒"作用。体系化、时效性的生物多样性保护政策制度为生态多样性保护工作提供健全的法治保障，重点工作绩效性考量反向推动优化重点领域政策制度创新。通过出台《浙江省陆生野生动物保护条例》、《浙江省重点保护陆生野生动物名录》（浙政办发〔2016〕17号）、《关于进一步加强生物多样性保护的实施意见》（浙委办发〔2022〕23号）等文件，与部门考核机制挂钩，建立健全野生动植物保护工作责任制度，将生物多样性保护相关工作纳入林长制、美丽浙江、平安浙江等考核任务，推动市县和部门压力传导。同时，创新生态保护优先的绩效考评方式，取消山区26县等相对欠发达地区的GDP考核，推行自然资源资产离任审计制度，建立健全生态环境损害责任追究制度，不断持续激发生物多样性保护内生动力。

二是针对紧迫性的极小、濒危物种支起"保护伞"。浙江省先后实施《浙江省极小种群野生植物拯救保护工程》《浙江省珍稀濒危野生动植物抢救保护工程行动方案》，深入实施濒危物种抢救保护，开展37个濒危物种抢救保护，建立9个濒危物种抢救保护基地，建立中华凤头燕鸥南麂列岛繁殖地，支持江苏、湖南等省份开展朱鹮野外种群重建，濒危物种种群数量实现持续增长；健全野生动物收容救护网络，全省共建立1个省级、11个市级陆生野生动物救护中心，年收容救护野生动物达6 000余只，野外放归近4 000只；强化野生动物疫源疫病防控，优化监测站布局，建立了19个国家级监测站、30个省级监测站，年监测巡护里程10万千米以上；加强栖息地保护工作，全省共有各类自然保护地315个，初步形成了以国家公园为主体，以自然保护区为基础，以湿地公园、森林公园、风景名胜区等为补充，生态效益和社会效益比较明显的野生动物栖息地保护体系，为野生动植物提供了良好的栖息环境。①

三是为保护家园筑起野生动物危害"防护墙"屏障。事前重点针对国家林草局防控野猪危害综合试点成效评估，形成了6条"浙江经验"②，编制《浙江省防控野猪危害技术指南》，为全省各地开展防控野猪危害工作提供可操作、可试行的办法和措施，全面提升浙江省防控野猪危害能力和水平，有效实施种群调控，减少野猪造成的损害，维护人民群众人身和财产安全③。事后对因野生动物造成的人身和财产损害，由保险公司按野生动物肇事公众责任险规定予以赔偿，该保险已率先实现致害保险县级全覆盖。

四是构建金融支持生物多样性保护的"避风港"机制。浙江省在联合国《生物多样性公约》第十五次缔约方大会第二阶段会议上发布《金融机构生物多样性风险管理标准》，

---

① 浙江省林业局关于省政协十三届二次会议第120号提案的答复（浙林提〔2024〕37号）[EB/OL].（2024-07-18）[2024-09-21]. http://lyj. zj. gov. cn/art/2024/7/18/art_1229168428_59074985. html.

② 该6条浙江经验包括科学种群调控、加强监测预警、强化主动预防、完善补偿机制、多部门协同推进、编制技术指南。

③ 省防控野猪危害技术指南编制座谈会在金华召开[EB/OL].（2023-06-20）[2024-07-01]. http://lyj. zj. gov. cn/art/2023/6/20/art_1285510_59053708. html.

筛选出 21 个具有较高生物多样性风险的行业，并按照每个行业生物多样性风险主要来源，制定了金融机构对该行业项目的审核要点以及管理办法，帮助金融机构识别和管理项目中的生物多样性风险。湖州、衢州、丽水分别印发《金融支持生物多样性保护的实施意见》（湖政办发〔2022〕33 号）、《关于试点〈银行机构生物多样性风险管理标准〉的通知》、《关于丽水市金融支持百山祖国家公园生物多样性保护的指导意见》，强化生物多样性相关金融供给，为金融机构规避风险。湖州围绕重要生态系统保护修复、生物资源的可持续利用、与应对气候变化协同增效等重点领域，强化金融产品和服务供给，推动形成多元化资金投入机制，着力提升生物多样性友好型生产经营活动的金融服务质效。衢州开化发布的《银行机构生物多样性风险管理标准》，是国内首个出台的绿色金融支持生物多样性保护的地方标准，为金融机构规避生物多样性风险、减少项目开发对生物多样性影响提供了方法准则，提高了金融机构管理生物多样性风险的精准性，降低了金融机构管理成本。丽水探索出以"国家公园+绿色金融"为抓手，引导金融机构从金融保障、创新金融产品和服务、构建多元化融资渠道、建立配套激励机制等方面构建满足百山祖国家公园生态保护和生态产品价值实现等多元化金融需求的金融支持举措。

（四）非正式制度互补性的制度耦合理念

第一，正式制度作为制度体系的基石与内核，为生物多样性保护提供了明确的行为规范和法律保障。2010 年以来，浙江省共制（修）订自然保护地、森林、湿地、河湖以及珍稀濒危野生动植物保护等生物多样性相关法规规章 30 余部，注重将生物多样性保护工作融入生态省建设的全方面，如 2022 年浙江省人民代表大会常务委员会颁布实施《浙江省生态环境保护条例》，生物多样性保护首次写入地方法规。浙江省先后发布《浙江省生物多样性保护战略与行动计划（2011—2030 年）》、《浙江省水生生物多样性保护实施方案》（浙环函〔2020〕106 号）、《浙江省八大水系和近岸海域生态修复与生物多样性保护行动方案（2021—2025 年）》（浙政办发〔2021〕55 号）、《浙江省生物多样性保护战略与行动计划（2023—2035 年）》，编制黄山-怀玉山、武夷山生物多样性保护优先区域（浙江部分）规划，实现一般性保护与重点领域保护相结合等。

第二，正式制度的力量并非孤立存在，它需要与非正式制度的柔性引导相辅相成，共同作用于生物多样性保护的全过程。制度由正式制度、非正式制度和实施机制共同构成，三者相互适配、补充。正式制度是制度的内核，非正式制度为正式制度引领方向，实施机制为正式制度和非正式制度提供保障。[①]非正式制度，如生态习俗、环境伦理、宗教信仰以及地方文化中的自然观等，深植于社会生活的各个方面，以潜移默化的方式影响着人们的价值观念和行为选择。它们为正式制度提供了丰富的文化土壤和社会认同基础，使得生物多样性保护的理念能够深入人心，成为公众自觉遵循的行为准则。生物多样性政策制度

---

① 沈满洪. 生态经济学[M]. 3 版. 北京：中国环境出版集团，2022：298.

并不是要取代生态习俗、环境伦理等机制的前端治理功能，而是要同这些机制在前端治理上紧密配合、相辅相成，实现刚柔相济、身心并治。

第三，实施机制作为连接正式制度与非正式制度的桥梁，也发挥着至关重要的作用。在生物多样性保护实践中，正式制度与非正式制度的互补性得到了充分展现。以宁波市级非遗"龙观二月二龙抬头"为例，这一传统活动最初源于五龙潭的祈雨仪式，是当地民众在长期与自然相处过程中形成的生态习俗。随着时代的变迁，这一习俗逐渐融入了人与自然和谐共生的生态文明理念，成为推动当地生物多样性保护的重要力量。举办"龙观二月二龙抬头"活动，不仅加深了民众对自然环境的敬畏之情，还促进了社区内部关于生物多样性保护的共识形成，为正式制度的实施奠定了良好的社会基础。除此之外，还有浙江省德清县"扫蚕花地"的蚕桑习俗，这是一种国家级非物质文化遗产，表演者通过边唱边舞的形式展示了扫地、糊窗、掸蚕蚁、采桑叶等一系列养蚕相关的动作，遵循生态运作法则，保存了传统的蚕桑文化内涵。生态民俗促进当地生物多样性保护，因民俗观念中的生态保护意识、行为模式上的生态维系惯性，民俗传承与生态维护功能绑定。[①]在实施机制的推动下，正式制度与非正式制度得以紧密配合、相辅相成，共同推动了生物多样性保护工作的深入开展。

二、浙江省生物多样性保护政策制度创新的主要特征

（一）由末端治理到预防性保护的法律规制转型

一是全面深化污染防治攻坚，打造生物多样性保护的绿色底色。浙江省全面推进清新空气行动，大力推进全省清新空气示范区建设，持续改善环境空气质量。深化"五水共治"碧水行动，全面开展水污染综合治理，实施太湖等重点湖库蓝藻水华防控。建设省域"无废城市"，构建固体废物多元处置体系，拓宽综合利用和资源化利用方式。加强农业面源污染防控，减少化肥、农药等农业投入品使用量及其废弃物产生量。强化塑料污染全链条防治，科学制定并实施新污染物环境风险管控措施。持续完善病死猪无害化处理和废旧农膜、化肥农药包装废弃物回收制度，加快畜禽粪污无害化处理和资源利用设施建设。以治水成效为例，浙江省系统治理河流 2.6 万余公里，修复河湖生态缓冲带 1 000 公里，治理水土流失面积超 5 000 平方公里，土地综合整治超 140 万亩，建成"污水零直排区"1.2 万余个，"牛奶河""垃圾河"蝶变为"清水河""美丽河"，社会公众治水满意度从 68.5%提高到 90.9%。[②]浙江铁腕治污，逐步将刚性治理机制从末端治理环节前移到前端治理环节，

---

① 罗瑛. 生态民俗传承促进生物多样性保护——以兰坪县普米族田野调查为例[J]. 文化遗产，2022（2）：142-150.
② 实录｜这场发布会，带你回顾浙江十年治水成就[EB/OL].（2024-03-14）[2024-07-21]. http://slt.zj.gov.cn/art/2024/3/14/art_1567481_59041083.html.

以硬性律令督促各方主体采取有效措施防范矛盾纠纷和违法犯罪的发生。①

二是通过改革创新、试点探路，持续激发生物多样性保护内生动力。浙江省首创河（湖）长制、湾（滩）长制，全面推行林长制，促进河湖、森林、湿地休养生息和保护修复。以生态保护补偿制度"护绿""增绿""活绿"，形成了分类与综合兼顾、横向与纵向协调、激励与约束并举的生态保护补偿机制。为破解浙江省林区"集体林地占比高、林区生产活动强度大"带来的生态破坏难题，在推进钱江源国家公园建设过程中，率先开展集体林地地役权改革，在不改变土地权属的前提下，创新探索"统一管理、分类补偿"模式，大幅降低林区生产作业强度，不断改善野生物种栖息环境。该项改革举措在昆明召开的 COP15第一阶段会议期间被评为"生物多样性 100+全球特别推荐案例"。②

三是坚持全域修复、重点保护，逐步形成人与自然和谐共生的格局。把浙江全省域作为大花园来打造，划定生态保护红线 5 514 万亩（约合 368 万公顷）。投资 224.57 亿元开展钱塘江源头、瓯江源头山水林田湖草沙生态保护修复，其作为"中国山水工程"重要组成部分，入选首批十大"世界生态恢复旗舰项目"。杭州市西湖区双浦镇全域整治项目、洞头"蓝色海湾"整治项目入选 COP15《中国生态修复典型案例》。率先开展废弃矿山生态修复，高质量打造乡村全域土地综合整治与生态修复 2.0 版。重点对 35 个珍稀濒危物种实施抢救保护，率先启动抢救保护基地建设，85%的濒危野生动植物物种得到有效保护。实施全域土地综合整治与生态修复工程和"蓝色海湾"整治行动，持续开展对"绿盾"自然保护地的强化监督。2022 年，浙江省生态质量指数（EQI）位居全国前列，设区城市 $PM_{2.5}$平均浓度 24 微克/米³、地表水省控断面优良水质比例 97.6%，完成 158 个废弃矿山生态修复，实现对全省 311 个自然保护地的统一管理。③

四是树立保护优先、持续利用原则，激发生物多样性保护高价值转化动力。《浙江省生物多样性保护战略与行动计划（2023—2035 年）》牢固树立尊重自然、顺应自然、保护自然的生态文明理念，坚持以保护优先、自然恢复为主，有效保护重要生态系统、生物物种和生物遗传资源，科学、合理和可持续地利用生物资源，推动生态产品价值转化，挖掘生物多样性富民强省潜力，激发生物多样性保护内动力，取得显著成效。其一，发布全国首部省级生态系统生产总值（GEP）核算标准④，在全省 36 个县（市、区）开展核算试点，成立"两山合作社"34 家，山区 26 县实现全覆盖，"两山合作社"累计开发项目 90个、总投资 365 亿元。其二，在丽水开展首个生态产品价值实现机制国家试点，打响了"丽水山耕""丽水山居"等品牌，生态价值转化实现路径不断拓宽。其三，推进磐安生物多

---

① 黄文艺. 论预防型法治[J]. 法学研究，2024，46（2）：20-38.

② 郎文荣. 为推进人与自然和谐共生贡献浙江经验——浙江省生物多样性保护工作实践[J]. 环境保护，2023，51（7）：46-47.

③ 同②。

④ 《生态系统生产总值（GEP）核算技术规范　陆域生态系统》（DB33/T 2274—2020）和《浙江省生态系统生产总值（GEP）核算应用试点工作指南（试行）》（浙发改函〔2021〕10 号）共同构成了浙江省生态系统生产总值（GEP）核算的主要技术规范和应用指导。

样性友好城市、景宁生物多样性产学研用试点县、象山县海上生物多样性保护实践地等 7 个生物多样性可持续利用试点市县建设，先行探索生物多样性体验地建设。截至 2024 年 5 月，全省已有 11 个省级生物多样性体验地，各体验地及试点示范点累计接待游客近 615 万人，带动收入 6.5 亿元。其四，深入调查发掘各地生物多样性传统知识，通过包装和展示，推动地方生态旅游发展。

（二）由地方政策到区域协同法治的相关立法转型

一是多元化试点体系化推进。浙江省率先通过启动多级试点（市、县、乡镇、企业等），形成了由点到面、体系化推进的工作格局。各级试点不仅覆盖范围广，而且注重结合实际情况进行差异化探索，积累了丰富的经验和模式。金华市磐安县作为全国首个生物多样性友好城市试点，完成为期 3 年的建设并获评估通过。宁波市龙观乡作为全国首个生物多样性友好乡镇试点，已相继发布有关地方标准、技术规范①。2024 年，浙江又布局杭州上城友好城区、海盐澉浦友好乡镇、开化高田坑友好乡村、绍兴友好企业、温州三垟友好湿地等生物多样性友好试点。试点先行、提级扩面、提炼亮点，各地市基于自身实际探索出众多创新制度与举措。

二是试点助推顶层设计与政策引领。各地市均重视生物多样性保护的顶层设计和政策引领，通过制订一系列实施方案、规划、行动计划和管理制度等，构建了完整的政策体系，为浙江省域层面出台生物多样性保护政策提供了明确的指导和支持。例如，磐安县发布了《磐安县生物多样性友好城市建设试点实施方案》（磐政办〔2022〕12 号），并配套编制了《生物多样性友好城市建设指导手册》《磐安县生物多样性优先行动方案》《生物多样性友好城市建设评价标准》等一系列指导性文件，构建起一个完整且逐步完善的友好城市建设技术标准体系，提供了友好城市建设工作有章可循、有据可依、有标可评、全流程规范化管理的模板。浙江省在生物多样性保护领域积极推进法治化建设，通过制定和实施地方性法规、规章和标准等，为生物多样性保护提供了法律保障。同时，还注重建立健全长效保护机制，如生态补偿机制、生态监管机制等，确保生物多样性保护工作的持续性和有效性。

三是科技赋能与数字驱动。各地均积极运用科技手段和数字化技术，如建立生物多样性数字平台、利用卫星遥感、无人机监测、智能预警系统等，提高了监测和管理效率，增强了保护的精准性和科学性。2019—2023 年，浙江省重点区域生物多样性调查评估工作累计发现新物种 15 种，记录物种 1.2 万余种。②丽水市整合本底调查、智慧监测网络、综合观测站等多源数据，形成生物多样性监管"一张图"；着力攻克珍稀濒危物种的繁育（培植）、野外回归等技术瓶颈，全世界近 80%的中华凤头燕鸥在浙江省海岛繁育，杂交稻等

---

① 如《生物多样性友好乡镇规划指南》《生物多样性友好乡镇　基于自然的解决方案实施指南》《生物多样性友好乡镇　评价规范》《生物多样性友好乡镇　评价指标》等。
② 王雯. 浙江生物多样性"家底"越来越厚实[EB/OL].（2023-02-17）[2024-07-21]. https://epmap.zjol.com.cn/jsb0523/202302/t20230217_25433828. shtml.

育种水平全国领先，松材线虫、红火蚁等重点外来有害生物防控取得明显成效。[①]

四是跨部门协同与多方参与。生物多样性保护是一项复杂的系统工程，需要跨部门、跨区域协同合作。各地均建立了多部门联合工作机制，加强了生态环境、自然资源、林业、农业农村、公安、司法等部门的沟通与合作，形成了齐抓共管的良好局面。同时，还注重发挥社会力量的作用，引导企业、公众、社会组织等积极参与生物多样性保护。

五是生态价值转化与绿色发展。各地坚持绿色发展、持续利用，积极探索生态价值转化的路径和模式，推动生态优势转化为经济优势。通过发展绿色产业、推广绿色产品、打造绿色品牌等方式，实现了生态保护与经济发展的"双赢"。浙江省发布全国首部省级生态系统生产总值（GEP）核算标准[②]，在全省 36 个县（市、区）开展核算试点，截至 2023 年底成立"两山合作社"39 家，山区 26 县实现全覆盖，"两山合作社"累计开发项目 1 256 个、总投资 560 亿元。[③]建立生态产品政府采购机制，创新建设 3 个县（区）的生态资源资产经营管理平台。丽水市开展了首个生态产品价值实现机制国家试点，打响"丽水山耕""丽水山居"等品牌，生态价值转化实现路径不断拓宽。推进磐安生物多样性友好城市、景宁生物多样性产学研用试点县、象山县海上生物多样性保护实践地等 7 个生物多样性可持续利用试点市县建设，积极发展生态农业、生态旅游、绿色工业和健康休闲产业。深入调查发掘各地生物多样性传统知识，使生物多样性可持续利用真正融入群众生活。在全国先行探索生物多样性体验地建设，年累计接待游客近 350 万人，带动收入 4.9 亿元，助力生态惠民、生态富民。[④]

（三）由命令型控制到引导激励型的政策制度体系转型

一是发挥政府与市场双重作用完善浙江省生物多样性政策制度，如管制类、市场类、公众参与类制度。[⑤]浙江省生物多样性保护政策制度在近十年发展中从以命令型控制（如"三线一单"、蓝天碧水净土清废行动）为主向市场引导激励型（如金融保险、碳排放市场）侧重转变，涌现诸多引导激励的典型案例。生物多样性保护正经历着从命令型控制向引导激励型政策制度体系的重大转型，即从传统的、以行政命令为主导的管控方式，转变为更加注重通过政策引导和市场激励机制来推动生物多样性保护的实施。引导激励型政策制度体系旨在构建一个更加灵活、高效且可持续的保护框架，通过制定具有前瞻性和科学性的政策措施，激发社会各界参与生物多样性保护的积极性和创造力，形成政府引导、市场运作、公众参与的良好局面。在此转型过程中，政策制定者将更加注重政策工具的多样性和

---

① 郎文荣. 为推进人与自然和谐共生贡献浙江经验——浙江省生物多样性保护工作实践[J]. 环境保护，2023，51（7）：46-47.

② 《生态系统生产总值（GEP）核算技术规范　陆域生态系统》（DB33/T 2274—2020）。

③ 窦瀚洋. "两山合作社"推进生态富民[EB/OL]. （2024-05-10）[2024-07-21]. http://env. people. com. cn/n1/2024/0510/c1010-40232909. html.

④ 同①。

⑤ 沈满洪. 生态经济学[M]. 3 版. 北京：中国环境出版集团，2022：292-293.

创新性，通过综合运用财政补贴、税收优惠、绿色金融、生态补偿等多种手段，为生物多样性保护提供强有力的政策支持和经济激励。同时，加强政策宣传和教育，提高公众对生物多样性保护的认识和参与度，也是实现这一转型目标的关键所在。通过这一转型，浙江将建立起一个更加适应生物多样性保护需求的政策制度体系，为生态文明建设和可持续发展提供浙江先行经验。

二是探索生物多样性保护银行支持模式。在政府的支持下，2023年浙江开化农商银行被批准加入全球生物多样性金融伙伴关系（PBF），作为国内首家加入此国际组织的地方法人银行（国内第三家加入此国际组织的银行机构）弥补了PBF成员构成中地方法人银行的空白。作为全国绿色金融改革创新试验区辖内行社，浙江开化农商银行做好体系重塑、金融护航、产业赋能三件事，形成与生物多样性保护工作相匹配的金融模式，出台《开化农商银行生物多样性风险管理办法（试行）》，将生物多样性风险管理嵌入信贷全流程管理。[①]后基于实践经验总结，浙江衢州开化发布了《银行机构生物多样性风险管理标准》，为银行机构规避生物多样性风险、减少项目开发对生物多样性影响提供了方法准则。

三是探索生物多样性风险预防的保险制度。全国首单林地生物多样性保险落地宁波，成功实现政企联手新模式。宁波市海曙区龙观乡自2021年以来率先在全国开展生物多样性友好乡镇试点工作，政企联手，借助保险发展绿色金融，扩大政府专项资金使用效益，加强生态的风险管理。2023年，宁波市海曙区龙观乡人民政府与人保财险宁波市分公司签订全国首单林地生物多样性保险，助力宁波市海曙区龙观乡生物多样性友好乡镇有效应对社会、经济和环境挑战。该保险采取"基于自然的解决方案"（Nature-based Solutions，NbS），保险期间内，当出现自然灾害、意外事故、外来物种入侵等风险，区域内发生野生动物袭击人类，生物无法正常生存繁衍，植被破坏，相关生态系统需要保护救治等情况时，人保财险宁波市分公司将对龙观乡政府救治、修复保险标的、改善生态系统而投入的必要、合理的保护施救费用提供总计200万元的保障。[②]海曙区作为国家生态文明建设示范区，森林覆盖率达49.8%，加强生物多样性的风险管理，将不断推动环境保护事业高质量发展。

四是探索构建竹林碳汇收储交易平台。2021年湖州市安吉县率先在全国范围内建立了首个县级竹林碳汇收储交易平台——"两山"竹林碳汇收储交易中心，该平台精心构建了涵盖资源管理、资源收储、经营服务、产品追踪、效益增值及收益分配在内的六大核心应用场景，成功打造了"林地流转—碳汇收储—基地经营—平台交易—收益反哺"的全链条开发体系。安吉县积极探索并实践了县域内及跨县域的碳汇交易模式，成立至今已累计吸引21家企业（机构）参与，累计交易竹林碳汇量达2.5万吨，交易总额突破172万元，初步构筑了区域性的竹林碳汇交易市场雏形。在此基础上，安吉县积极融合金融力量，引领

---

① 王爱静. 探索金融支持生物多样性保护的开化模式[N]. 农村金融时报，2023-12-25.

② 邱馥琛. 全国首单！龙观获赔林地生物多样性保险[EB/OL].（2024-03-08）[2024-04-09]. http://www. haishu. gov. cn/art/2024/3/8/ art_1229099891_58993608. html.

金融机构创新推出碳汇惠企贷、碳汇收储贷、碳汇共富贷、毛竹碳汇富余价值恢复补偿保险及竹林碳汇价格指数保险等一系列绿色金融产品，既为购碳企业提供金融优惠，又通过保险机制为固碳林农提供坚实保障，有效促进了竹林碳汇市场的供需双方形成良性循环。具体而言，安吉农商银行已发放竹林碳汇系列贷款共计 50 笔，总额高达 2.4 亿元，其中针对村集体发放的"碳汇共富贷"占据显著比例，达 47 笔，总金额 1.9 亿元。此外，安吉县政府与国家开发银行等金融机构签署了高达 115 亿元的竹产业改造升级及碳汇能力提升项目合作协议，预计该项目将实现 4.0% 的年化收益率，展现出显著的经济效益与社会效益。①

三、浙江省生物多样性保护政策制度创新的发展优势

（一）精准构建从顶层规划到地方立法的生物多样性保护制度体系

第一，持续将生物多样性保护纳入国民经济和社会发展规划以及生态文明建设、美丽浙江建设等经济社会发展顶层规划。明确生物多样性保护目标与任务。首先，浙江省秉持系统观念，致力于统筹规划与布局，以全面推进生物多样性保护的主流化进程为核心任务。在此过程中，生物多样性保护被明确置于生态文明建设的核心议题之中，并作为驱动高质量发展的关键着力点，已深度融入国民经济和社会发展的五年规划蓝图、美丽浙江建设的长远规划纲要以及富民强省的行动战略之中，实现了全面而系统的战略规划与部署。自 2010 年起，浙江省在生物多样性保护领域取得了显著进展，共制定及修订了涵盖自然保护地、森林资源、湿地生态系统、河湖水域以及珍稀濒危野生动植物保护等关键领域的法规规章共计 30 余部。2022 年 5 月正式发布的《浙江省生态环境保护条例》，首次系统性地构建了全省生物多样性保护体系的框架，明确了各部门职责分工，加强了生物安全及遗传资源的管理，并强化了监督管理体系，从而构建起了一套较为完善的生物多样性保护地方性法规体系。其次，浙江省通过成立专项工作组、制定并下达年度任务清单等举措，推动生物多样性保护政策措施的集成实施、执法监管的协同联动以及保护成果的广泛共享。此外，浙江省还率先完成了生物多样性保护战略与行动计划的中期评估工作，并公开发布了评估成果，积极响应《昆蒙框架》的指导思想，对既有战略与计划进行了及时的更新与修订。最后，浙江省继续将生物多样性保护作为关键要素，纳入各级国民经济和社会发展规划的核心框架之中，并紧密结合生态文明建设、美丽浙江建设等经济社会发展的顶层战略规划，以明确而具体的目标为导向，清晰界定生物多样性保护的任务与责任。为推进生物多样性保护工作的深入实施，精准制定生物多样性保护重大工程规划，确保省级自然保护地的发展、珍稀濒危野生动植物的抢救保护、生态保护修复、生物资源可持续利用等相关专项规

---

① 浙江省千万工程典型案例：湖州安吉竹林碳汇改革推动低碳共富经验[EB/OL]. （2024-04-09）[2024-07-01]. https://baijiahao.baidu.com/s?id=1795848191153143179&wfr=spider&for=pc.

划得到及时更新与修订，以适应不断变化的保护需求。同时，强化跨部门协作，明确生态环境、自然资源、农业农村、林业和草原、海洋、海关、中医药、水利、住建、交通运输等部门在生物多样性保护中的职责，要求各部门将生物多样性保护理念深度融入各自行业发展规划及相关规划计划之中，形成合力共促的良好局面。此外，积极鼓励各县市结合本地实际，因地制宜地制定并修订本区域的生物多样性保护行动计划，以精准施策推动地方生物多样性保护工作的有效开展。同时，也倡导企业和社会组织发挥主体作用，自愿制订并执行生物多样性保护行动计划，共同构建全社会参与生物多样性保护的良好氛围。

第二，强化生物多样性保护体制机制，以有效推进省级生物多样性保护工作。其一，建立生物多样性保护协调机制，明确界定各参与单位的管理与监督职责，强化信息共享的广度与深度，促进部门间的紧密联动与高效协同，并加大对生物多样性保护工作的监督检查力度，确保各项政策措施得到有效执行。其二，进一步完善领导干部自然资源资产离任审计制度，以及生态环境损害责任追究机制，以严格的制度约束促进领导干部对生物多样性保护工作的重视与责任担当。其三，不断健全生态保护补偿机制，特别是深化省内流域间的横向生态保护补偿机制，以经济激励手段促进生态保护与修复工作的积极开展。其四，积极探索构建生物多样性损害赔偿制度，并与现有的生态环境损害赔偿及公益诉讼制度相衔接，建立健全生物多样性损害鉴定评估的方法体系与工作机制，为科学、公正地处理生物多样性损害案件提供有力支撑。其五，注重健全部门联合执法机制，强化行政执法与刑事司法的联动协作，形成对生物多样性保护违法行为的强大震慑力，确保法律法规的严肃性与权威性得到有效维护。

第三，深入探索并开展生物多样性保护的专项立法。首先，以法律手段强化野生动植物保护、自然保护地管理、海洋环境保护、湿地保护、病虫害防治、种质资源管理及外来入侵物种防控等领域的法规规章建设，推动相关地方性法规规章的制（修）订进程，并配套制定详尽的实施细则与政策措施，以确保法律制度的落地生效与有效执行。此外，浙江省逐步审视并淘汰或改革那些不利于生物多样性保护的激励措施与补贴政策，积极探索将生物多样性保护恢复的实际成效纳入生态补偿政策体系之中，以此激励社会各界积极参与生物多样性保护。同时，浙江省持续优化绿色发展财政奖补与转移支付政策，确保这些政策与污染物排放控制、森林保护、湿地保护、海洋保护以及生态产品质量和价值提升等关键领域紧密挂钩，推动形成绿色发展新格局。未来浙江省将进一步完善野生动植物保护、自然保护地管理等专项立法，构建起一个系统性强、覆盖面广的生物多样性保护规范体系。其次，建立健全省级生物多样性保护协调机制，持续创新生物多样性保护补偿与损害赔偿等制度，为生物多样性保护提供坚实的制度保障。最后，确保生物多样性保护持续纳入国民经济和社会发展的顶层规划之中，并深度融入生态环境、自然资源等部门的规划体系，推动生物多样性保护规划体系的不断完善与优化。

（二）全局统筹海陆空合力解决生物多样性丧失威胁

一是浙江省全面实施陆海联防共治策略，强化陆地、海洋、海岛及沿海地区在生物多样性保护领域的联动协作，以提升整体协同效能为核心目标。陆海联动、山海协作是《浙江省生物多样性保护战略与行动计划（2023—2035年）》的基本原则。在此过程中，充分发掘并发挥山区与海岛独特的生物资源优势，采取重点突出、以点带面的策略，促进资源的高效配置与合理利用。为进一步加强生态保护与经济社会发展的深度融合，浙江省强化新型共同体构建，统筹区域发展与保护、整体与重点、当前与长远之间的复杂关系，确保生物多样性保护工作的可持续性。具体而言，通过制定科学合理的规划，明确区域发展定位与保护目标，实现经济发展与生态保护的和谐共生。在此基础上，浙江省将积极探索并构建陆海统筹的生物多样性保护发展新机制，打破传统管理界限，促进陆海生态系统的整体保护与修复。这一机制融合多学科、多领域的知识与技术，形成政府主导、社会参与、市场运作的多元共治格局，共同推动生物多样性保护事业迈向新高度。

二是加强海洋生态系统保护与恢复，高度重视海洋生态系统的健康与可持续发展，开展一系列重要举措以加强海洋生态保护与恢复工作。浙江省进一步完善海洋保护地体系，推进南北麂列岛国家公园建设，优化保护地，全面保护珍稀生物及海湾生态；对受损及特色海岛实施重点保护，维护生态安全与多样性；推进红树林保护与修复，提升生物多样性及生态服务功能；加大滨海湿地修复力度，特别是在杭州湾等关键区域，改善水质，打造"美丽海湾"；深化渔场修复，建设海洋牧场，促进资源可持续利用。至2030年，浙江将保护30%沿海区域，自然保护地占9.5%，修复滨海湿地2 000公顷以上，红树林面积增加6 000亩，持续改善海域生态，为全国海洋生态文明建设贡献力量。

三是严格生态空间利用管控，推动浙江省空间治理现代化进程，优化国土空间开发与保护格局，确保生物多样性的有效保护，促进经济与环境的和谐共生。浙江省全面推行现代化省域空间治理，实现国土高效可持续利用；将生物多样性保护融入空间规划核心，严管重要及敏感区域，维护生态安全；严守生态保护红线，强化监管，确保红线区域有效保护；促进生物多样性优先区域与其他规划深度融合，加强保护监管；优化海洋与海岸带保护利用，制定科学规划，维护海洋生态健康；完善"三线一单"体系，将生物多样性保护作为决策重要依据；建立重要生态空间动态监测评估机制，利用科技手段持续监测，促进信息共享与协同合作，提高监管效率。到2030年，浙江将确保重要生态空间得到有效管控；自然生态系统的原真性和完整性得以保持；生态保护红线面积不减少、功能不降低、性质不改变；大陆自然岸线保有率不低于35%；重要生态系统及栖息地丧失趋势得到基本遏制。这些目标的实现将为浙江省生态文明建设注入强大动力，推动经济社会可持续发展迈上新台阶。

四是全面优化陆域就地保护网络，构建高效、科学的自然保护地体系，以应对生物多样性面临的严峻挑战，确保自然资源的可持续利用与生态环境的稳定健康。浙江省深化自然保护地体系，以国家公园为核心，自然保护区为基础，自然公园为补充，优化布局，促进保护与发展共生；重点推进钱江源-百山祖国家公园"一园两区"融合，提升跨区域生态资源保护效能；规划期内，新建、续建及提升自然保护地，强化勘界立标，提升管理水平；创新保护模式，实践其他基于区域的有效保护措施（OECMs），探索民间保护新途径，引导社会参与；强化关键生态要素保护，如水产种质资源"三场一通道"及候鸟栖息地，维护生态平衡；构建生态廊道网络，促进物种迁徙与基因交流，提升生态系统稳定性与韧性。到 2030 年，浙江省将实现至少 30%的陆地和内陆水域得到有效保护和管理，自然保护地陆地面积占陆地总面积的比例达到 10%。同时，显著提升重要生态系统、珍稀濒危物种、旗舰物种、极小种群和重要生物遗传资源及其栖息地的保护水平，为后代留下一个更加美丽、健康的地球家园。

五是加强陆域生态系统恢复，确立以自然恢复为主导的陆域生态系统恢复策略，通过综合措施，实现生态系统的全面恢复与生物多样性的有效保护，全面促进浙江省生态环境质量的持续提升。浙江省深化陆域生态自然恢复与修复，强化山水林田湖草共治，实施重大保护修复工程，将生物多样性纳入绩效评价体系；加强天然林与公益林保护，提升森林质量，构建高质量森林浙江；加速生态清洁小流域建设，治理水土流失，巩固水土保持；重点改造硬质护岸，修复河湖生态缓冲带，恢复水生植物，建设美丽幸福河湖；科学增殖放流，提升土著鱼种比例，促进水生生物资源恢复与保护，助力珍稀濒危物种及土著鱼类种群恢复。到 2030 年，浙江省实现森林覆盖率稳定在 61.5%以上的目标，同时逐步提高基本水面率和水土保持率。在此期间，将恢复和修复不少于 1 000 公里的河湖生态缓冲带，确保全省退化生态系统得到有效恢复。未来，浙江省域生态系统的质量、功能和稳定性将显著提升，为子孙后代留下一个更加美丽、健康的生态环境。

六是推动气候变化应对协同增效，积极应对全球气候变化挑战，促进生物多样性保护工作的深入发展，通过一系列综合措施，共同提升生态系统治理能力与气候韧性，实现气候变化应对与生物多样性保护的协同增效。浙江省进一步强化降碳减排，与生物多样性保护融合，提升综合治理能力；积极探索并实践基于自然的解决方案和基于生态系统的方法，增强自然生态系统及农业等经济社会系统对气候变化的韧性和适应能力；建立碳汇监测体系，评估碳储量与潜力，研发固碳技术；打造气候适应型城市与绿色示范区，推广海绵城市与零碳建设；提升农林业气候风险管理，研发防灾新技术，降低灾害损失，提高防灾效率。到 2030 年，浙江省将有效减缓气候变化对生物多样性的不利影响，确保生态系统碳汇能力和气候韧性得到持续提升。

（三）全面提升生物多样性永续利用与惠益分享水平

第一，强化野生物种可持续管理。浙江省实施差异化野生物种管理，依托科学监测评估优化政策；健全特许猎捕、采集及繁育许可制度，促进资源保护与可持续利用；深化渔业资源养护，完善休禁渔、限额捕捞等制度，推动捕捞业绿色转型；构建野生动物资源长效管理机制，融合监测、防控与执法；完善致害补偿政策，推广救助保险，缓解人兽冲突；试点"种群调控"狩猎管理，提供科学解决方案。到 2030 年，浙江省将初步构建起一套完善、高效的野生物种可持续管理制度体系。

第二，强化生物多样性友好型产业可持续管理。浙江省加速构建绿色低碳循环经济体系，提升资源利用与清洁生产标准，推进替代资源研发促产业转型；建立生物多样性影响评价制度，纳入规划、开发、建设项目全生命周期管理，强化监管；鼓励金融投资环保项目，推进农、林、牧、渔等行业可持续管理，推广生物多样性友好型生产方式，提升农产品质量与安全；完善激励机制，鼓励企业参与生物多样性保护，实现经济与生态"双赢"。到 2030 年，浙江省生物多样性影响评价制度基本成形，产业链绿色化、标准化水平显著提升；生态系统持续供给能力全面增强，为经济社会发展提供更加坚实的生态保障；同时，生产经营活动对生物多样性的不利影响将得到有效遏制并逐步降低。

第三，促进生物多样性友好型消费可持续。浙江省进一步完善制度保障绿色消费，拒食野生动植物，倡导保护饮食文化；建立可持续消费指引机制，减少浪费，倡导低碳生活；建立绿色认证体系，提升消费透明度；设立"绿色生活基金"，激励公众参与绿色行动，共促绿色发展。到 2030 年，浙江省的生物多样性友好型消费方式将成为公众的自觉选择，消费足迹明显减少；粮食浪费现象将得到有效遏制，浪费量减半；过度消费行为将大幅减少；同时，废弃物的产生量也将大幅降低。

第四，推进生态产品价值实现。浙江省推行 GEP 核算，协同 GDP 评价，认可生态价值；建立生态产品价值机制，促进供需双方精准对接；发展生态农业，融合多元要素，提升生态附加值；创建自然保护地融合发展镇，促进乡村振兴；推进全域生态旅游，展示生物多样性示范市县；培育森林康养集群，满足人民需求；创新绿色金融，强化金融支撑，助力生态产品价值实现。到 2030 年，浙江省生态产品价值实现路径将得到不断拓展和完善；一批融合地方特色的生态产业示范地将拔地而起；生态优势转化为经济优势的能力将显著提升；生物多样性保护的内生动力将显著增强。

第五，保护城乡生物多样性人居环境。浙江省将生物多样性保护融入城乡规划，保护珍稀物种与生态敏感区；增加蓝绿空间建设力度，全面推进城市组团间的绿廊系统构建；系统调查监测，制定评估标准，强化生态保护教育；推进生态文明建设示范，实施美丽乡村行动，打造新时代生态文明样板，展现浙江卓越成就。到 2030 年，浙江省将构建起人与自然和谐共生的城乡发展模式，实现城乡蓝绿空间面积、质量的显著提升与连通性的大幅增强。同时，打造一批具有示范意义的生物多样性友好型城乡建设典范。

第六，创新生物遗传资源获取与惠益分享。浙江省进一步完善生物遗传资源法规，明确权属与惠益分享[①]；建立种质资源登记制度，强化跨部门监管；推动资源开放共享，明确权属与收益分配；保护地方优势种质资源，提升农产品品牌价值；严格管理资源获取利

---

① 何平. 成本视角下的遗传资源财产权保护制度设计研究[J]. 法学杂志，2018，39（10）：92-99.

用[1]，防止非法流失；探索生物遗传资源数字序列信息（DSI）获取与惠益分享的新路径[2]，促进资源数字化管理与可持续发展。到 2030 年，浙江省将建立起较为完善的生物遗传资源获取、利用与惠益分享制度体系。初步遏制生物遗传资源的流失现象，地方特色生物遗传资源的挖掘、培育与保护工作得到显著加强。

（四）着力增强生物多样性保护的治理体系与治理能力

第一，深化生物多样性调查工作，全面掌握浙江省生物多样性的现状与动态，为生物多样性保护与可持续利用提供科学依据。浙江省制定并不断完善全省生物多样性调查技术方案，针对生物多样性丰富的关键区域，定期开展生物多样性调查；组织实施林草种质资源、农作物种质资源、畜禽遗传资源、水产种质资源的普查与收集行动，明确各类种质资源的种类、分布、数量、濒危状况以及保护利用情况；及时调整并公布全省重点保护野生动植物名录，更新并发布省级、地方物种及种质资源名录。到 2030 年，浙江省将全面完成全省陆域生物多样性的本底调查编目和重点遗传资源的普查工作。通过深入调查与研究，基本摸清全省生物多样性的底数，并发布省级生物多样性红色名录，为生物多样性的长期保护与可持续利用奠定坚实基础。

第二，推动生物多样性常态化监测，全面提升监测方法与监测能力。浙江省优化并统一生物多样性监测标准体系，全面整合现有监测资源，构建完善覆盖全省生物多样性监测网络；实施定期化的物种栖息地遥感监测项目，持续推进全省范围内迁徙水鸟的同步调查与环志活动，并积极探索重点水生生物的监测新方法与新路径，聚焦重点物种与关键区域，率先开展地方生物多样性智慧监测体系的试点建设；积极研发生物多样性预测预警模型，以科技手段实现长期、动态的监控管理，构建一套全面覆盖、预警及时、反应迅速、措施有效的生物多样性预警监控体系。到 2030 年，浙江省将实现对浙江省重要生态系统和重点生物类群的常态化监测全覆盖。同时，圆满完成生物多样性智慧监测体系的试点建设任务，使监测数据的科学性、准确性及可比性得到显著提升。

第三，多渠道构建生物多样性评估体系，不断探索和创新生物多样性评估方法。浙江省构建一套全面覆盖生态系统类型、结构、功能、所受干扰状况及物种生境等多维度的评估指标体系并不断更新迭代，建立科学的指示性物种清单，直观反映浙江省生态环境的整体质量状况；定期组织关键生态区域和典型生态系统进行专项评估、重要物种和生物资源专门评估，以及每五年一次全省范围内的生物多样性状况综合评估；针对可能影响生物多样性的各类因素开展深入的影响评价工作，加强对生物多样性保护恢复成效、生态系统服务价值及生物资源价值的评估，不断完善评估方法，推动评估结果向定量化和标准化方向发展。到 2030 年，浙江省将形成一套较为完善的生物多样性评估标准体系，并基本建立

---

① 薛达元，林燕梅. 生物遗传资源产权理论与惠益分享制度[M]. 北京：知识产权出版社，2006：31-57.

② 遗传信息可决定某资源是否能纳入遗传资源的保护范围。如果资源中不含有遗传信息，则只能被纳入自然资源的范围内保护。参见秦天宝. 遗传资源获取与惠益分享的法律问题研究[M]. 武汉：武汉大学出版社，2006：11.

起覆盖重要生态系统、重点物种及重要生物遗传资源的定期评估制度。

第四，数字赋能生物多样性保护，推进数字技术在生物多样性保护领域的深度应用。浙江省构建全省统一的生物多样性保护信息平台，打破信息孤岛，实现跨层级、跨部门的数据无缝对接与共享，促进省、市、县三级全域范围内的一体化智能管理；加强种质资源的信息采集与数据纳入工作，确保数据在有序开放共享的过程中，其隐私与安全性得到严格保障；充分利用智能化监测、评估和预警体系，结合云计算、物联网、人工智能等前沿技术，在关键区域打造一批数字化生物多样性保护示范基地，形成展示浙江省生物多样性保护数字化成果的重要窗口。到 2030 年，浙江省基本实现重要生态系统、重点物种和重要生物遗传资源的全面数字化、智能化、动态化管理，显著提升生物多样性保护与管理的智能化水平。

第五，建立多元化投融资机制，为生物多样性保护工作的持续推进提供坚实的资金保障。浙江省强化各级财政资源的统筹规划与调动能力，显著增加对生物多样性保护的财政投入，并建立健全资金使用监管体系，确保资金使用的合规性与高效性；积极探索并创新多元化投融资路径，制定并实施一系列旨在支持生物多样性保护的财税激励政策和融资引导政策，包括但不限于完善绿色生态导向的补贴制度，以激发社会各界参与生物多样性保护的积极性；积极拓宽生物多样性保护的融资渠道，推动开发性金融机构、政策性银行及商业银行等金融机构设立专项优惠信贷产品，重点支持生物多样性保护领域的重大工程项目，充分利用生态系统服务付费、绿色债券、碳信用等创新金融工具；推动建立生物多样性保护专项基金，带动更多金融机构和社会资本设立或参与相关基金，形成政府引导、市场运作、社会参与的生物多样性保护投融资格局。到 2030 年，浙江省生物多样性保护的投入水平将实现显著提升，多元化投融资机制基本形成并稳定运行。资金的使用效率与透明度将得到明显提高。

第六，倡导生物多样性保护全民行动，坚持全民参与、科教融合，有效推动生物多样性共治共享。浙江省动员各界参与生物多样性保护，创新模式激励宣教、服务；确保所有利益相关方在生物多样性相关决策过程中享有充分、公平且有效的代表权与参与权，充分尊重传统知识权利[①]；积极推动建立以企业为主体的生物多样性保护伙伴关系，探索并建立企业参与生物多样性保护的长效机制；鼓励公众采取绿色生活方式，保护身边的生物多样性资源，避免随意放生等行为对生态系统造成的不利影响；进一步完善公众监督和举报机制，支持新闻媒体积极开展舆论监督，促进生物多样性保护工作的透明化与规范化；强化信息公开机制，保障公众的知情权与参与权，建立健全生物多样性公益诉讼机制，为公众参与生物多样性保护提供坚实的司法保障[②]。到 2030 年，浙江省将构建起一个生物多样性共建共治共享的基本体系，使生物多样性保护成为全民的自觉行动与共同责任。

---

① 邹玥屿，王鲁权，傅钰琳，等. 生物遗传资源和传统知识研究综述[J]. 东北农业大学学报（社会科学版），2018，16（1）：60-70.

② 孙佑海. 生物多样性保护主流化法治保障研究[J]. 中国政法大学学报，2019（5）：38-49.

综上所述，作为习近平生态文明思想的重要发源地，浙江省委、省政府积极践行人与自然和谐共生的现代化发展道路，将生物多样性保护置于生态文明建设的核心位置。浙江省通过制度构建与改革创新的深度融合，逐步建立起生物多样性管理制度的四梁八柱。展望未来，浙江省在党的二十届三中全会关于健全生态环境治理体系专项部署的引领下，进一步强化生物多样性保护工作的协调机制，勇于探索生物多样性保护的新路径、新模式，致力于构建生态文明新高地，为全国乃至全球贡献更多可复制、可推广的生态文明建设示范案例。浙江省秉持开放包容、创新进取的精神，不断解放思想、更新观念、拓宽视野、创新思路，为生物多样性保护与发展开辟更加广阔的道路，厚植新的竞争优势，推动生物多样性保护工作迈上新台阶。

第三章

浙江省生物多样性保护政策制度的完善建议

　　浙江省的生物多样性保护政策具有坚实的基础。在国际层面，《昆蒙框架》下的生物多样性主流化进程持续推进，我国履约行动不断进展，为地方的生物多样性保护提供了政策利好。在国内层面，全国首个生态省的建设成功为浙江的生物多样性保护奠定了制度基础，以国家公园为主体的自然保护地体系建设为浙江省的生态保护拓展了支持途径。在省际地方层面，以长三角一体化为代表的省际合作丰富了保护机制。然而，浙江省的生物多样性保护存在规范供给方面立法不足，治理体系方面保护地体系优化整合后相关法治保障有待完善，管护机制上跨部门协调合作和各主体多元共治比较薄弱，制度适用上生物多样性公益诉讼有待完善等四个层面的问题。本章主要针对浙江省生物多样性保护在规则供给、治理体系、管护机制和制度适用方面的不足，提出相应措施进一步完善生物多样性保护政策制度。

一、浙江省生物多样性保护政策制度的发展机遇

（一）《昆蒙框架》下生物多样性主流化进程提供政策利好

　　一是《昆蒙框架》奠定了 2020 年后生物多样性保护的方向与目标。《昆蒙框架》规定了到 2030 年的 23 个以行动为导向的全球目标，涵盖退化生态系统修复，自然保护地的建立，受威胁物种的保护，外来物种入侵应对，遗传资源的惠益分享与生物安全等多个方面。战略规划目标层面上，我国响应《昆蒙框架》中的目标制定生物多样性保护规划，如在自然保护地目标中，《昆蒙框架》提出"到 2030 年要保护地球 30%的陆地、海洋、内陆水域和沿海地区，生态系统退化区域得到有效恢复，对生物多样性和生态系统功能和服务特别重要的区域处于具有生态代表性、连通性良好、公平治理的保护区系统和其他有效区域保护措施的有效保护和管理之下"，即"30-30"目标。我国在《中国生物多样性保护战略与

行动计划（2023—2030 年）》中提出"至少 30%的陆地、内陆水域、沿海和海洋退化生态系统得到有效恢复，至少 30%的陆地、内陆水域、沿海和海洋区域得到有效保护和管理，以国家公园为主体的自然保护地面积占陆域国土面积的 18%左右，陆域生态保护红线面积不低于陆域国土面积的 30%，海洋生态保护红线面积不低于 15 万平方公里"的目标与《昆蒙框架》中"30-30"目标相一致。

二是立法层面生物多样性保护工作进一步完善。《关于进一步加强生物多样性保护的意见》（中办发〔2021〕53 号）提出加快生物多样性保护法治建设，对生态系统、物种和遗传资源领域的立法进行了全面规划，其中指出"各地可因地制宜出台相应的生物多样性保护地方性法规"，而《中国生物多样性保护战略与行动计划（2023—2030 年）》中规划"鼓励各地因地制宜出台相应的生物多样性保护地方性法规政策。到 2030 年，生物多样性保护及可持续利用相关政策法规全面建立"。浙江省在《浙江省生态环境保护条例》中设置"碳减排和生物多样性保护"专章，规定了野生生物物种及遗传资源的保护，外来物种入侵应对，建立生物遗传资源数据库等基础性制度。《钱江源国家公园管理办法》《浙江天目山国家级自然保护区条例》等地方立法的通过，完善了自然保护地管理制度。中央层面对地方立法的推动，将成为生物多样性地方法规发展完善的政策利好。

三是省级和设区市协同推进生物多样性保护。COP15 为浙江省提供了展示浙江经验的平台，也为未来浙江在生物多样性保护方面开展国际交流与合作提供了机会。COP15 中国角举办了"浙江日"活动，展示浙江在生物多样性保护方面取得的成就。在此次活动中，浙江省发布了《浙江生物多样性保护行动与成效》，向世界介绍生物多样性保护的浙江经验。浙江省钱塘江源头、瓯江源头两地作为国家级"山水工程"的实施区域，在蒙特利尔举办的 COP15 第二阶段会议期间入选联合国首批十大"世界生态恢复旗舰项目"。[①]在以"生物多样性保护：地方在行动"为主题的中国-魁北克合作论坛上，浙江省湖州市被 COP15 大会认定为生态文明国际合作示范区，也是全球唯一获得此称号的城市。COP15 的召开成为浙江深化生物多样性保护的契机，在规划和目标上提供了基础。《浙江省生物多样性保护战略与行动计划（2023—2035 年）》同样对标《昆蒙框架》，锚定 2030 年和 2035 年目标，深入推进生物多样性主流化、全力应对生物多样性丧失威胁、着力提升生物多样性可持续利用与惠益共享水平、切实加强生物多样性保护能力保障等四个领域，明确浙江要优先做到的 30 项行动，并且设置了每项行动的 2030 年目标，与《昆蒙框架》相衔接。在《生物多样性公约》履约的大背景下，生物多样性保护将会日益得到政策关注。"浙江经验"不断闪耀国际舞台，在《生物多样性公约》第十六次缔约方大会（COP16）上，9 个中国城市入选第二届"生物多样性魅力城市"，浙江省安吉县、宁波市北仑区、绍兴市、丽水市 4 地入选，为全国入选数量最多的省份。

---

① 中国政府网. "中国山水工程"入选联合国首批十大"世界生态恢复旗舰项目"[EB/OL]. （2022-12-14）[2024-08-30]. https://www. gov. cn/xinwen/2022/12/14/content_5731921. htm.

（二）全国首个生态省的建成奠定了政策制度基础

一是生态省建设中的指导理念为浙江生物多样性保护指明理论方向。2002 年，时任浙江省委书记习近平在省委十一届二次全会上提出，要"积极实施可持续发展战略，以建设'绿色浙江'为目标，以建设生态省为主要载体，努力保持人口、资源、环境与经济社会的协调发展"，初步规划了建设生态省的方向。[①]在生态省的建设中，"绿水青山就是金山银山""国家公园就是尊重自然"等重要理念和论述在浙江形成，为生物多样性保护提供了深厚的理论基础。浙江安吉是"绿水青山就是金山银山"这一理念的发源地。2005 年，习近平来到浙江省安吉县余村调研，提出了"绿水青山就是金山银山"这一理念。他指出，"如果能够把这些生态环境优势转化为生态农业、生态工业、生态旅游等生态经济的优势，那么绿水青山也就变成了金山银山"。[②]这一理念辩证地阐明了经济发展与生态环境保护的关系，对自然保护地体系的建设，生态产品价值实现等保护生物多样性的重大措施起到了指导作用。"八八战略"提出进一步发挥浙江的生态优势，创建生态省，打造"绿色浙江"，全方位地强调了生态环境保护。2003 年，创建生态省成为"八八战略"的重要组成部分，生态省建设全面启动，浙江成为全国第 5 个生态省建设试点省。在国家公园的建设中，2005 年，习近平在龙泉市凤阳山考察时，提出"国家公园就是尊重自然"重要论述，为国家公园的发展建设指明理论方向。

二是生态修复、生态补偿和污染治理措施为生态系统和物种的保护提供了制度基础。生物多样性的保护离不开绿水青山，环境污染的治理为生态系统功能的维持和修复提供了条件。习近平总书记在浙江工作时推动"千村示范、万村整治"工程，持续努力造就了万千美丽乡村。2018 年，浙江省"千村示范、万村整治"工程荣获联合国最高环保荣誉——"地球卫士奖"。生态环境的全面改善提升了生态系统功能，为物种的繁衍生息创造适宜条件。生态补偿和生态产品价值实现的探索则开拓了在"绿水青山"基础上实现"金山银山"的道路，为生物多样性保护提供了可持续发展的途径和资金基础。生态补偿机制的探索中，浙江省与安徽省在全国率先开展新安江流域生态补偿机制试点，取得了良好成效。不仅改善了新安江流域水质，还为其他流域建立横向生态保护补偿机制积累了宝贵经验。"新安江模式"的经验推广至全省，2021 年，浙江首次实现在八大水系生态补偿全流域全覆盖。生态产品价值实现上，浙江省同样敢为人先。2019 年，浙江省丽水市成为全国首个生态产品价值实现机制改革试点市，发布全国首份《生态产品价值核算指南》地方标准，实现了"绿水青山"价值的可视化。浙江的生态产品价值实现探索走在全国前列，为生态保护的可持续发展开拓了道路。

三是生态文明建设为浙江生物多样性保护提供远期目标。《深化生态文明示范创建高

[①] 求是杂志社，中共浙江省杭州市委联合调研组. 美丽中国的杭州风景[J]. 求是，2021（9）：61-72.
[②] 周天晓，沈建波，邓国芳，等. 绿水青山就是金山银山——习近平总书记在浙江的探索与实践·绿色篇 [N]. 浙江日报，2017-10-08（1）.

水平建设新时代美丽浙江规划纲要（2020—2035年）》详细明确了生态文明建设的近期、中期、远期目标。近期目标是到2025年，生态文明建设和绿色发展先行示范，基本建成美丽中国先行示范区；中期目标是到2030年，美丽中国先行示范区建设取得显著成效，为落实联合国2030年可持续发展议程提供浙江样板；远期目标是到2035年，高质量建成美丽中国先行示范区，天蓝水澈、海清岛秀、土净田洁、绿色循环、环境友好、诗意逸居的现代化美丽浙江全面呈现。生态省和生态文明的建设为浙江的生物多样性保护多方面奠定基础，提供了多方面的政策制度经验。

（三）以国家公园为主体的自然保护地体系建设拓展了支持途径

一是全国层面以国家公园为主体的自然保护地体系建设为实现生态系统的全方位保护构建了框架。2013年11月，党的十八届三中全会决定首次提出建立国家公园体制。2015年9月，中共中央、国务院印发的《生态文明体制改革总体方案》（中发〔2015〕25号）对建立国家公园体制提出了具体要求，2015年1月，《建立国家公园体制试点方案》发布，提出在9个省份开展"国家公园体制试点"，三江源、神农架、武夷山等第一批国家公园体制试点先后开展。2017年中共中央办公厅、国务院办公厅印发的《建立国家公园体制总体方案》（中办发〔2017〕55号）提出"构建统一规范高效的中国特色国家公园体制，建立分类科学、保护有力的自然保护地体系"，为国家公园的建设指明了方向。2019年中共中央办公厅、国务院办公厅印发《关于建立以国家公园为主体的自然保护地体系的指导意见》（中办发〔2019〕42号），要求逐步形成以国家公园为主体、自然保护区为基础、各类自然公园为补充的自然保护地分类系统。2022年，《国家公园管理暂行办法》出台，国家公园相关法律制度进一步完善。建立国家公园体制，已经成为我国生态文明制度建设的重要内容，也为生态系统多样性的保护建立了制度框架。

二是浙江省内的国家公园建设已经形成自身优势与特色。"国家公园就是尊重自然"这一重要论述发源于浙江，2016年钱江源国家公园列入全国首批国家公园体制试点。2017年，丽水开始推进国家公园建设工作。丽水凤阳山-百山祖等区域开展"一园两区"实践，与钱江源国家公园体制试点区整合为一个国家公园（钱江源-百山祖国家公园）。浙江积极进行制度创新，推进保护地役权改革等革新性的方式，开展国家公园生态系统生产总值（Gross Ecosystem Product，GEP）单独核算，完成了百山祖园区县、乡、村三级生态产品价值核算，推动绿水青山向金山银山转化。2020年9月，钱江源-百山祖国家公园创建"丽水样本"获"中国改革2020年度十佳案例"，彰显了国家公园建设的"丽水经验"。2021年，开化县开始启动"建设国家公园城市"。

三是浙江省内其他自然保护地建设成就卓著。在湿地保护方面，浙江省拥有平阳南麂列岛国际重要湿地和杭州西溪国家湿地公园2处国际重要湿地，制定有《杭州西溪国家湿地公园保护管理条例》，对湿地资源和湿地内的野生生物资源进行保护。国家林草局已决定正式向《关于特别是作为水禽栖息地的国际重要湿地公约》提名杭州市和温州市参加国际湿地城市认证。在海洋保护区方面，有《浙江省南麂列岛国家级海洋自然保护区管理条例》。第五届世界生物圈保护区大会将于 2025 年 9 月 22—27 日在中国杭州举办。这将是该大会首次在中国举办，也是首次在亚太地区举办。自然保护地体系建设的深入发展，将为浙江的生态保护提供更有力的支持。

（四）长三角生态绿色一体化发展丰富了省际合作保护机制

一是国家战略规划为长三角生态绿色一体化提供政策基础。长三角区域一体化是国家级别的战略，"十四五"规划纲要中提出"推进生态环境共保联治，高水平建设长三角生态绿色一体化发展示范区"。《长江三角洲区域一体化发展规划纲要》（中发〔2019〕21 号）中，规划范围包括上海市、江苏省、浙江省、安徽省全域，其中生态环境联动共保是长三角一体化的重要内容。长三角区域合作不断发展，通过多年的共同努力，已初步形成党委领导、政府引导、协议引领、社会参与的长三角区域合作新格局。[①] 长三角一体化涵盖经济发展、产业创新和城市规划等多个方面，生态环境也包含在其中。坚持绿色共保是长三角一体化的基本原则之一，生态绿色一体化发展在长三角一体化的进程中不可或缺。2024 年，生态环境部印发《关于以生态环境高水平保护支持长三角生态绿色一体化发展示范区建设的若干政策措施》，从系统谋划、共保联治、管理效能、绿色创新等 4 方面提出19 条重点措施，全方位为长三角绿色生态一体化提供支持。

二是长三角生态绿色一体化政策为省际合作保护生物多样性提供制度保障。从《长三角生态绿色一体化发展示范区总体方案》（发改地区〔2019〕1686 号）的整体设计到三地政府的措施中，都体现了地方政府协同合作实现生态环境联保共治的行动。《长三角生态绿色一体化发展示范区总体方案》中提出加快建立统一的饮用水水源保护和主要水体生态管控制度，建立统一生态环境标准、统一环境监测监控体系、统一环境监管执法的生态环境"三统一"制度，探索建立跨区域的生态治理市场化平台，建立跨区域生态项目共同投入机制等多项区域协同联动的措施。2022 年 9 月，江浙沪三地人民政府共同发布《关于进一步支持长三角生态绿色一体化发展示范区高质量发展的若干政策措施》（沪府规〔2022〕9 号），措施涵盖生态环境保护等重点领域执法协同，司法方面推动环境损害司法鉴定协同发展。统一组建示范区环境损害司法鉴定专家库和统一司法鉴定标准等措施，为司法和执法的协同提供了支持。

三是江浙沪三地协同立法为省际合作保护生物多样性提供法律支持。《促进长三角生态绿色一体化发展示范区高质量发展条例》在第四章"生态环境"中专门规定了生态环境保护的跨界执法、监测与合作，为生物多样性的省际合作保护提供了良好的政策和法律基础。其中第三十三条规定"支持示范区强化生物多样性、野生动植物资源及其栖息地的本底调查、监测、评估、保护和修复，规范增殖放流，防止外来物种入侵，推动区域生物多

---

① 陈俊. 我国区域协调发展中的地方立法协调：样本探索及发展空间[J]. 政治与法律，2021（3）：33.

样性保护试点示范，支持示范区实施生态系统一体化保护和修复，提升区域生态系统质量和稳定性"，为长三角生物多样性保护的一体化提供了基础性准则。在生物多样性的跨界保护、省际合作方面，浙江省作为长三角一体化的重要组成部分，具有法律规范方面的初步基础。

二、浙江省生物多样性保护政策制度的不足剖析

（一）规范供给方面：生物多样性保护相关法律法规不够完善

一是生物多样性保护缺乏专门立法。生物多样性自身的层次性、多元性特征要求生物多样性保护的法律规制也必须体现系统性、整体性，法律规制不仅在对象、范围方面体现广泛性，而且在手段、机制等方面也应当呈现内在关联性，进而实现对生物多样性保护的整体系统规制。[①]然而，无论在全国层面还是地方层面，专门规制生物多样性保护的法律法规都存在空白。浙江省现有的生物多样性保护相关规定集中在《浙江省生态环境保护条例》的第三章"碳减排和生物多样性保护"部分。其中第三十六条规定"完善生物多样性保护体系，加强野生生物物种及其遗传资源保护，对珍稀濒危物种实施抢救性保护，对本省特有物种实施重点保护"，对生物多样性保护的总体框架，物种和遗传资源的保护，以及防范疫病风险作出了规定。第三十七条和第三十八条分别针对应对外来物种入侵，生物遗传资源获取与惠益分享与生物遗传资源的保护进行了规定。这些规定在原则和基本制度的层面有一定涵盖，但缺乏更加具体的措施。此外，即使在现有立法模式下，"碳减排与气候变化"的体例编排亦有待改善。生物多样性在保护措施上与自然保护地管理、生物安全和野生动植物保护存在密切关联，在体例编排上并不适于和"碳减排"纳入同一章节之中。同样将生物多样性保护纳入生态环境保护统一范畴的《深圳经济特区生态环境保护条例》将生物多样性保护单独列节，体例上更为合理，内容也更加详尽，从生物多样性保护行动计划的编制到栖息地修复和种质资源库建设，外来物种入侵管理，明确了多个部门的职责。在不专门针对生物多样性保护立法的情况下，有必要在《浙江省生态环境保护条例》中设立专章或独立一节，扩充生物多样性保护内容。

二是生物多样性保护未突出浙江省生物资源特色。浙江省生物资源丰富，生态系统多样。其中陆生野生脊椎动物分布有 790 种，约占全国总数的 30%。列入国家重点保护野生动物 128 种，[②]浙江是全球候鸟迁徙线路东亚-澳大利西亚线的关键地，也是《中日候鸟保护协定》和《中澳候鸟保护协定》鸟类迁徙的重要栖息地和中转站。浙江是海洋大省，海岸线总长 6 715 公里，居全国首位，舟山渔场是我国最大的渔场，也是全球四大渔场之一。浙江独特的生态资源，特定生态系统的重要功能具有专门保护的价值。而目前《浙江省生

---

① 秦天宝. 论生物多样性保护的系统性法律规制[J]. 法学论坛，2022，37（1）：119.
② 浙江省发展改革委、浙江省林业局：《浙江省自然保护地体系发展"十四五"规划》（浙发改规划〔2021〕163 号）.

态环境保护条例》中有关生物多样性的内容较少，未明确突出地方特色以及对生物多样性保护的特殊制度，对特色物种和海洋生物多样性的保护涉及较少。《浙江省生态环境保护条例》中关于生物多样性的内容缺乏对海洋生物多样性的强调，《浙江省海洋环境保护条例》中关于海洋生态保护的规定以海洋自然保护区和特别保护区为主，缺乏对海岸线、河口海湾等具有重要生态功能的特殊区域保护。

三是生物遗传资源多样性保护缺乏相关规则。生物多样性的相关立法中偏重物种和生态系统的保护，对于遗传资源的保护涉及较少。生物多样性分为物种多样性、基因多样性和生态系统多样性三个部分。其中物种多样性可通过《浙江省陆生野生动物保护条例》《浙江省野生植物管理办法》《浙江省古树名木保护办法》等地方性法规和规章进行保护，生态系统多样性可以通过自然保护地的立法和建设保护，但对于基因多样性，即生物遗传资源的保护内容尚且较少，仅在畜禽遗传资源方面有相关规定，如《浙江省种畜禽管理办法》（浙政令〔2012〕298号）规定建立本省畜禽遗传资源档案和省级畜禽遗传资源保护名录，政策上要求打造畜禽遗传资源库。然而，管理办法的立法目的为"提高种畜禽质量，促进畜牧业持续健康发展"，种畜禽是"经过选育、具有种用价值、适于繁殖后代的畜禽"，其核心目的在于畜禽遗传资源的经济价值，而非保护基因多样性。植物保护同样集中于农作物种质资源，缺少对于珍稀物种遗传资源的抢救和保护。

四是党内法规和地方性法规的衔接有待完善。党内法规是生态文明法治体系的重要组成部分。然而，党内法规体系与国家法律之间的衔接不足，在生态环境法律规范体系化方面存在明显弱项。[①]党内法规的规范化水平仍需进一步提升。许多党的政策文件已经不仅仅限于党内事务的调整，而且涉及国家与社会关系、国家与公民关系的调整，因而有必要上升为国家法律，在国家公权力系统或全社会中加以普遍适用。[②]党内法规与地方性法规的衔接同样存在不足，部分党政联合发文中的制度在地方性法规、规章中缺乏体现。例如，浙江省委办公厅、省政府办公厅联合印发的《关于进一步加强生物多样性保护的实施意见》（浙委办发〔2022〕23号）中，规定要推进生物多样性调查，强化生物多样性监测，制定规范统一的生态系统监测地方标准等具体制度，对完善浙江生物多样性保护有着重要意义，但未在地方性法规中形成具体制度。完善浙江生物多样性的地方性法规体系，有待进一步完善党内法规和地方性法规的衔接安排。

（二）治理体系方面：保护地体系优化整合后有待建构法治保障体系

一是法律体系上缺乏统筹省内自然保护地的地方立法，存在制度空白。首先，体系层次上，国家公园层面钱江源-百山祖国家公园已经有地方立法，但自然保护区层面的立法尚有不足。规制浙江省自然保护地管理的《浙江省自然保护区管理办法》作为规章位阶过低，包含有自然公园管理的《浙江省湿地保护条例》《浙江省风景名胜区条例》等地方性法规

---

① 吕忠梅，田时雨. 在习近平法治思想指引下建设生态文明法治体系[J]. 法学论坛，2021，36（2）：10.
② 陈海嵩. 生态环境政党法治的生成及其规范化[J]. 法学，2019（5）：86.

位阶高于规制自然保护区的《浙江省自然保护区管理办法》。在法律体系建设上需要一部规制自然保护区的地方性法规，与"以国家公园为主体、自然保护区为基础、各类自然公园为补充的自然保护地分类系统"①相匹配。而自然公园类别的保护地更加模糊。《关于建立以国家公园为主体的自然保护地体系的指导意见》明确指出，自然公园"包括风景名胜区、森林公园、地质公园、海洋公园（海洋特别保护区）、湿地公园等"。②但目前浙江省对自然公园保护散见于各类不同公园的条例，尚未制定地方级自然公园办法。如风景名胜区由《浙江省风景名胜区条例》规制，对于湿地公园的规制则见于《浙江省湿地保护条例》。森林公园的保护在《浙江省公益林和森林公园条例》中规定，与公益林管护的规定混合在一起。其次，不同类别自然保护地的立法衔接上尚待完善。如随着《浙江省海洋特别保护区管理暂行办法》的废止，针对海洋特别保护区的管理出现空白。浙江省林业局印发的《关于加强海洋特别保护区（海洋公园）工作的通知》（浙林保〔2023〕73 号）填补该领域政策制度空白，但其效力层级低于地方性法规和地方政府规章，"软性"条款较多，权责的明晰度较低，仍需进一步完善不同种类自然保护地间的立法衔接，避免制度上的重叠或空白。

二是空间布局上生物多样性保护的省际合作机制不完善。江浙沪三地共同制定了《促进长三角生态绿色一体化发展示范区高质量发展条例》，在法律规范一体化方面先行先试。《促进长三角生态绿色一体化发展示范区高质量发展条例》中专门设置了"生态环境"一章，其中规定了保护生物多样性的条款，包括生态系统的保护和修复，生物多样性、野生动植物资源及其栖息地的本底调查、监测、评估、保护和修复与防治外来物种入侵等内容，概括性地涵盖了生物多样性保护的基本制度。然而，这些制度并未体现跨省际合作的特点。而"生态环境"章节中的其他制度，如建立固体废物污染环境联防联控机制，联合河湖长制与跨界水体共保联治等污染防治制度体现了省际协作的特点，建设长三角绿色认证先行区，碳普惠标准互认和项目互认等更体现了在规则上的协同一致。推进生物多样性保护，需要在生态系统一体化保护和修复与规则互认两个层面实现省际合作。

三是生物多样性保护制度缺乏陆海统筹。发挥浙江的山海资源优势是"八八战略"的内容之一，其中提出要积极实施"山海协作工程"。但"山海协作工程"的开展集中在推动经济社会发展、资源共享和减贫方面，对生态保护的内容涉及较少。尽管《中共浙江省委　浙江省人民政府关于深入实施山海协作工程促进区域协调发展的若干意见》（浙委发〔2018〕3 号）提出"协同推进生态保护和建设"，但具体措施以水污染防治和生态补偿为主，缺少生物多样性保护的具体措施。在自然保护地制度方面，浙江在海洋保护区的建立方面起步较早，2005 年即建有第一个国家级海洋特别保护区——浙江乐清市西门岛国家级海洋特别保护区。2022 年，《国家公园空间布局方案》发布，南麂列岛列入 49 个国家公园

---

① 中共中央办公厅、国务院办公厅印发《关于建立以国家公园为主体的自然保护地体系的指导意见》（中办发〔2019〕42 号）。
② 同上。

候选区名单之中。其他生态保护制度方面,《浙江省生态环境保护条例》提出"建立健全地上地下、陆海统筹的生态环境治理制度",印发有《浙江省生态海岸带建设方案》(浙政办发〔2020〕31 号)、《浙江省海岸带综合保护与利用规划(2021—2035 年)》《浙江省美丽海湾保护与建设行动方案》(浙政发〔2022〕12 号)等推进海岸带保护的政策。可见,浙江省在海洋生物多样性与海岸带生物多样性保护方面建立了一定制度。然而,这些制度限于政策层面,未能上升到地方立法的高度。与海洋生态保护相关的内容集中于《浙江省海洋环境保护条例》中,生态保护以规定海洋自然保护区和应对外来物种风险为主,缺少对于海岸带生态保护与洄游物种的规定。生态保护补偿制度等保护机制尚未有效实现陆海统筹。浙江建立了覆盖全省流域的生态补偿机制,但已有的流域覆盖范围也并未延展到入海口,沿海的宁波市和舟山市被排除在外,舟山、宁波等地具有海洋生态补偿的丰富实践,但集中在生态保护与渔业损害补偿方面,"从山顶到海洋"的生态补偿机制在最后一环存在缺失。

(三)管护机制方面:跨部门协调合作和多元主体的共同保护尚需加强

一是跨部门协调合作有待加强。生物多样性涵盖物种、遗传和生态系统多样性的保护,涉及野生动植物保护,种质资源和传统知识,生态修复和自然保护地管理等多个领域,其复杂性决定了生物多样性保护需要不同部门间的协调合作和多元主体的参与。林业、渔业、海洋行政管理部门和自然保护地管理机构都涉及。而《浙江省生态环境保护条例》中对于部门间的协调涉及不多,只笼统规定"生态环境、自然资源、卫生健康、农业农村、林业、水利、海关、科技等部门和相关自然保护地管理机构,应当按照各自职责做好生物多样性保护相关工作,并加强野生生物和外来物种疫源疫病调查、监测、评估与防控"[1],缺少对各部门具体责任分配与如何协同合作的细化内容。

二是生物多样性保护机制缺少公众参与。公众参与在《生物多样性公约》中有规定,也是环境法的基本原则,在生物多样性保护中不可或缺。然而相比其他地方立法,浙江省在生物多样性保护的公众参与和宣教科普上缺乏相关法律规范。《云南省生物多样性保护条例》中明确规定"公民应当增强生物多样性保护意识",各级人民政府有责任开展生物多样性保护宣传教育工作。条例中还专门设置"公众参与和惠益分享"一章,规定了生物多样性保护有关信息的依法公开与传统知识、方法和技能的调查、收集、整理、保护。而《浙江省生态环境保护条例》中有关公众参与,科普宣教的内容局限于整体原则,在保护生物多样性的部分并未涉及公众参与。现有的与生物多样性保护相关的公众参与集中在自然保护地和野生动植物物种保护上,方式上以通常的宣传教育、投诉举报不法行为等手段

---

① 《浙江省生态环境保护条例》第三十六条:"县级以上人民政府应当完善生物多样性保护体系,加强野生生物物种及其遗传资源保护,对珍稀濒危物种实施抢救性保护,对本省特有物种实施重点保护。生态环境、自然资源、卫生健康、农业农村、林业、水利、海关、科技等部门和相关自然保护地管理机构,应当按照各自职责做好生物多样性保护相关工作,并加强野生生物和外来物种疫源疫病调查、监测、评估与防控。"

为主，缺乏遗传资源保护的公众参与。

三是自然保护地多元治理机制有待完善。多元协同治理是自然保护地体系建设的重要特色，《关于进一步加强生物多样性保护的意见》中指出要建立健全政府、企业、社会组织和公众参与自然保护的长效机制，《国家公园管理暂行办法》中将多方参与列为指导原则之一。社区共管、志愿服务机制、生态管护岗位与公众宣教等机制在《国家公园管理暂行办法》和三江源、神农架、武夷山等国家公园立法中已经得到了充分的体现。如《国家公园管理暂行办法》规定国家公园管理机构应当引导和规范原住居民从事环境友好型经营活动，践行公民生态环境行为规范，社区共管机制上设计了优先安排国家公园内及其周边社区原住居民参与生态管护、生态监测工作，地方政府与国家公园管理机构签订合作协议等制度。但《浙江省自然保护区管理办法》中仍缺少社区共建共享、公众参与、科普宣教等方面的规定，森林公园管理条例也缺少社区共管与公众参与的内容，只有《钱江源国家公园管理办法（试行）》中创新性地规定了保护地役权、特许经营、国家公园基金等结合社会力量多元协同治理的制度。加强公众参与、推动多元共治是浙江生物多样性保护未来进一步发展的方向。

（四）制度适用方面：生物多样性公益诉讼有待完善

一是生物多样性诉讼跨区域管辖和执行衔接不畅。生态系统的整体性和自然空间的地理连续性带来了跨区域问题，网络平台的发达、电商贸易的兴起放大了这一特点。如在"浙江省舟山市人民检察院诉沈某某等破坏海洋生物资源民事公益诉讼案"中，嫌疑人从舟山市辖区内各码头非法收购海龟，并通过长途运输等手段，将海龟贩运至广东出售。[①]在其他省份的案件中，有非法收购鲨鱼牙齿，通过网络平台向国内外买家销售牟利的案件，偷运走私象牙入境等案件。生物多样性的保护离不开各个部门、各个区域的合作，跨区域的执法和司法协作在生物多样性保护案件中具有重要意义。《中国生物多样性司法保护》提出"强化外部协调联动机制，有效解决涉生物多样性案件中专业性问题评估、鉴定，涉案物品保管、移送和处理，案件信息共享等问题，增强保护合力"。[②]面对跨区域生态保护问题的新挑战，地方间的信息共享，协同合作有待完善。

二是生物多样性公益诉讼主体范围有待拓展。主体上，环境公益诉讼案件主要集中在检察公益诉讼，而社会组织提起的环境公益诉讼案件数量偏少，环境公益诉讼指引、评价和政策形成功能未能得到有效发挥。[③]社会组织不是提起行政公益诉讼的适格主体，在保护海洋生物多样性方面，社会组织提起公益诉讼的资格同样受限。如北京市朝阳区自然之

① 中华人民共和国最高人民检察院. 浙江省舟山市检察院向海事法院提起海洋生物资源民事公益诉讼[EB/OL].（2019-05-22）[2024-08-30]. https://www.spp.gov.cn/spp/zdgz/201905/t20190522_419181.shtml.

② 中华人民共和国生态环境部. 最高人民法院发布《中国生物多样性司法保护》[EB/OL].（2022-12-06）[2024-08-30]. https://www.mee.gov.cn/ywdt/hjywnews/202212/t20221206_1007017.shtml.

③ 江必新. 中国环境公益诉讼的实践发展及制度完善[J]. 法律适用，2019（1）：9.

友环境研究所诉荣成伟伯渔业有限公司案、中国生物多样性保护与绿色发展基金会诉平潭县流水镇人民政府、平潭县龙翔房地产开发有限公司海洋自然资源与生态环境损害赔偿纠纷案等案件中，法院均拒绝受理案件，认为依据《中华人民共和国海洋环境保护法》第一百一十四条，海洋环境监督管理权的部门和检察院是提起生态损害赔偿诉讼的主体，环境保护组织无资格提起海洋环境公益诉讼。而在针对"具有损害社会公共利益重大风险的污染环境、破坏生态的行为"提起的预防性公益诉讼中，适格主体仅为"法律规定的机关和有关组织"，检察机关不包括在其中。这一规定不仅影响了预防性民事公益诉讼的进一步发展，也限制了预防性环境行政公益诉讼的可能。

三是预防性公益诉讼"重大风险"标准界定不明，取证鉴定和损害评估困难。现有的环境立法及相关司法解释，对潜在环境损害程度的认定缺乏统一明确的标准和指引规则。[1]《最高人民法院关于审理环境民事公益诉讼案件适用法律若干问题的解释》（法释〔2015〕1号）[2]和《最高人民法院关于生态环境侵权民事诉讼证据的若干规定》（法释〔2023〕6号）等文件虽然明确了"重大风险"的举证责任，但都未对"重大风险"的具体内涵和认定标准作出明确界定。在"绿孔雀案"等代表性案件中，尽管法官适用"风险预防原则"，综合考虑被保护物种独有价值、损害结果发生可能性、损害后果严重性及不可逆性等因素做出判决，但对于构成"重大风险"的条件未形成标准化的适用模式，而是基于法官在个案中根据案情作出的自由裁量。同时，还存在现有科学技术无法鉴定重大风险和鉴定成本高昂的情况，这将导致重大风险的成立与否的技术性问题"由客观事实判定转为了价值判断"，[3]带来同案不同判的问题与法官自由裁量权过大的风险。在技术层面，生物多样性损害鉴定评估的成本较高、涉及范围广、技术难度大，当前具有鉴定资质的机构较少，难以满足生物多样性保护司法工作的需要，不利于生物多样性权益的有效保护。[4]现行的专家陪审员制度虽然能够补充环境专业知识方面的不足，完善公众参与，但仍存在未形成普遍配套制度，不同鉴定机构之间的鉴定意见不一致甚至发生冲突时难以对案件定性等缺点，[5]在鉴定的专业性方面仍存在问题。

---

① 于文轩，牟桐. 论环境民事诉讼中"重大风险"的司法认定[J]. 法律适用，2019（14）：28.

② 根据 2020 年 12 月 23 日最高人民法院审判委员会第 1823 次会议通过的《最高人民法院关于修改〈最高人民法院关于人民法院民事调解工作若干问题的规定〉等十九件民事诉讼类司法解释的决定》（法释〔2020〕20 号）修正，修正内容自 2021 年 1 月 1 日起施行。

③ 吴满昌，王立. 生物多样性的司法保护路径研究——以预防性环境公益诉讼为视角[J]. 学术探索，2021（5）：109.

④ 许芳菲，高德胜. 生物多样性法治建设的国际经验与中国路径[J]. 阅江学刊，2024，16（4）：83.

⑤ 孙佑海，杨帆. 环境司法专门化背景下专家陪审员制度研究[J]. 中国司法鉴定，2022（1）：3.

三、浙江省生物多样性保护政策制度的完善路径

（一）规范供给上地方立法突出特色物种、遗传资源与生态系统的保护

一是为生物多样性保护专门立法，特色立法。在立法上，浙江省可以借鉴云南、山东等省份的立法经验，制定专门的《浙江省生物多样性保护条例》，从物种、遗传资源和生态系统三个层次保护生物多样性，或将"生物多样性保护"与"碳减排"拆分为不同独立章节，细化浙江省生物多样性保护的具体制度。在地理上突出浙江海洋大省的特点，规定受保护的典型物种和生态系统。如江苏省在《江苏省生物多样性保护条例（草案）》中规定了"保护本行政区域内具有高生态价值、功能价值、经济价值、文化价值的典型生态系统等，涵盖长江流域、环太湖流域、京杭大运河沿线、里下河垛田湖荡、沿海滩涂等典型湿地生态系统及宁镇宜溧、东陇海线丘岗残脉等典型低山丘陵生态系统"，典型物种则规定"鼓励开展长江江豚、中华虎凤蝶、秤锤树等江苏省稀有、濒危、珍贵野生动植物生境特征和种群动态研究，建设人工繁育和科普教育基地，组织开展生物救护"。[①]浙江可借鉴类似做法，对本省有代表性的物种进行保护。针对遗传资源内容的缺乏，生物多样性保护立法可纳入更多遗传资源保护和生物安全的内容，对采集、利用和运输珍贵、濒危、特有物种及其遗传资源的行为进行规制，完善生物安全风险监测预警体系。

二是在地方立法中厘清生物多样性概念，完善生物多样性保护的具体制度。制定专门的生物多样性保护条例可以对惠益分享、公众参与、物种保护名录等制度进行更详尽的规定，推动生物多样性保护形成完备的制度体系。如我国生物多样性保护的第一部地方性法规《云南省生物多样性保护条例》对生物多样性进行了定义，并设立物种和基因多样性保护、生态系统多样性保护、公众参与和惠益分享专门章节。具体制度层面规定了制定生物多样性保护规划，编制本行政区域生物物种名录、生物物种红色名录和生态系统名录，开展生物多样性和生态系统服务功能价值评估等职责，对各个机构的职责和保护生物多样性的具体措施进行了更详细的规定。《江苏省生物多样性保护条例（草案）》规定了损害赔偿和生态补偿制度，明确对生物多样性的破坏适用环境公益诉讼和生态环境损害赔偿诉讼的规定，有利于推动生物多样性相关公益诉讼的发展。浙江省可结合本省特点，在生物多样

[①] 《江苏省生物多样性保护条例（草案）》第二十四条："县级以上地方人民政府应当采取优先保护措施，保护本行政区域内具有高生态价值、功能价值、经济价值、文化价值的典型生态系统等，涵盖长江流域、环太湖流域、京杭大运河沿线、里下河垛田湖荡、沿海滩涂等典型湿地生态系统及宁镇宜溧、东陇海线丘岗残脉等典型低山丘陵生态系统。加强重点功能区、重要自然生态系统、自然遗迹、自然景观等保护修复，制定修复治理方案，并予以实施。"第三十条："县级以上地方人民政府应当选择本地重要珍稀濒危物种、极小种群和遗传资源破碎分布点建设特殊物种保护小区或保护点，加强古树名木抢救复壮，提高乡土适生、适地植物的应用比例。鼓励开展长江江豚、中华虎凤蝶、秤锤树等江苏省稀有、濒危、珍贵野生动植物生境特征和种群动态研究，建设人工繁育和科普教育基地，组织开展生物救护。"

性保护条例中规定特别保护的物种名录、生物多样性监测普查、生物多样性相关的生态补偿和损害赔偿制度等内容。

三是推动优秀实践和政策转化为地方立法。浙江省已有的优秀实践也可以由政策或市场层面上升到法律层面，在地方立法中进行规定以推进制度发展。如丽水市推进生物多样性智慧监测的发展，制定发布《生物多样性智慧监测体系建设技术规范》《生物多样性评价指数技术规定》等地方标准，建立了生物多样性智慧监测标准体系。[①]湖州市出台《关于金融支持生物多样性保护的实施意见》（湖政办发〔2022〕33号），提出建立生物多样性金融服务体系，开发以生物多样性保护为标的的保险产品。鼓励政府性融资担保机构加大生物多样性友好型融资活动的增信支持，探索将生物多样性因素纳入绿色项目ESG评价体系，建立金融支持生物多样性保护监测机制，将金融支持生物多样性保护纳入绿色金融改革、绿色金融评价、绿色银行保险机构评价等内容，[②]是首个区域性金融支持生物多样性保护的制度框架。浙江省地方立法中可统筹整合各地级市优秀经验，突出大数据、智慧监测对生物多样性保护的支持、绿色金融、生态产品价值实现机制等浙江具有先行优势的制度，将已有的实践提炼上升到地方立法的高度。

四是完善党内法规与地方性法规间的衔接。党政联合发文有助于推动国家政权机关内部在国家治理过程中的功能整合与工作协同，解决现代政府部门职能分化所带来的结构僵化、反应迟钝、权力分散和职责碎片化等问题，同时有助于节约规范性文件的制定成本、提高制度实施的合力与实效。[③]立法上加强党内法规的体系化、规范化，将实践中成熟的制度措施纳入地方立法，如生物多样性评估体系建设、生物遗传资源获取和惠益分享监督管理等制度。党政联合发文中的部分制度规定可通过地方立法细化，如《关于全面深化美丽浙江建设的实施意见》中提出"积极争创钱江源-百山祖国家公园和南北麂列岛国家公园""加快建立长三角统一的排污权交易平台和制度规范"等具体措施，有待于地方立法建立配套制度，完善法规体系。执法上加强党内法规与地方性法规在执行上的衔接，如将生物多样性保护纳入省级生态环境保护督察重点，健全生态保护红线生态破坏问题监督机制。

（二）治理体系上优化自然保护地体系空间布局与法律保障

一是统筹浙江省内自然保护地立法体系，提升保护地立法层级。在《浙江省自然保护区管理办法》的基础上制定《浙江省自然保护区条例》，提升立法层级。针对森林公园、草原公园等各类自然保护地散见于不同层级的规范碎片化管理，部分新旧规范缺乏衔接的现状，可通过制定省内统一的地方自然公园管理办法整合。《国家级自然公园管理办法（试

---

① 中华人民共和国生态环境部. 生物多样性优秀案例（57）|浙江丽水市生物多样性智慧监测体系建设[EB/OL].（2024-05-10）[2024-08-30]. https://www.mee.gov.cn/ywgz/zrstbh/swdyxbh/202405/t20240510_1072823.shtml.

② 湖州市人民政府：《湖州市人民政府办公室关于金融支持生物多样性保护的实施意见》（湖政办发〔2022〕33号）。

③ 封丽霞. 党政联合发文的制度逻辑及其规范化问题[J]. 法学研究，2021，43（1）：11.

行）》已经出台，其中明确规定"省级林业和草原主管部门可以参照本办法制定本行政区域地方级自然公园管理制度"[①]，江苏、山东等省已经出台地方自然公园管理办法。浙江省可结合《国家级自然公园管理办法（试行）》等中的规定，制定省级地方自然公园管理条例或办法，统一整合对森林公园、地质公园、海洋公园、湿地公园和草原公园等数类自然保护地的管理机制，覆盖存在空白的自然保护地类别。

二是推动自然保护地管理的跨省区域合作。区域环境协调管理是区域一体化发展的重要组成部分，需要加强空间管制制度和环境管理制度协同配合。[②]《关于进一步加强生物多样性保护的意见》（中办发〔2021〕53号）指出要"着力解决自然景观破碎化、保护区域孤岛化、生态连通性降低等突出问题"[③]。在生态空间治理上，须考虑自然保护地地理单元连续性的问题，推进跨省际合作。"跨界"可以成为浙江生物多样性保护机制的重要特点，也为其他省份的省际合作提供经验。"八八战略"也指出了浙江的区位优势。浙江可结合长三角一体化，进一步发挥浙江的区位优势，主动接轨上海、积极参与长江三角洲地区合作与交流，在生态环境保护上实现协同共治。生态系统一体化保护和修复在《促进长三角生态绿色一体化发展示范区高质量发展条例》中已有了初步的概括性规定，但还应涵盖对自然保护地的管理，对跨界自然保护地的协同管理做出规定。应对外来物种入侵也需建立联防联控机制，实现信息共享。规则互认层面，则需要推动生物多样性监测数据信息共享，进行联合的生物多样性本底调查。《促进长三角生态绿色一体化发展示范区高质量发展条例》中规定"推进监测数据信息共享、结果互认，制定统一的生态环境行政执法规范，在示范区统一生态环境标准、生态环境监测监控网络和生态环境监管执法"，生物多样性相关的数据信息、监测监控与规范标准的共享和统一自然属于这一范畴。自2020年起，江苏省已经启动《江苏省生物多样性条例》的立法工作，[④]并于2023年10月发布征求意见稿，[⑤]浙江省可参照江苏省生物多样性相关立法，实现规范标准层面的统一。

三是推动浙江省生态保护的陆海统筹。保护生态系统完整性和自然地理单元连续性不只限于陆地生态系统的连通，海岸带在固碳增汇方面具有重要作用，是生物多样性的重点功能区。浙江作为海洋大省，是全国海岸线最长，岛屿数量最多的省份，更应实现生物多样性保护的陆海统筹。"八八战略"中指出浙江的海洋优势，提出进一步发挥浙江的山海资源优势。实现生物多样性保护的陆海统筹，需要将对海岸和海域的保护，以及对海洋生物的保护纳入地方立法中。浙江在生物多样性保护立法中需关注海洋生物多样性，结合本

① 《国家级自然公园管理办法（试行）》第三十六条："省级林业和草原主管部门可以参照本办法制定本行政区域地方级自然公园管理制度。"
② 杜群，胡宝林，陈真亮，等. 新时代环境法总论[M]. 北京：法律出版社，2025：172.
③ 中共中央办公厅、国务院办公厅：《关于进一步加强生物多样性保护的意见》（中办发〔2021〕53号）。
④ 江苏省生态环境厅. 全文实录 | 新闻发布会：江苏生物多样性保护的做法和成效[EB/OL]. （2024-06-14）[2025-02-22]. https://sthjt.jiangsu.gov.cn/art/2024/6/14/art_84025_11270547.html.
⑤ 江苏省人民政府. 关于公开征求《江苏省生物多样性保护条例（草案）》（征求意见稿）修改意见的公告[EB/OL].（2023-10-09）[2025-02-22]. https://www.jiangsu.gov.cn/zjdc/jsurvey/questionnaire/jsurvey_225.html.

省特点规定对海洋生态系统与海岛、滨海湿地和海湾的保护，海岸线的生态修复与对迁徙、洄游物种的保护等内容。在自然保护地建设方面，可抓住机遇探索建设国家海洋公园。①根据《浙江省自然保护地体系发展"十四五"规划》（浙发改规划〔2021〕163 号），到 2035 年，全省海洋自然保护地面积占管辖海域应达到 10%，海洋自然保护地的数量仍然需要拓展。《浙江省美丽海湾保护与建设行动方案》（浙政发〔2022〕12 号）提出"加强海洋自然保护地建设与保护，支持普陀中街山列岛、嵊泗马鞍列岛开展海洋国家公园试点，谋划建设浙东海洋公园，完成省级以上海洋公园勘界定标，探索建立归属清晰、权责明确、监管有效的海洋自然保护地体系"。在开展海洋国家公园试点探索的同时，浙江可响应国家公园"一园一法"，推进海洋国家公园地方立法，走在我国海洋国家公园的建设的前沿。在生态保护补偿方面，响应中共浙江省委办公厅、浙江省人民政府办公厅印发的《关于深化生态保护补偿制度改革的实施意见》中强调的"建立海洋生态保护补偿机制。支持海洋生态保护修复、重点海域污染防治、海洋生物多样性保护"的目标，②浙江可在地方立法和规范的不同层级中明确"流域—海域"生态补偿机制的实施方式，加快出台海洋生态补偿制度相关规范。如在《浙江省生态环境保护条例》提出实施生态补偿机制涵盖流域、海洋和河流入海口，以更低层级的规范性文件进行细节规定。结合长三角生态绿色一体化，在相关条例中完善跨省生态补偿相关内容，将跨界水体共保联治拓展到海域范围，在省一级层面推动浙江省、江苏省和上海市之间探索跨海域跨区域的横向生态补偿机制。

（三）管护机制上构建政府主导、社会参与的多元化生物多样性保护机制

一是加强各部门间协调合作，明确各方权责分配。各部门间应建立生物多样性保护的信息共享、预警预报、应急处置的联动机制，特别针对外来物种入侵等生物安全事件和自然灾害应急响应。在立法中明确"生态环境、自然资源、卫生健康、农业农村、林业、水利、海关、科技等部门和相关自然保护地管理机构"各部门在制定生物多样性保护规划，开展生物多样性调查监测等具体制度方面的职责，通过部门间联席会议加强沟通交流。

二是完善生物多样性保护立法中的公众参与条款。《关于进一步加强生物多样性保护的意见》（中办发〔2021〕53 号）将"政府主导，多方参与"作为生物多样性保护的工作原则，提出"全面推动生物多样性保护公众参与"的要求，浙江在立法和政策层面上需要推进社会参与，实现生物多样性保护机制的多元化。首先，浙江应在保护生物多样性的专门条款或专门立法中明确公众参与相关内容，将生物多样性保护宣传教育和信息公开机制

---

① 2015 年我国启动的 10 处国家公园体制试点和 2021 年我国首批正式设立的 5 个国家公园中均不包含海洋国家公园。2022 年公布的《国家公园空间布局方案》的 49 个国家公园候选区中，陆域 44 个、陆海统筹 2 个、海域 3 个，增加海洋保护地数量，建设国家海洋公园将成为未来的发展趋势。

② 中共浙江省委办公厅、浙江省人民政府办公厅印发《关于深化生态保护补偿制度改革的实施意见》通知[N]. 浙江日报，2023-11-12（1）.

纳入立法。完善社会资金投入机制，鼓励社会组织的参与，结合政府、市场和社会的力量，实现公众参与，多元共治，推动经济社会发展全面绿色转型。其次，公众参与的内容不应仅限于生态系统的保护，即自然保护地管理和野生动植物保护，同样应覆盖遗传资源的保护和传统知识。《生物多样性公约》第8（j）条规定了传统知识的保护与惠益分享，《昆蒙框架》也提出对于传统知识保护的目标。而传统知识与地方社区和公众参与密切相关。《云南省生物多样性保护条例》规定了鼓励涉及生物多样性利用的民族传统知识、技能依法申请专利、商标、地理标志产品保护，申报民族传统文化生态保护区、非物质文化遗产项目及其代表性传承人等措施，①既体现了云南多少数民族聚居地的特色，又体现了对传统知识的重视。浙江省同样有着丰富的传统知识和非物质文化遗产，如胡庆余堂中药文化、畲族医药（痧症疗法）、朱养心传统膏方制作技艺、张氏中医骨伤疗法、章氏骨伤疗法等12类传统医药入选国家级非物质文化遗产代表性项目名录。在生物多样性保护立法中，浙江可将传统知识纳入，鼓励公众对传统知识的开发研究。

三是完善自然保护地建设中的多元治理机制。公众作为治理主体参与自然保护地建设的决策、运行、监督，是自然保护地全民共享性和社会公益性的内在要求和外在体现。②自然保护地的共同治理机制不应局限于国家公园地方立法，而应针对不同类别自然保护地构建不同类型的共同治理制度，深化公众参与。如针对国家公园建设可进一步完善社区共管机制，设置志愿者岗位，鼓励社会资金投入国家公园的管理，进一步完善多元共治。自然保护区、自然公园等自然保护地除宣传教育、知识科普等宣示性条款外，同样需设置专门条款保障公众的知情权，监督权和参与权。如自然保护地的规划发展组织听证会，征求社会公众意见，保障公众对破坏自然保护地行为投诉和举报的权利等。在司法层面，推动生物多样性公益诉讼的发展，鼓励支持社会组织提起公益诉讼。完善自然保护地立法中公众参与和宣传教育的条款，在保护地内建立特许经营制度。

（四）制度适用上完善生物多样性公益诉讼

一是加强区域司法协作和司法与执法间衔接。针对区域司法亟待加强的问题，可推进针对流域、环太湖水域、跨区域国家公园等地理单元上具有连续性区域的案件的集中管辖，同时，区域间的司法协作不仅限于司法机构间的合作，还需要在促进生态保护和修复，进行执法监管的部门间进行协作，完善信息共享机制，加强法院与行政执法机关、流域管理机构、自然保护地管理机构的协调联动。环境行政和环境司法的衔接则有助于加强证据辅

---

① 《云南省生物多样性保护条例》第三十三条："县级以上人民政府及其环境保护、林业、农业、卫生、文化等行政主管部门应当加强与生物多样性保护相关的传统知识、方法和技能的调查、收集、整理、保护。鼓励涉及生物多样性利用的民族传统知识、技能依法申请专利、商标、地理标志产品保护，申报民族传统文化生态保护区、非物质文化遗产项目及其代表性传承人等，促进生物多样性保护和利用的传统文化的传承和应用。"第三十四条："县级以上人民政府应当建立健全生物遗传资源及相关传统知识的获取与惠益分享制度，公平、公正分享其产生的经济效益。研究建立生物多样性保护与减贫相结合的激励机制，促进地方政府及基层群众参与分享生物多样性惠益。"

② 刘超，吕稣. 自然保护地共同治理机制的定位与构造[J]. 东南学术，2023（5）：198.

助手段，完善救济机制。司法证据方面，基于环境司法证据适用中的科学性要求，相应的证据辅助手段也应当得到及时配置。^①行政执法与司法间衔接的完善可通过司法协作备忘协议、检察协作联席会议等协作机制，打通区域间从案件移送、证据转化到执行判决的各个环节间协作。在生态损害赔偿诉讼中完善行政执法与民事公益诉讼之间的衔接，有利于明确相关主体的角色和权责分配，以较低的成本最大限度地发挥行政和司法在实现环境公共利益救济中的功能。^②

二是拓展生物多样性诉讼主体范围，推动公众参与。一方面，需要支持社会组织发起诉讼，在适当条件下允许社会组织提起海洋环境公益诉讼。《中华人民共和国海洋环境保护法》与《最高人民法院关于审理海洋自然资源与生态环境损害赔偿纠纷案件若干问题的规定》（法释〔2017〕23号）是对行使海洋环境监督管理权的部门与检察机关提起海洋环境民事公益诉讼的赋权，而并非对环保组织作为适格诉讼主体的排除。从立法目的上看，海洋环境监管部门与环保组织的诉讼主体资格之间不应是相互排斥的。^③允许环保组织提起海洋环境民事公益诉讼，有利于推进海洋生物多样性保护的公众参与。另一方面，预防性环境公益诉讼方面的主体资格可扩张到检察机关。项目建设等可能造成生物多样性"重大风险"的情况需要行政机关的审批，探索赋予检察机关开展预防性环境公益诉讼的权能，能够使得行政机关在决策环节的不作为或滥用权力为生物多样性带来的"重大风险"得以受到规制。而在预防性民事公益诉讼方面，检察机关可以居于补充性的位置，在法律规定的有关机关和组织不起诉时发挥兜底作用。

三是明确预防性公益诉讼中"重大风险"的内涵、外延与适用标准。由于我国目前的生态环境立法尚未规定一般性的风险预防原则，因而可以通过司法解释的方式实现风险预防的目的，将风险预防理念融入司法裁判和法律适用过程之中。^④在明确"重大风险"的内涵与外延，在风险的认定上形成统一的适用标准的过程中，来自地方的审判实践对标准的认定有推动作用。如"绿孔雀案"中，法院将"重大风险"界定为"危害尚未发生，但如不阻止事件发生，可预知此事件的发生必会造成严重或不可逆的环境损害事实"，^⑤将损害的不可逆性应作为"重大风险"的认定要素，产生了重要影响。浙江可通过省内的司法实践完善对"重大风险"的界定标准，推动预防性公益诉讼的发展。在"重大风险"的适用上，针对"重大风险"认定的技术难题，主要可以从提高风险评估技术，引入生态智库机制着手推进。^⑥在证据交换环节引入专家论证，补充法官在环境专业知识上的不足。

① 郭武. 论环境行政与环境司法联动的中国模式[J]. 法学评论，2017，35（2）：186.

② 吕梦醒. 生态环境损害多元救济机制之衔接研究[J]. 比较法研究，2021（1）：151.

③ 吴卫星. 环保组织提起海洋环境民事公益诉讼的原告资格：实践检视与法理证成[J]. 南京工业大学学报（社会科学版），2023，22（6）：42.

④ 于文轩. 风险预防原则的生态环境法治意蕴及其展开[J]. 吉林大学社会科学学报，2023，63（3）：43.

⑤ 北京市朝阳区自然之友环境研究所诉中国水电顾问集团新平开发有限公司、中国电建集团昆明勘测设计研究院有限公司案，云南省高级人民法院（2020）云民终824号民事判决书。

⑥ 何伦凤，曾睿. 风险管理视角下预防性环境民事公益诉讼重大风险认定的审视[J]. 行政与法，2022（10）：87.

组建专家组完成技术评估并对"重大风险"的认定意见进行公示，以保障办案过程信息的公开透明。发挥浙江在大数据推动生态环境治理方面的优势，完善对生态风险的监测，推动预防性公益诉讼案例库，生态环境风险实时监测平台的建设，为"重大风险"的认定提供技术支持。

第二篇

理论研究篇

本篇由浙江省生物多样性保护的科研项目、研究成果、社会影响等三章内容构成。

通过系统回顾国家、浙江省生物多样性保护科研项目的立项数量、高层次的期刊论文发表、学术专著出版、省部级及以上科研成果获奖和批示采纳等方面的情况，发现浙江省在省部级及以上生物多样性保护科研项目不仅在立项数量上稳步增长、项目质量上大幅提升，而且在研究深度上不断拓展，覆盖传统热点如监测评估、物种保护、外来物种防控，并拓展至新兴领域如保护与经济协同、区域立法、遗传资源利用及生态补偿，形成了跨学科融合的特点。在"生物多样性保护"领域，浙江省取得的研究成果快速增长、研究主体和领域不断丰富、参与机构呈现多元化、支撑学科广泛拓展、影响力稳步提升，研究成果彰显了区域特色、为生物多样性保护领域提供了科学基础和实践指导，较好地支撑了政府决策并赋能生态保护。

尽管浙江省生物多样性保护的相关成果已较为丰富，但也存在一些问题亟待解决，如关键领域资金支持不足，科研力量区域分布不均，高辨识度成果有待培育，研究成果有待系统集成，决策咨询亟须靶向精准，研究成果全国、国际影响力有待增强以及跨机构协同合作有待加强等。针对这些问题，建议大力培养"生物多样性保护"研究的领军人才，推动科研项目持续深化并落地，优化资源配置、促进科研资源的合理流动与高效利用，支撑高水平研究团队开展跨学科、跨领域合作研究，提升成果影响力与转化率，加强标志性成果的推广与宣传。

第四章

浙江省生物多样性保护科研项目

科研项目立项是反映"浙江省生物多样性保护"领域科研进展的重要标志。2017—2023 年，浙江省生物多样性保护省部级的科研项目立项渠道主要包括省自然科学基金、省社会科学基金、省软科学、省"尖兵领雁"、省重点研发设计、省新型智库等类别。本章从浙江省生物多样性保护科研项目的立项数量、内容和机构进行研究分析，展示浙江省生物多样性保护科研项目领域的发展概貌，并详细分析该领域的科研进展状况。统计分析表明，2017—2023 年，浙江省省部级的生物多样性保护科研项目不仅在数量和质量上同步提升，而且在研究深度上不断拓展，形成了跨学科融合的特点，为生物多样性保护领域提供了科学基础和实践指导，但同时存在关键领域资助力度不够、科研力量区域分布不均和跨机构协同合作有待加强等问题。

一、科研项目立项的比较分析

（一）科研项目的数量分析

1. 国家社会科学基金立项数

对全国哲学社会科学工作办公室网站（nopss.gov.cn）2017—2023 年国家社会科学基金生物多样性保护的科研项目进行查询，结果如表 4-1 所示。从国家社会科学基金立项来看，2017—2023 年生物多样性保护的科研项目有 10 项国家社会科学基金获得立项，说明这一研究领域日益得到了学术界的重视。青海省和四川省国家社会科学基金立项均为 2 项，在生物多样性保护领域具有较为突出的研究优势。

表 4-1 2017—2023 年生物多样性保护科研项目相关国家社会科学基金项目立项数

序号	单位	负责人	题目	成果形式	等级	数量
1	厦门大学	陈芳	生物多样性保护政策的全过程评估机制及其应用研究	研究报告	一般	1
2	四川农业大学	曾维忠	森林碳汇与生物多样性保护协同机制研究	研究报告	一般	1
3	青海民族大学	李惠梅	环青海湖原住民生态文化对社区参与生物多样性保护的行为及福祉影响研究	研究报告	一般	1
4	自然资源部第三海洋研究所	姜玉环	应对气候变化与海洋生物多样性保护协同治理机制研究	研究报告	一般	1
5	乐山师范学院	魏晓欣	民族地区生物多样性保护立法研究	研究报告	一般（西部）	1
6	云南省社会科学院	郭娜	西南民族地区生物多样性保护与社区发展的路径及机制研究	研究报告	一般	1
7	中共青海省委党校	才吉卓玛	青藏高原生态文化视域下的农业生物多样性保护研究	研究报告	一般	1
8	武汉大学	秦天宝	整体系统观下生物多样性保护的法律规制研究	研究报告	重大	1
9	中国科学院地理科学与资源研究所	赵海凤	青海省藏区神山文化对生物多样性保护和生态服务价值提升的贡献研究	研究报告	一般	1
10	重庆师范大学	杜红	生物多样性保护的伦理困境与对策研究	研究报告	一般（青年）	1

数据来源：全国哲学社会科学工作办公室网站。

2. 国家自然科学基金立项数

对国家自然科学基金大数据知识管理服务门户（nsfc.cn）2017—2023 年国家自然科学基金生物多样性保护的科研项目进行查询，结果如表 4-2 所示。从国家自然科学基金立项来看，2017—2023 年生物多样性保护的科研项目有 12 项国家自然科学基金获得立项，其中中国科学院植物研究所为 2 项，在全国排名第一。

表 4-2 2017—2023 年生物多样性保护科研项目相关国家自然科学基金项目立项数

序号	单位	题目	数量
1	中国科学院植物研究所	中国被子植物物种灭绝风险的系统发育选择性研究、蔷薇科生命之树的建立及其在物种分布时空动态历史重建中的应用	2
2	上海交通大学	城市植物多样性空间格局及其景观多尺度筛选机制	1
3	河南大学	基于生物多样性保护的遥感大尺度非竞争性遗弃农用地提取研究	1
4	中国科学院武汉植物园	江汉湖群缓冲区水文特征和土地利用类型对水生植物多样性的影响及其尺度依赖性研究——景观和流域的比较	1
5	中山大学	区域尺度下典型森林景观的历史重构	1

序号	单位	题目	数量
6	西南大学	支流植物水媒传播对大型水库库岸植被形成的重要性及机制研究	1
7	贵州科学院	桂西黔南石灰岩生物多样性保护优先区蜘蛛目动物多样性研究	1
8	山西大学	基于大型标本数据库开展中国木本种子植物保护生物地理学研究	1
9	江西师范大学	基于生态系统服务的鄱阳湖湿地渔业生产与生物多样性保护的权衡关系研究	1
10	南京农业大学	生态系统服务认知、农户行为选择与生物多样性保护：路径与反馈——以西藏高原为例	1
11	华南理工大学	我国滨海保护地应对海平面上升的生物多样性保护规划的研究	1

数据来源：国家自然科学基金大数据知识管理服务门户。

3. 省部级基金项目立项数

通过对 2017—2023 年省自然科学基金、省社会科学基金、省软科学、省"尖兵领雁"、省文化研究工程、省新型智库、省公益、省重点研发计划等不同省部级科研基金项目进行统计，2017—2023 年，浙江省生物多样性保护的科研项目共立项 23 项。从立项结构来看，省自然科学基金是生物多样性保护科研项目研究的主力，共立项 6 项；省软科学立项 2 项；省"尖兵领雁"立项 5 项；省新型智库立项 1 项；省公益立项 5 项；省重点研发计划立项 4 项；省社会科学基金、省文化研究工程尚未立项。

（二）科研项目的内容综述

2017—2023 年，浙江省生物多样性保护的科研项目的省部级基金共有 23 项。对 2017—2023 年浙江省各类省部级进行统计，省自然科学基金项目共立项 6 项，结果见表 4-3；省软科学项目共立项 2 项，都是重点项目，结果见表 4-4；省公益技术应用研究资助项目，共立项 5 项，具体立项清单参见表 4-5；省"尖兵领雁"研发攻关计划项目，共立项 5 项，具体立项清单参见表 4-6；省新型智库，共立项 1 项，结果见表 4-7；省重点研发计划项目，共立项 4 项，结果见表 4-8。六类省部级项目均有立项，分布在省自然科学基金、省软科学研究项目、省公益技术应用研究资助项目、省"尖兵领雁"研发攻关计划项目、省新型智库和省重点研发计划项目。从立项项目的内容来看，为贯彻落实中共中央办公厅、国务院办公厅印发的关于进一步加强生物多样性保护的意见精神，以有效应对生物多样性面临的挑战、全面提升生物多样性保护水平为目标，扎实推进生物多样性保护重大工程，加强对生物多样性的科学研究，有效推动生物多样性保护。

表 4-3　2017—2023 年浙江省自然科学基金项目生物多样性保护的相关科研项目立项清单

序号	课题名称	承担单位	负责人	等级
1	"碳中和"视角下的人工林树种多样性与碳汇功能关系的模拟研究	浙江大学	梁爽	一般
2	植物物种多样性协同底栖动物对人工湿地温室气体排放的影响	温州大学	韩文娟	一般

序号	课题名称	承担单位	负责人	等级
3	病原菌侵染对植物多样性——可入侵性关系影响的遗传距离机制	台州学院	王江	一般
4	片段化生境生物多样性与生态系统功能学术研讨会	浙江大学/生命科学学院	于明坚	一般
5	遗传多样性对植物——土壤反馈效应的影响	台州学院	薛伟	一般
6	除草剂草甘膦影响外来植物入侵群落物种多样性的机制研究	中国林业科学研究院亚热带林业研究所	叶小齐	一般

数据来源：浙江省科技厅网站2017—2023年立项清单统计。

表4-4 2017—2023年浙江省软科学项目中生物多样性保护相关科研项目立项清单

序号	课题名称	承担单位	负责人	等级
1	八大水系生态修复及生物多样性保护工作研究	浙江省生态环境科学设计研究院	谭映宇	重点
2	共同富裕目标下钱江源头生态保护修复的福利效应、协同机理与流域多元补偿机制创新研究	浙江农林大学	朱臻	重点

数据来源：浙江省科技厅网站2017—2023年软科学项目立项清单统计。

表4-5 2017—2023年浙江省公益技术项目中生物多样性保护的相关科研项目立项清单

序号	课题名称	承担单位	负责人
1	经济用材树种柳杉的群体遗传多样性、起源与保护研究	浙江树人大学	玛青
2	基于SSR标记的浙江省榧树品种指纹图谱构建和遗传多样性评价	浙江农林大学	张敏
3	极小种群野生植物浙江安息香的保护生物学与繁育技术研究	浙江省林业科学研究院	李婷婷
4	不同地理种群橄榄蛏蚌（Solenaia oleivora）的遗传多样性及其人工繁育技术研究	金华职业技术学院	张根芳
5	古田山自然保护区全境网格化综合监测体系研究与构建	开化古田山国家级自然保护区管理局	余建平

数据来源：浙江省科技厅网站2017—2023年立项清单统计。

表4-6 2017—2023年浙江省"尖兵领雁"研发攻关计划中生物多样性保护的相关科研项目立项清单

序号	课题名称	承担单位	负责人
1	陆地生态系统和物种多样性监测与评估关键技术	浙江大学	于明坚
2	生物多样性保护技术与装备研发——基于健康种间互作网络的城乡生态系统生物多样性提升技术	浙江省林业科学研究院	吴初平
3	生物多样性保护技术与装备研发——生物多样性智慧监测及近自然生境营建技术研发与示范	杭州师范大学	袁霞
4	生物多样性保护技术与装备研发——浙江沿海濒危树种野外回归成效评估及气候变化风险预警技术和示范	浙江大学	黄建国
5	青田县千峡湖水库碳汇渔业及水生生物多样性保护研究与示范	浙江丰和渔业有限责任公司	陈光美

数据来源：浙江省科技厅网站2017—2023年立项清单统计。

表 4-7　2017—2023 年浙江省新型智库中生物多样性保护的相关科研项目立项清单

序号	课题名称	承担单位	负责人
1	钱江源国家公园生物多样性保护和管理对策研究	浙江农林大学	宁可

数据来源：浙江省社科联网站 2017—2023 年立项清单统计。

表 4-8　2017—2023 年浙江省重点研发计划项目中生物多样性保护的相关科研项目立项清单

序号	课题名称	承担单位	负责人
1	浙江省珍稀濒危动植物资源挖掘与保护利用——浙江珍稀濒危动物的资源保育与恢复	浙江师范大学	郑善坚
2	浙江省珍稀濒危动植物资源挖掘与保护利用——浙江省珍稀濒危药用植物重楼、蛇足石杉、独蒜兰、杜鹃兰和金荞麦资源的挖掘与保护利用	浙江理工大学	汪得凯
3	濒危植物资源挖掘与保护——浙江省特有珍稀濒危观赏植物夏蜡梅、景宁木兰、天台鹅耳枥、铁线莲属等的资源保育和挖掘利用	浙江农林大学	赵宏波
4	濒危植物资源挖掘与保护——五种珍稀濒危植物挖掘与保育	浙江大学	陈利萍

数据来源：浙江省社科联网站 2017—2023 年立项清单统计。

（三）科研项目的机构分析

省部级项目机构分布情况。对 2017—2023 年浙江省生物多样性保护的科研项目的各类省级项目立项机构进行统计，结果如表 4-9 所示。2017—2023 年浙江省生物多样性保护科研项目的 23 项省部级项目由 13 家单位承担。从立项数量来看，浙江大学和浙江农林大学分别立项 6 项和 4 项，居立项机构前列，台州学院和浙江省林业科学研究院立项 2 项，居第二梯队，中国林业科学研究院亚热带林业研究所、温州大学、浙江树人大学、开化古田山国家级自然保护区管理局、浙江丰和渔业有限责任公司、杭州师范大学、浙江师范大学、浙江理工大学、金华职业技术学院各立项 1 项。从省级项目立项来看，参与生物多样性保护的科研项目相关研究的高校、科研院所的范围进一步扩大，高校是省部级纵向项目承担的主体。

表 4-9　2017—2023 年浙江省生物多样性保护科研项目相关省内立项机构统计

机构	省自然科学基金	省社会科学基金	省公益技术项目	省软科学项目	省"尖兵领雁"计划	省新型智库	省重点研发计划项目	合计
台州学院	2	0	0	0	0	0	0	2
浙江大学	2	0	0	1	2	0	1	6
中国林业科学研究院亚热带林业研究所	1	0	0	0	0	0	0	1
温州大学	1	0	0	0	0	0	0	1
浙江树人大学	0	0	1	0	0	0	0	1

机构	省自然科学基金	省社会科学基金	省公益技术项目	省软科学项目	省"尖兵领雁"计划	省新型智库	省重点研发计划项目	合计
浙江省林业科学研究院	0	0	1	0	1	0	0	2
开化古田山国家级自然保护区管理局	0	0	1	0	0	0	0	1
浙江丰和渔业有限责任公司	0	0	0	0	1	0	0	1
杭州师范大学	0	0	0	0	1	0	0	1
浙江师范大学	0	0	0	0	0	0	1	1
浙江理工大学	0	0	0	0	0	0	1	1
金华职业技术学院	0	0	1	0	0	0	0	1
浙江农林大学	0	0	1	1	0	1	1	4
合计	6	0	5	2	5	1	4	23

数据来源：浙江省科技厅网站、社科联网站2017—2023年立项清单统计。

二、科研项目立项的主要特征

浙江省生物多样性保护的科研项目立项，近年来呈现出一系列显著且值得探讨的主要特征，这些特征不仅反映了浙江省在生物多样性保护领域的坚定决心与卓越成就，也预示了该领域未来发展的广阔前景。

（一）立项项目量质齐升

立项项目量质齐升，是浙江省生物多样性保护科研工作的一个鲜明亮点。随着政府对环境保护力度的加大和社会公众环保意识的提升，浙江省在生物多样性保护方面的科研投入持续增加，这直接促进了立项项目数量的显著增长[1]。更为重要的是，这些项目在质量上也实现了质的飞跃。越来越多的项目不仅瞄准了生物多样性保护的核心问题，如物种濒危机制、生态系统恢复与重建等，还采用了先进的科研方法和技术手段，如遥感监测、基因测序等，确保了研究成果的科学性、准确性和前瞻性。这种量质齐升的态势，为浙江省乃至全国的生物多样性保护工作提供了强有力的科技支撑。

这种量质齐升的态势，不仅体现在单个项目的深度与广度上，更在于整个科研生态系统的活力与创新能力。浙江省通过构建多元化的科研资助体系，包括政府引导资金、企业合作资金、社会捐赠及公益基金等多种渠道，为生物多样性保护科研项目提供了充足的资金支持。这种多元化的资金结构不仅确保了项目的可持续性，还激发了科研人员的积极性

---

[1] 《浙江省生物多样性保护战略与行动计划（2011—2030年）》。

和创造力，促进了更多创新想法和解决方案的诞生。

浙江省注重搭建高水平的科研平台，吸引并汇聚国内外顶尖的生物多样性保护专家和学者。这些平台不仅为科研人员提供了先进的实验设备和良好的研究环境，还促进了学术交流与合作，加速了科研成果的转化与应用。通过举办学术会议、研讨会、工作坊等活动，浙江省成功构建了一个开放、包容、合作的科研氛围，使得生物多样性保护领域的最新研究成果能够迅速传播并应用于实践。

浙江省还积极推动科研成果的转化与应用，将科研成果转化为实际保护行动和政策建议。通过加强与政府、企业、社会组织等各方的合作，浙江省将生物多样性保护的理念和策略融入经济社会发展的各个方面，推动了绿色发展、循环发展和低碳发展的实现。这种"科研—应用—政策"的闭环模式，不仅提高了科研成果的实用性和社会价值，也为生物多样性保护工作的深入开展提供了有力保障。

浙江省生物多样性保护科研工作的量质齐升态势，是政府、社会、科研机构和科研人员共同努力的结果。这种态势不仅为浙江省的生物多样性保护工作提供了强有力的科技支撑，也为全国乃至全球的生物多样性保护事业树立了典范。未来，随着科技的不断进步和社会的持续发展，浙江省的生物多样性保护科研工作将继续保持这种良好的发展势头，为构建人与自然和谐共生的美好家园贡献更多智慧和力量。

（二）研究领域不断深化

研究领域不断深化，是浙江省生物多样性保护科研项目立项的又一重要特征。随着研究的深入，学术界和实务界逐渐认识到生物多样性保护是一个涉及多个层次、多个方面的复杂系统。因此，浙江省的科研项目在保持对基础理论研究重视的同时，也积极向应用研究和政策研究拓展。从物种多样性、遗传多样性到生态系统多样性，从自然保护区建设与管理到生态修复与重建，从生物多样性监测与评估到生物多样性保护与可持续发展政策的制定与实施，研究领域的不断深化使得浙江省在生物多样性保护方面的科研成果更加全面、系统和深入。

这种研究领域的不断深化，不仅拓宽了生物多样性保护研究的视野，也增强了研究成果的实践指导意义。浙江省科研人员通过跨学科、跨领域的合作，不断挖掘生物多样性保护的新视角、新方法和新路径，为解决生物多样性面临的种种挑战提供了科学依据和技术支撑。

在物种多样性方面，浙江省科研项目不仅关注濒危物种的保护与恢复，还深入探讨了物种分布、迁徙规律、种间关系等生态过程，为制定科学合理的物种保护策略提供了重要参考。同时，随着分子生物学和生物信息学技术的快速发展，浙江省科研人员利用基因测序、基因组学等手段，揭示了物种遗传多样性的奥秘，为物种保护和管理提供了更为精细的遗传信息支持。

在生态系统多样性方面，浙江省科研项目更加注重生态系统的整体性和动态性。科研人员通过野外调查、遥感监测等手段，对不同类型的生态系统进行了全面深入的研究，揭示了其结构、功能和演替规律。同时，他们积极探索生态系统服务与人类福祉之间的关系，为实现生态系统保护和可持续发展的双赢提供了科学依据。

在自然保护区建设与管理方面，浙江省科研项目不仅关注保护区的规划和布局，还深入研究了保护区的管理机制、社区参与、生态旅游等方面的问题。通过引入先进的管理理念和技术手段，浙江省自然保护区在保护生物多样性的同时，也促进了当地经济社会的可持续发展。

在生态修复与重建方面，浙江省的科研项目针对不同类型的退化生态系统，提出了多种有效的修复技术和方法。这些技术和方法不仅能够有效恢复生态系统的结构和功能，还能够提高生态系统的稳定性和抵抗力，为应对气候变化等全球性挑战提供了有力支持。

在生物多样性监测与评估方面，浙江省的科研项目建立了完善的监测网络和评估体系，对生物多样性的现状、变化趋势和保护成效进行了全面评估。这些评估结果不仅为政府制定生物多样性保护政策提供了科学依据，也为科研人员调整研究方向和优化研究方案提供了重要参考。

在生物多样性保护与可持续发展政策的制定与实施方面，浙江省的科研项目紧密结合国家发展战略和地方实际情况，提出了一系列具有前瞻性和可操作性的政策建议。这些政策建议不仅关注生物多样性的直接保护，还注重将生物多样性保护融入经济社会发展全过程，推动形成绿色发展方式和生活方式。

浙江省生物多样性保护科研项目在研究领域的不断深化过程中，不仅取得了丰硕的科研成果，也为生物多样性保护事业的可持续发展和政府决策提供了有力支撑。未来，随着研究的不断深入和技术的不断进步，浙江省的生物多样性保护科研工作将继续发挥重要作用，为保护地球家园的生物多样性贡献更多智慧和力量。

（三）多学科交叉共融逐步形成

多学科交叉共融逐步形成，是浙江省生物多样性保护科研项目立项的又一显著趋势。生物多样性保护问题涉及生物学、生态学、环境科学、地理学、社会学、经济学等多个学科领域，需要多学科知识的综合运用和协同创新。浙江省在科研项目立项过程中，积极倡导并推动多学科之间的交叉与融合，鼓励不同学科背景的科研人员开展合作研究。这种多学科交叉共融的科研模式，不仅有助于突破单一学科研究的局限性，还能够从多个角度、多个层面深入剖析生物多样性保护问题，提出更加全面、科学的解决方案。同时，多学科交叉共融还有助于培养具有跨学科素养的科研人才，为生物多样性保护事业的长期发展奠定坚实的人才基础。

随着多学科交叉共融的深入发展，浙江省在生物多样性保护领域逐渐构建了一个多元化的科研生态系统。这一系统不仅涵盖了传统生物学、生态学和环境科学等自然科学领域，还广泛吸纳了地理学、社会学、经济学乃至人文科学等多学科的研究力量。各学科间的相互渗透与融合，不仅拓宽了研究的广度，更深化了研究的深度，使得生物多样性保护的研究视角更加多元、方法更加创新。

在生物学与生态学的交叉研究中，科研人员通过分子生物学、种群生态学等手段，深入揭示了生物多样性的遗传基础、种群动态及生态系统服务功能等核心问题。同时，结合环境科学的研究成果，他们还能够精准评估人类活动对生物多样性的影响，为制定有效的保护策略提供科学依据。地理学的加入，则为生物多样性保护研究带来了空间尺度的视角①。科研人员利用遥感技术、地理信息系统等工具，对生物多样性的空间分布、生境破碎化及生态廊道建设等问题进行了深入分析，为构建生态安全格局和优化自然保护区布局提供了重要支持。社会学与经济学的参与，则使得生物多样性保护研究更加关注人类社会的需求与利益。科研人员通过社会调查、经济分析等手段，探讨了生物多样性保护与社区发展、资源利用之间的关系，提出了基于社区共管、生态补偿等机制的保护模式，促进了生物多样性保护与经济社会发展的协调共赢。

在多学科交叉共融的推动下，浙江省的生物多样性保护科研项目不仅取得了显著的研究成果，还培养了一大批具有跨学科素养的科研人才。这些人才不仅具备扎实的专业知识，还具备广阔的视野和创新的思维，为生物多样性保护事业的长期发展注入了新的活力。

浙江省生物多样性保护的科研项目立项在量质齐升、研究领域不断深化以及多学科交叉共融等方面都取得了显著成效。这些特征不仅体现了浙江省在生物多样性保护方面的科研实力和创新能力，也为未来该领域的发展指明了方向。在浙江省政府和社会各界的共同努力下，浙江省的生物多样性保护工作将会取得更加辉煌的成就。

三、科研项目立项的主要问题

相对于浙江省科研项目在"生物多样性"领域立项已取得的研究成果，该领域在科研立项方面也存在一些有待提高之处，主要体现在关键领域资助力度不足、科研力量区域分布不均、跨机构协同合作有待加强等。

（一）关键领域资助力度不够

一是获批国家级项目数量少。从国家社会科学基金立项数量来看，2017—2023年，浙江省生物多样性领域无立项。全国共有10项生物多样性领域立项项目，其中遥遥领先的是福建省2项、四川省2项和青海省2项。浙江省距离这些省份还有较大的差距。从国家自然科学基金来看，2017—2023年，全国共有12项生物多样性领域国家自然科学基金立项项目，浙江省生物多样性无国家自然科学基金项目立项，而北京和广东各有2项，浙江省不仅远远落后于广东、北京等经济发达省（市），也落后于贵州、河南、山西等省份，

---

① 该研究基于《昆明-蒙特利尔全球生物多样性框架》。

与浙江省经济社会发展水平极不相称。

二是重大重点项目无立项。在国家社会科学基金方面，2017—2023 年生物多样性领域共有 1 项国家社会科学基金重大项目立项，作者来自武汉大学。在国家自然科学基金方面，2017—2023 年全国共有 12 项立项，分布在北京、广东、江苏等省（区、市），浙江省无重大、重点项目立项。

（二）科研力量区域分布不均

一是高水平学科和科研资源的集中。浙江大学作为浙江省的顶尖高校，在科研力量上占据绝对优势。从省部级项目立项情况来看，浙江大学立项 4 项，居立项机构前列，而温州大学、浙江树人大学、浙江省林业科学研究院、杭州师范大学、金华职业技术学院仅立项 1 项，导致省内其他高校在学科建设上难以望其项背。

二是科研投入和产出的不均衡。浙江省的科研投入在地域上存在一定程度的倾斜，浙江大学和浙江农林大学等都位于杭州等经济发达、教育资源丰富的地区。这种投入的不均衡也导致了科研产出的不均衡。由于科研投入和资源的差异，浙江省内高校在科研产出效率上也存在差异。部分高校由于资源充足、人才汇聚，科研产出效率较高[①]。而部分高校则由于资源有限、人才短缺，科研产出效率相对较低。

从省部级项目立项情况来看，生物多样性领域的研究力量大致可分为三个梯队：第一梯队为浙江大学和浙江农林大学，它们是这一领域区域科技创新的中心；第二梯队为台州学院，其在生物多样性遗传方面具有特色；第三梯队为其他高校和科研院所，前两个梯队占省部级以上科研立项数的一半以上。虽然随着生物多样性领域研究的深化，第三梯队的整体研究实力将会有一定的提升，但是在短期内，生物多样性科研领域以浙江大学为中心，浙江农林大学为特色的分布格局不会发生很大的变化。

因此，为积极稳妥推进浙江省生物多样性事业，必须继续发挥浙江大学在生物多样性相关领域的原始创新作用，引领浙江省在这一领域的科技创新风潮；浙江农林大学、台州学院则应结合各自学校的办学特点，在生物多样性保护研究领域实现特色发展；建好建强浙江省生态文明智库联盟、低碳技术创新联盟等合作载体，加强其与高校研究机构之间的技术交流；提高浙江大学、浙江农林大学、台州学院服务地方的能力，提高生物多样性的技术供给能力。

（三）跨机构协同合作有待加强

生物多样性保护领域需要涉及经济、社会、生态环境的多个方面，并迫切呼唤自然科学、社会科学、人文学科等多学科的交叉融合，以及政府、企业、学术界、产业界等多元主体的紧密协作。在探讨浙江省高校和研究所跨机构协同合作的现状时，我们不难发现，

---

① 杨志. 高校产学研合作发展现状、困境及发展建议——基于对九十五所高校的调查[J]. 国家教育行政学院学报，2019（6）：75-82.

尽管近年来浙江省在科技创新和产学研合作方面取得了显著进展，但仍存在一些亟待加强的方面。

1. 主体间合作动力不足

高校与科研院所方面：高校和科研院所的主要任务是进行基础研究和应用研究，其成果多体现为学术论文和专利，但往往难以直接转化为现实生产力[①]。一方面，这导致了许多科研成果的"理论价值"远高于"现实价值"，无法有效服务于地方产业和经济发展；另一方面，由于高校和科研院所对市场信息掌握不足，许多研究成果难以精准对接市场需求，从而影响了产学研合作的深度和广度。在企业方面，大多数高新技术企业在参与产学研合作时，首要考虑的是利润最大化，对合作风险的顾虑以及合作效果的不确定性使得其合作意愿相对较低。此外，部分企业缺乏长远的战略眼光，仅将产学研合作视为短期利益获取的手段，而非提升核心竞争力的长期战略。

2. 合作机制尚不够健全

政策引导与支持不足。虽然浙江省出台了一系列鼓励产学研合作的政策，但在实际操作中，政策的落地效果并不理想[②]。例如，政策执行过程中的信息不对称、资源分配不均等问题，导致部分高校和研究所难以获得有效的政策支持和资源倾斜。同时，合作平台与机制也不完善。当前，浙江省内的产学研合作平台大多处于初建阶段，尚未形成完善的合作机制和运作模式。平台间的协同性不强，资源共享不充分，导致合作效率低下，难以形成有效的创新合力。

3. 人才队伍与资源配置不匹配

在产学研合作过程中，资源配置的不合理也是制约合作效果的重要因素之一。部分高校和研究所拥有先进的科研设备和丰富的科研资源，但缺乏有效的整合和利用机制；而企业则拥有市场信息和生产资源，但在技术研发和创新能力方面相对薄弱。这种资源配置的不均衡使得产学研合作难以达到最佳效果。

4. 合作成效不显著

合作成效不显著主要体现为成果转化率低。尽管浙江省在科研投入和专利产出方面取得了显著成绩，但科技成果的转化率仍相对较低。许多优秀的科研成果因缺乏有效的转化机制和市场需求对接而未能实现商业化应用。并且，合作深度与广度也不足。目前，浙江省内的产学研合作大多停留在浅层次的合作层面，如共同申报项目、联合发表论文等，而在深层次的技术研发、人才培养和产业化应用等方面的合作还相对较少。

因此，一方面要设计需高校、科研院所、企业多方参与的科技研发项目；另一方面要充分发挥浙江省生态文明智库联盟等相关合作组织的作用，带动企业、高校等生态产品价值实现，使研究力量逐渐壮大。

---

① 王江哲，刘益，陈晓菲. 产学研合作与高校科研成果转化：基于知识产权保护视角[J]. 科技管理研究，2018（17）：119-126.

② 黄炳超. 新时代我国产学研政策的演变路径、制度困境与科学对策[J]. 职业技术教育，2019，40（28）：25-29.

四、科研项目立项的综合述评

生物多样性是地球生态系统的重要组成部分，是衡量一个地区生态环境质量和生态文明建设的重要指标，对于维护生态平衡、保障人类福祉具有不可替代的作用[①]。浙江省地处长江三角洲，拥有多样化的生态系统和丰富的生物种类。然而，随着经济的快速发展，生物多样性面临着诸多威胁，加强生物多样性保护科研项目的立项和实施，对于保护浙江省乃至全国的生物多样性具有重要意义[②]。浙江省在生物多样性保护方面采取了一系列措施，包括制定相关政策、推动科研创新等。特别是在科研项目立项方面，浙江省已经形成了一套较为完善的体系，涵盖了从基础研究到应用研究的各个层面。

（一）科研项目的层次结构述评

浙江省生物多样性保护的科研项目层次结构主要包括科研项目类型、课题立项等级和项目基金类型三个方面。从科研项目类型看，国家层面生物多样性保护的科研项目多为应用研究项目，主要聚焦于生物多样性保护的政策评估、路径规划、立法研究、现实困境以及对策研究，重大科研项目、交叉研究项目和国际合作研究项目比较缺乏。浙江省生物多样性保护的科研项目同样以应用研究为主，主要聚焦于生物多样性保护工作的综合开展、技术研发与对策研究。从课题立项等级看，浙江省省部级基金项目中生物多样性领域的科研项目多为一般等级，重点项目为浙江省生态环境科学设计研究院谭映宇的"八大水系生态修复及生物多样性保护工作研究"以及浙江农林大学朱臻的"共同富裕目标下钱江源头生态保护修复的福利效应、协同机理与流域多元补偿机制创新研究"。立项项目多来自浙江大学与浙江农林大学，主要包括"'碳中和'视角下的人工林树种多样性与碳汇功能关系的模拟研究""陆地生态系统和物种多样性监测与评估关键技术""钱江源国家公园生物多样性保护和管理对策研究"等。从项目基金类型看，浙江省在该领域的科学项目仅涉及省部级基金项目，主要包括社会科学基金、自然科学基金、省软科学、省"尖兵领雁"等，相较于湖北、四川、福建等省份在国家自然科学基金方面取得的突破，浙江省在该领域的国家社会科学基金和国家自然科学基金尚未涉及。

浙江省应瞄准生物多样性保护实现的机制前沿，充分利用数字化改革优势，将生物多样性保护融入生态文明建设全过程。针对生物多样性保护的前沿领域，如物种多样性、生态系统服务功能、遗传资源保护等，设立专项科研基金，鼓励和支持科研人员开展相关研究[③]。同时引导跨学科合作，鼓励生物学、生态学、环境科学、信息技术等多学科交叉合作，共同申报科研项目，以解决生物多样性保护中的复杂问题。一方面鼓励科研人员开展

① 郑舒元，刘国华，万凌凡，等. 生物多样性保护与可持续发展背景下的生态安全[J]. 科技导报，2024（18）：46-57.
② 秦天宝. 中国履行《生物多样性公约》的过程及面临的挑战[J]. 武汉大学学报（哲学社会科学版），2021（1）：95-107.
③王舒鸿，邢璐，陈穗穗. 高水平开放背景下的生物多样性安全：现状、问题及展望[J]. 北方论丛，2023（1）：88-108.

技术创新，研发新的监测技术、保护技术和恢复技术，提高生物多样性保护的效率和效果。在科研项目立项时，注重项目的应用导向，确保研究成果能够直接应用于生物多样性保护实践，解决实际问题。另一方面，针对浙江省生物多样性保护的国家社会科学基金、自然科学基金和重点课题科研项目缺乏问题，浙江省应与国际先进科研机构建立合作关系，引进国际先进经验和技术，高校和研究院可结合自身优势，发挥主观能动性，积极参与国际生物多样性保护合作项目，与国际先进科研机构建立合作关系，共同申报科研项目，进而促进高质量科研项目的形成与产出。

（二）科研项目的区域特色述评

浙江省在生物多样性保护的科研项目方面取得了一定成就，主要体现在浙江省自然科学基金项目、浙江省软科学项目、浙江省"尖兵领雁"研发攻关计划项目立项的数量和质量均有所提升，但同时存在科研项目参与度不足、研究机构地理分布不均等问题。从立项项目地域分布看，在浙江省 11 个地级市中，科研项目覆盖杭州、温州、台州、金华、丽水 5 个市，其中，杭州项目总数为 18 项，占浙江省项目总数的 78.26%，台州项目总数为 2 项，金华、温州和丽水各 1 项，而其余地级市无生物多样性保护科学项目立项，可见浙江省内生物多样性保护的相关研究在区域发展上存在较为明显的不均衡。从机构分布看，科研项目机构涉及高校和研究院两类，机构性质包括综合类、农林类和师范类，拥有科研项目较多的机构为浙江大学（6 项）、浙江农林大学（4 项）、台州学院和浙江省林业科学研究院（2 项），其他机构的科研项目均为 1 项，机构间科研项目数量整体较少且差距不大，省内缺少研究生物多样性保护的高产机构。从全国范围看，北京市在生物多样性保护方面拥有 2 项国家自然科学基金，位列全国第一；福建省和青海省拥有 2 项国家社会科学基金，位列全国第一，而浙江省关于生物多样性保护的科研项目在国家自然科学与社会科学领域尚未立项，在该领域的深入探索与研究实践方面，尚存较大的提升空间与潜力。

针对浙江省生物多样性保护的科研项目发展不足以及分布不均问题，应加强科研投入与资源整合，省级层面浙江省政府应加大对生物多样性保护科研项目的财政投入，扩大科研项目资助的地区和学科覆盖，为科研人员提供稳定的经费支持，使省内更多的地区开展国家社会科学基金、国家自然科学基金以及省部级基金项目的立项研究，推动浙江省生物多样性保护的区域协同发展。同时对科研资源进行整合，加强省内各科研机构、高校和企业的合作，整合优势资源，形成科研合力。通过共建共享科研平台、联合申报科研项目等方式，提高科研效率和质量。根据浙江省生物多样性保护的实际需求和优先领域，明确科研项目的研究方向和目标[①]。注重基础理论研究与应用研究的结合，推动科研成果的转化和应用。在资助机构的选择上，除重点关注研究优势突出的省内高校和科研院所外，还应

---

① 彭家园，庄优波. 从英国地方生物多样性行动计划看乡村发展与生物多样性保护协同路径[J]. 中国园林，2023（7）：28-34.

向在环境保护领域和生物多样性保护领域具有龙头地位、资源和经验优势的企业倾斜。进一步地，应采取措施促进科研资源的均衡分配。加强对较偏地区和生物多样性丰富区域的科研支持，提高这些区域的科研能力和水平。生物多样性保护涉及多个学科领域，应鼓励跨学科研究合作，促进不同学科之间的知识交流和融合。通过跨学科研究拓宽研究视野，提高科研项目解决实际问题的能力和水平[①]。

（三）科研项目的主持人述评

浙江省科研项目主持人的研究领域多样且为生物多样性保护领域存在较高影响力的学者，但也存在对科研项目的持续性不足、合作强度较低等问题。从学术经历来看，有 18 位主持人具有博士学位；从职称来看，在获得科研项目时，副高级职称 9 人、正高级职称 11 人；从年龄来看，23 位主持人以青年研究员居多，研究力量呈现年轻化；从就职单位来看，7 位就职于生命科学学院，2 位就职于经济管理学院，其余就职于浙江省林业科学研究院、浙江省生态环境科学设计研究院等，涉及领域多样。从科研项目主持人的研究领域及其成果分布看，于明坚、谭映宇和黄建国是浙江省内持续关注生物多样性保护的重要学者，但生物多样性保护研究在其他项目主持人的关注中出现了淡化趋势，部分学者对于该领域的探索局限于项目执行阶段，缺乏项目实施前后的连贯性研究与长期追踪，项目产出的成果数量有限，且对生物多样性保护领域的理论深化与实践指导贡献不足。此外，项目主持人之间的合作紧密度不高，研究资源未能有效整合，不利于高校科研团队的构建与协同工作，也限制了针对生物多样性保护等关键议题开展重点科研项目立项及深入课题研究的能力。这种现状反映出浙江省在生物多样性保护领域尚缺乏一支强凝聚力和强影响力的专家团队引领该领域研究的突破性进展。

浙江省应培养生物多样性保护研究的领军人才，推动科研项目持续和深入研究。生物多样性保护研究涉及生物多样性的调查、监测、生物多样性评价技术与方法、生态系统恢复与重建等环节，其融合了生态学、遗传学、生物学、环境科学与信息技术等学科专业知识[②]，呈现出较强的学科交叉性，不仅需要来自各学科领域研究人员的参与，更需要识别和培养在该领域长期坚守、不懈耕耘的学科领军人才。15 位项目主持人虽在生物多样性保护研究的持续性上呈现出较大差异，但仔细分析不难发现，部分在该领域持续深入研究的学者具有共性特征——资源环境科学背景和经济管理学院从业经验，这为建立该领域高层次科研人才培养体系提供了重要参考。在项目评审阶段，应将申请人的学科背景、研究领域、从业经历等作为评判其是否可以胜任该项目的重要依据，并对生态保护、资源与环境经济等领域的学者重点关注；对于正在从事生物多样性保护项目研究的学者，应倡导其将生物多样性保护项目作为能力成长提高的重要载体，在项目实施过程中激发其识别该领域的核心问题与挑战，并培养其对未来发展趋势的精准预判能力，进而为生物多样性保护贡

① 王炜晔，翟大业，刘金龙. 我国生物多样性保护自然-社会科学交叉融合与发展[J]. 生态学报，2024（13）：5459-5475.
② 张振祥，陈艳霞，张姗姗. 我国优先保护物种与生物多样性保护关系浅析[J]. 四川林业科技，2020，41（6）：147-154.

献更具前瞻性和创新性的见解与策略；对于结项课题中研究成果突出、影响力较大的项目负责人，应鼓励其积极申报国家社会科学基金和自然科学基金的重大项目等。此外，还需建立科研项目评估体系，对立项科研项目进行定期评估和考核，通过评估考核，及时发现和解决科研项目中存在的问题和不足，提高科研项目的质量和效益。

第五章

浙江省生物多样性保护研究成果

　　高层次学术论著作为生物多样性保护领域知识创新与理论深化的前沿阵地，其数量与质量的变化趋势直接映射了该领域研究的活跃程度与进展深度。随着全球及国内对生物多样性保护意识的增强，特别是关于进一步加强生物多样性保护的意见这一纲领性文件的出台，为浙江省内学者提供了更为明确的研究导向与政策支持，显著促进了生物多样性保护领域研究的蓬勃发展。从数据上看，浙江省学者在SSCI、SCI、CSSCI及中文核心期刊等高质量学术期刊上发表的关于生物多样性保护的论文数量呈现出高增长态势，其研究领域不仅涵盖了生物多样性监测与评估、生态系统服务功能、物种保护策略、外来物种入侵防控等传统热点话题，还逐渐扩展到了生物多样性保护与经济社会发展的协同路径、区域性立法、遗传资源保护与利用和生态损害补偿等新兴领域，展现了研究主题的多元化与前沿性。同时，学术专著的出版也同步增加，为系统总结研究成果、传播先进理念提供了重要载体。但在快速发展的背后，浙江省生物多样性保护领域的研究也面临着一些挑战。首先，研究力量的年龄断层问题逐渐显现，老一辈专家学者的经验传承与新一代科研人员的快速成长之间需要更有效的衔接机制。其次，尽管研究成果数量众多，但高辨识度、具有国际影响力的标志性成果尚显不足。再次，尽管浙江在生物多样性保护领域的研究取得了一定成就，但其在全国乃至全球范围内的学术影响力仍有待进一步提升，需要更多高水平国际交流与合作。最后，跨单位、跨学科的研究合作尚不够紧密，限制了研究视野的拓宽与综合研究能力的提升。

一、研究成果的比较分析

（一）研究成果的数量分析

　　为了能较好地表征浙江省生物多样性保护这一领域研究的客观水平，本处检索统计工作不仅关注论文和专著数量变化，更关注论文和专著质量变化。故本部分检索的论文统计源既涵盖了国内期刊，又考虑了国际科学技术论文索引情况（SCI 和 SSCI）。检索范围限定在以下四个方面：①中文核心期刊；②CSSCI 期刊论文；③SCI 期刊论文；④SSCI 期刊论文。本报告通过这四种类型的检索，不仅对浙江省生物多样性保护研究的演进脉络、发展态势、学科研究热点领域变化等进行了分析，也对浙江省生物多样性保护研究成果的国际影响力或国际状况进行了评估。

如表 5-1 所示，在专著数量方面，2009—2023 年浙江省学者在生物多样性保护及其相关领域发表高质量专著共 23 种，从出版时间来看，2018—2023 年浙江省学者保持每年出版 2～5 种专著，说明在专著方面浙江省学者对生物多样性保护领域越发重视。

表 5-1　2009—2023 年浙江省学者发表的代表性专著

序号	题名	作者	出版社	出版时间
1	浙江古田山森林：树种及其分布格局	陈彬	中国林业出版社	2009 年 9 月
2	国家海洋发展战略与浙江蓝色牧场建设路径研究	胡求光	海洋出版社	2017 年 12 月
3	浙江海洋经济发展核心示范区海洋生物产业发展研究	姚丽娜	浙江大学出版社	2018 年 1 月
4	临安珍稀野生植物图鉴	夏国华	中国林业出版社	2018 年 7 月
5	临安珍稀野生动物图鉴	徐卫南	中国农业科学技术出版社	2019 年 1 月
6	中国东海可持续发展报告：海岸带生态环境跨域治理卷	马仁锋	海洋出版社	2019 年 3 月
7	围填海工程的社会经济与生态影响评价	马仁锋	海洋出版社	2019 年 3 月
8	浙江天目山蝴蝶图鉴	李泽建	中国农业科学技术出版社	2019 年 4 月
9	风景独好：话说浙江海洋景观文化	马仁锋	浙江大学出版社	2020 年 1 月
10	浙江清凉峰生物多样性研究	丁平	中国林业出版社	2020 年 9 月
11	百山祖国家公园蝴蝶图鉴（第Ⅰ卷）	李泽建	中国农业科学技术出版社	2020 年 11 月
12	浙江乌岩岭国家级自然保护区植物资源调查研究	楼炉焕	浙江大学出版社	2021 年 1 月
13	浙江植物志（新编）	李根有	浙江科学技术出版社	2021 年 10 月
14	华东地区常见蝴蝶野外识别手册	李泽建	中国农业科学技术出版社	2022 年 5 月
15	海洋生态损害补偿制度研究	沈满洪	人民出版社	2022 年 5 月
16	现代环境法总论	陈真亮	法律出版社	2022 年 6 月
17	中国沿海地区海洋产业结构演进及其增长效应	马仁锋	经济科学出版社	2022 年 9 月
18	全球海洋中心城市建设的地区实践与政策创新	谢慧明	经济科学出版社	2022 年 11 月
19	九龙山植物图说（单子叶植物卷）	徐跃良	浙江科学技术出版社	2022 年 12 月
20	汉唐海洋文献辑录	尚永琪	中国社会科学出版社	2023 年 3 月
21	丽水常见外来植物图鉴	李泽建	中国农业科学技术出版社	2023 年 8 月
22	海洋资源资产责任审计评价研究	俞雅乖	经济科学出版社	2023 年 9 月
23	推进完善陆海区域协调体制机制研究	马仁锋	经济科学出版社	2023 年 10 月

　　论文数量大幅度增长。表 5-2～表 5-8 为已统计收录的浙江省学者发表的相关学术论文详细情况。2023 年浙江省学者在生物多样性保护及其相关领域发表高质量论文共 31 篇，说明这一领域的研究成果有了大幅度增长。2000—2023 年，国内中文核心和 CSSCI 论文的发表数量呈先上升后下降又上升的趋势。2019—2023 年，SCI、SSCI 论文数从 12 篇增长到 24 篇，增长了 100%。从论文数量来看，SCI 和 SSCI 论文发表数量明显高于国内中文核心和 CSSCI 论文的发表数量，说明生物多样性保护领域国际学术界的关注度要明显高于国内关注度，高层次论文的数量增加，高水平的科研成果进一步提炼。

　　表 5-2 为 2000—2023 年度浙江省学者发表在中文核心期刊生物多样性保护实践相关领域的论文。2000—2023 年，从发文数量来看，浙江省学者在"生物多样性保护"领域发表中文核心期刊共 24 篇，其中发文量最多的为 2022 年、2004 年和 2005 年，均为 3 篇。从发文期刊来看，浙江省学者在《世界林业研究》发表"生物多样性保护"领域中文核心期刊论文的数量最多，共有 4 篇；第二为《生物多样性》，共有 3 篇；第三为《浙江农业学报》和《环境保护》，各为 2 篇。从发文年度来看，2017—2023 年浙江省学者在中文核心期刊保持每年发表 1～4 篇论文，说明在中文核心期刊方面浙江省学者在生物多样性保护领域的学术成果关注度有所增加。

表 5-2　2000—2023 年浙江省学者在中文核心期刊上发表的代表性文章

序号	题名	作者	单位	文献来源
1	钱江源国家公园木本植物物种多样性空间分布格局	陈声文	钱江源国家公园管理局	《生物多样性》
2	安吉县生物多样性保护优先区域森林生态系统服务价值核算	左石磊	浙江省测绘科学技术研究院	《测绘通报》
3	植物科学教育的典型问题探讨：以"植物盲"为例	翟俊卿	浙江大学教育学院	《科普研究》
4	中国植物分布模拟研究现状	刘晓彤	浙江师范大学化学与生命科学学院	《植物生态学报》
5	国际立法中的湿地恢复激励机制及启示	韩君芳	浙江农林大学法政学院	《世界林业研究》
6	Beta 多样性分解：方法、应用与展望	斯幸峰	浙江大学生命科学学院	《生物多样性》
7	基于生物生态因子分析的长序榆保护策略	高建国	浙江师范大学植物学实验室	《生态学报》
8	浅议生物多样性保护思维下的生态旅游	薛丹	浙江农林大学林业与生物技术学院	《北方园艺》
9	基于海洋渔业生存发展的生物多样性保护对策研究——以浙江省为例	彭欣	浙江省海洋水产养殖研究所	《浙江农业学报》
10	清凉峰自然保护区公益林生态效益评价指标体系研究	汪和木	浙江省庆元县实验林场	《安徽农业科学》
11	城市生物多样性及其保护途径	陈波	浙江理工大学建筑工程学院	《浙江农业学报》

序号	题名	作者	单位	文献来源
12	反思野生动物的有效保护	徐冬梅	浙江省平湖市乍浦镇农技站	《四川动物》
13	浙江森林生物多样性保护与可持续发展研究	高宇列	浙江大学管理学院	《林业经济问题》
14	试论城市生物多样性保育规划的规范	胡绍庆	杭州植物园	《浙江林学院学报》
15	从柏林的生境调查看城市生物多样性保护的策略	陈波	浙江大学园艺系	《世界林业研究》
16	生态学中关键种的研究综述	葛宝明	浙江师范大学生态研究所	《生态学杂志》
17	千岛湖生态保护与建设对景观格局的影响研究	丁立仲	浙江大学生命科学学院农业生态研究所	《生物多样性》
18	城市园林的生物多样性保护	祁素萍	浙江大学生命科学学院生态研究所	《世界林业研究》
19	浙江省生物多样性保护对策研究	谭湘萍	浙江省环境保护科学设计研究院	《环境污染与防治》
20	溪口国家森林公园生物多样性保护及建设问题的探讨	胡仲义	宁波大学职教学院	《林业资源管理》
21	中国的生物多样性保护与自然保护区	刘思慧	浙江大学生命科学学院	《世界林业研究》
22	几部保护生物的我国法律和国际公约简介	朱文清	浙江省绍兴县柯桥中学	《生物学教学》
23	浙江省城乡规划设计研究院在浙江省风景名胜区规划中的发展及实践	杨永康	浙江省城乡规划设计研究院园林一所	《中国园林》
24	浙江九龙山国家级自然保护区长序榆群落的结构特征及种间联结性分析	杜有新	华东药用植物园科研管理中心	《植物资源与环境学报》

表 5-3 为 2000—2023 年度浙江省学者发表在 CSSCI 期刊上生物多样性保护相关领域的论文清单。从发表期刊来看，浙江省学者共在全国 8 种 CSSCI 期刊上发表生物多样性保护领域的论文共有 15 篇，其中最多的是《环境保护》《自然资源学报》《中国土地科学》，各为 2 篇，《中国人口·资源与环境》《当代世界》《学术交流》《兰州学刊》《农村生态环境》《自然资源学报》《体育学刊》《甘肃政法大学学报》《学术探索》《城市规划》各有 1 篇。从浙江省学者在 CSSCI 期刊发表的论文数量来看，浙江省学者发表的 CSSCI 期刊在 2023 年发文量最多，为 7 篇，说明 CSSCI 各类期刊上浙江省学者在生物多样性保护领域的关注度在上升。

表 5-3　2000—2023 年浙江省学者在 CSSCI 期刊上发表的代表性文章

序号	题名	作者	单位	文献来源
1	处理流域环保共同事务的地方立法方案——赤水河三省"共同立法"引发的思考	徐祥民	浙江工商大学法学院	《中国人口·资源与环境》

序号	题名	作者	单位	文献来源
2	生物多样性主流化策略路径研究——以宁波市海曙区龙观乡生物多样性友好乡镇试点为例	虞伟	中国计量大学碳中和与绿色发展研究中心	《环境保护》
3	为推进人与自然和谐共生贡献浙江经验——浙江省生物多样性保护工作实践	郎文荣	浙江省生态环境厅	《环境保护》
4	中非合作新向度：保护非洲生物多样性	王珩	浙江师范大学非洲研究院	《当代世界》
5	生物多样性保护与知识产权制度之协调——以生物多样性公约为视角	赵瑾	浙江林学院人文学院法律系	《学术交流》
6	生物与遗传资源保护中社区知识权基本问题研究	赵瑾	浙江林学院人文学院	《兰州学刊》
7	农业生态系统中生物多样性的功能——兼论其保护途径与今后研究方向	陈欣	浙江大学农业生态研究所	《农村生态环境》
8	植物遗传资源保护与利用的市场化机制和国际制度	陆文聪	浙江大学管理学院农业经济管理系	《自然资源学报》
9	自然保护地委托代理机制与事权清单探索	吴佳雨	浙江大学园林研究所	《中国土地科学》
10	从局域到脱域：国家公园共同体理论思辨及其政策启示	张海霞	浙江工商大学旅游与城乡规划学院	《自然资源学报》
11	自然保护地开展户外运动的国际经验与中国路径：人地关系协调视角	周丽君	浙江大学教育学院体育学系	《体育学刊》
12	国内保护地役权研究评述：内涵阐释、作用机理与实践初探	罗姮	浙江大学公共管理学院	《中国土地科学》
13	自然保护地制度体系的历史演进、优化思路及治理转型	陈真亮	浙江农林大学生态文明研究院	《甘肃政法大学学报》
14	法典编纂背景下生态产品价值实现的制度体系优化研究	陈真亮	浙江农林大学生态文明研究院	《学术探索》
15	新形势下浙江省风景名胜区定位与发展——基于自然保护地体系构建下的研究	李鑫	浙江省城乡规划设计研究院遗产保护与国土绿化所	《城市规划》

表 5-4～表 5-8 为 2019—2023 年度浙江省学者发表在 SSCI 和 SCI 期刊上生物多样性保护相关领域的论文清单。从发表期刊来看，2023 年浙江省学者在 20 种 SSCI 和 SCI 期刊上发表生物多样性保护领域的论文共有 24 篇，其中发表最多的期刊是 *Ecological Indicators*，共 4 篇，其次为 *Science of the Total Environment*，共 2 篇。从浙江省学者在 SSCI 和 SCI 期刊上发表的论文来看，浙江省学者 2019 年发表的 SSCI 和 SCI 期刊论文有 12 篇，2022 年发表的 SSCI 和 SCI 期刊论文明显增多，为 17 篇；2019 年到 2023 年发表论文总量从 12 篇增加至 24 篇，增长了 100%，说明浙江省学者对这一领域的有关研究逐渐深化，成果不断展现，国际影响力增加。

表 5-4　2019 年浙江省学者在 SCI、SSCI 期刊上发表的文章

序号	题名	第一作者	期刊来源
1	Delineating urban growth boundaries with ecosystem service evaluation	Wei，Fang	*Sustainability*
2	Potential habitats for introducing an endangered plant parrotia subaequalis into urban green spaces	Lu，Yijun	*Ekoloji*
3	Organic regime promotes evenness of natural enemies and planthopper control in paddy fields	Yuan，Xin	*Environmental Entomology*
4	Urban green spaces as potential habitats for introducing a native endangered plant，Calycanthus chinensis	Pan，Kaixuan	*Urban Forestry & Urban Greening*
5	Forest fragmentation in China and its effect on biodiversity	Liu，Jiajia	*Biological Reviews*
6	Diversity and density patterns of large old trees in China	Liu，Jiajia	*Science of The Total Environment*
7	Decoupling species richness variation and spatial turnover in beta diversity across a fragmented landscape	Hu，Guang	*Peer J.*
8	Ecological illiteracy can deepen farmers' pesticide dependency	Wyckhuys，K. A. G.	*Environmental Research Letters*
9	Seeing-good-gene-based mate choice：From genes to behavioural preferences	Sun，Li	*Journal of Animal Ecology*
10	Responses of ecosystem services to urbanization-induced land use changes in ecologically sensitive suburban areas in Hangzhou，China	Yuan，Shaofeng	*International Journal of Environmental Research and Public Health*
11	Larger fragments have more late-successional species of woody plants than smaller fragments after 50 years of secondary succession	Liu，Jiajia	*Journal of Ecology*
12	High ecosystem stability of evergreen broadleaf forests under severe droughts	Huang，Kun	*Global Change Biology*

表 5-5　2020 年浙江省学者在 SCI、SSCI 期刊上发表的文章

序号	题名	第一作者	期刊来源
1	On the management of large-diameter trees in China's forests	Wu，Chuping	*Forests*
2	Diel and seasonal variation in fish communities in the Zhongjieshan marine island reef reserve	Liang，Jun	*Fisheries Research*
3	Prioritizing agricultural patches for reforestation to improve connectivity of habitat conservation areas：a guide to grain-to-green project	Ren，Zhouqiao	*Sustainability*
4	Relevance of the ecological traits of parasitoid wasps and nectariferous plants for conservation biological control：a hybrid meta-analysis	Zhu，Pingyang	*Pest Management Science*

序号	题名	第一作者	期刊来源
5	Quantifying ecological well-being loss under rural-urban land conversion：a study from choice experiments in China	Han，Manman	*Sustainability*
6	Do water quality，land use，or benthic diatoms drive macroinvertebrate functional feeding groups in a subtropical mountain stream？	Wang，Xingzhong	*Inland Waters*

表 5-6　2021 年浙江省学者在 SCI、SSCI 期刊上发表的文章

序号	题名	第一作者	期刊来源
1	Noncommercial forests need type- and age-differentiated conservation measures：A case study based on 600 plots in Zhejiang Province in eastern China	Sun，Jiejie	*Global Ecology and Conservation*
2	Dynamic change of composition and functions of flora adapting to rapid urbanization：a case study of Hangzhou，China	Yu，H. Г.	*Applied Ecology and Environmental Research*
3	Legislation advancement of one health in China in the context of the COVID-19 pandemic：from the perspective of the wild animal conservation law	Fang，Guirong	*One Health*
4	Disturbance effects on spatial autocorrelation in biodiversity：an overview and a call for study	Biswas，Shekhar R.	*Diversity-Basel*
5	Changing legislative thinking in China to better protect wild animals and human health	Fang，Guirong	*Conservation Biology*
6	Variations of the biodiversity and carbon functions of karst forests in two morphologically different sites in southwestern China	Liu，Libin	*Israel Journal of Ecology & Evolution*
7	weed community structure and characterization of machine-transplanted paddy fields in areas of rice-wheat rotation in Northern Zhejiang Province，China	Xu，W. D.	*Applied Ecology and Environmental Research*
8	Biodiversity dataset of vascular plants and birds in Chinese urban greenspace	Wang，Xin	*Ecological Research*
9	β diversity among ant communities on fragmented habitat islands：the roles of species trait，phylogeny and abundance	Zhao，Yuhao	*Ecography*
10	Functional traits change but species diversity is not influenced by edge effects in an urban forest of Eastern China	Jin，Chao	*Urban Forestry & Urban Greening*
11	The heterogeneous preferences for conservation and management in urban wetland parks：a case study from China	Jue，Yang	*Urban Forestry & Urban Greening*
12	Genetic diversity of Horsfieldia tetratepala（Myristicaceae），an endangered plant species with extremely small populations to China：implications for its conservation	Cai，Chaonan	*Plant Systematics and Evolution*

序号	题名	第一作者	期刊来源
13	Identification of green infrastructure networks based on ecosystem services in a rapidly urbanizing area	Ma, Qiwei	*Journal of Cleaner Production*
14	Retracted: assessment of genetic structure and diversity of erodium（geranaiceae）species（retracted article）	Lin, Lejing	*Genetika-Belgrade*
15	From surviving to thriving, the assembly processes of microbial communities in stone biodeterioration: a case study of the West Lake UNESCO World Heritage area in China	He, Jintao	*Science of the Total Environment*
16	Using culturomics and social media data to characterize wildlife consumption	Li, Juan	*Conservation Biology*
17	Constructing and optimizing ecological network at county and town scale: the case of Anji County, China	Nie, Wenbin	*Ecological Indicators*
18	Current and future plant invasions in protected areas: does clonality matter?	Wan, Ji-Zhong	*Diversity and Distributions*
19	Regional disparity in extinction risk: Comparison of disjunct plant genera between eastern Asia and eastern North America	Song, Houjuan	*Global Change Biology*
20	Environmental and socioeconomic correlates of extinction risk in endemic species	Pouteau, Robin	*Diversity and Distributions*
21	Large-scale homogenization of soil bacterial communities in response to agricultural practices in paddy fields, China	Wang, Hang	*Soil Biology & Biochemistry*
22	Unraveling the roles of various ecological factors in seedling recruitment to facilitate plant regeneration	Li, Yuan-Yuan	*Forest Ecology and Management*
23	Molecular analyses revealed three morphologically similar species of non-native apple snails and their patterns of distribution in freshwater wetlands of Hong Kong	Yang, Qian-Qian	*Diversity and Distributions*

表 5-7　2022 年浙江省学者在 SCI、SSCI 期刊上发表的文章

序号	题名	第一作者	期刊来源
1	Developing the agri-environment biodiversity index for the assessment of eco-friendly farming systems	Xu, Xi	*Ecological Indicators*
2	Biodiversity at disequilibrium: updating conservation strategies in cities	Wang, Rong	*Trends in Ecology & Evolution*
3	Temporal and spatial changes of biodiversity in Caverns of Heaven and Places of Blessing, Zhejiang Province, China from 1990 to 2020	Zhu, Yuanna	*Nature Conservation-Bulgaria*
4	Knowledge mapping analysis of the study of rural landscape ecosystem services	Wang, Yinyi	*Buildings*
5	Urban wetlands as a potential habitat for an endangered aquatic plant, Isoetes sinensis	Wang, Yue	*Global Ecology and Conservation*

序号	题名	第一作者	期刊来源
6	Revealing the spatiotemporal patterns of anthropogenic light at night within ecological conservation redline using series satellite nighttime imageries（2000-2020）	Jiang，Fangming	*Remote Sensing*
7	The complete mitochondrial genome of a vulnerable mandarin fish Coreoperca liui（Teleostei：Perciformes：Serranidae）from Qiandaohu Lake in China	Guan，Fangyuan	*Mitochondrial Dna Part B-Resources*
8	Functional trait responses of macrobenthic communities in seagrass microhabitats of a temperate lagoon	Hu，Chengye	*Marine Pollution Bulletin*
9	Plant and soil biodiversity is essential for supporting highly multifunctional forests during Mediterranean rewilding	Zhou，Guiyao	*Functional Ecology*
10	Predicting climate change impacts on the rare and endangered horsfieldia tetratepala in China	Cai，Chaonan	*Forests*
11	Optimizing the compensation standard of cultivated land protection based on ecosystem services in the Hangzhou Bay Area，China	Li，Hua	*Sustainability*
12	An innovative framework on spatial boundary optimization of multiple international designated land use	Gao，Hei	*Sustainability*
13	Shifting importance of abiotic versus biotic filtering from intact mature forests to post-clearcut secondary forests	Ouyang，Junkang	*Forests*
14	Wild apples are not that wild：conservation status and potential threats of malus sieversii in the mountains of Central Asia Biodiversity hotspot	Tian，Zhongping	*Diversity-Basel*
15	Phylogenomic，morphological，and niche differentiation analyses unveil species delimitation and evolutionary history of endangered maples in Acer series Campestria（Sapindaceae）	Fan，Xiaokai	*Journal of Systematics And Evolution*
16	Community assembly of forest vegetation along compound habitat gradients across different climatic regions in China	Yao，Liangjin	*Forests*
17	Sloss-based inferences in a fragmented landscape depend on fragment area and species-area slope	Liu，Jinliang	*Journal of Biogeography*

表 5-8　2023 年浙江省学者在 SCI、SSCI 期刊上发表的文章

序号	题名	第一作者	期刊来源
1	Plant functional composition as an effective surrogate for biodiversity conservation	Wan，Jizhong	*Basic and Applied Ecology*
2	Characterizing bird species for achieving the win-wins of conserving biodiversity and enhancing regulating ecosystem services in urban green spaces	Liu，Xiangxu	*Urban Forestry & Urban Greening*
3	Spatiotemporal variations and correlation factors of species habitat appropriateness in China from a satellite-based perspective	Wang，Yanyu	*Ecological Indicators*
4	Relocating built-up land for biodiversity conservation in an uncertain future	Yue，Wenze	*Journal of Environmental Management*
5	Constructing urban ecological corridors to reflect local species diversity and conservation objectives	Chen，Running	*Science of the Total Environment*
6	One-third of cropland within protected areas could be retired in China for inferior sustainability and effects	Yang，Runjia	*Science of the Total Environment*
7	Adjusting the protected areas on the Tibetan Plateau under changing climate	Hu，Xiaofei	*Global Ecology and Conservation*
8	Spatiotemporal patterns of urban expansion and trade-offs and synergies among ecosystem services in urban agglomerations of China	Tian，Peng	*Ecological Indicators*
9	Characterization and phylogenetic analysis of the complete mitochondrial genome of white-spotted Bamboo Shark（Chiloscyllium plagiosum）	Lu，Dingfang	*Thalassas*
10	Organic fertilization drives shifts in microbiome complexity and keystone taxa increase the resistance of microbial mediated functions to biodiversity loss	Luo，Jipeng	*Biology and Fertility of Soils*
11	Environmental filtering and dispersal limitations driving the beta diversity patterns at different scales of secondary evergreen broadleaved forests in the suburbs of Hangzhou	Yao，Liangjin	*Plants-Basel*
12	Species boundaries and conservation implications of Cinnamomum japonicum，an endangered plant in China	Lin，Han-Yang	*Journal of Systematics and Evolution*
13	Predicting the potential suitable distribution area of Emeia pseudosauteri in Zhejiang Province based on the MaxEnt model	Li，Sheng	*Scientific Reports*
14	Climate and fragment area jointly affect the annual dynamics of seedlings in different functional groups in the Thousand Island Lake	Zhong，Yuping	*Frontiers in Plant Science*
15	The interactive effects of soil fertility and tree mycorrhizal association explain spatial variation of diversity-biomass relationships in a subtropical forest	Ma，Jianhui	*Journal of Ecology*

序号	题名	第一作者	期刊来源
16	Construction and optimization of an ecological network in the comprehensive land consolidation project of a small rural town in Southeast China	Su，Mengyuan	*Sustainability*
17	Damming-associated landscape change benefits a wind-dispersed pioneer plant species	Ji，Hang	*New Forests*
18	Uncovering scale effects on spatial patterns and interactions of multiple cropland ecosystem services	Cao，Yu	*Environment Development and Sustainability*
19	Evaluation of urban wetland landscapes based on a comprehensive model-a comparative study of three urban wetlands in Hangzhou，China	Wang，Yue	*Environmental Research Communications*
20	Impact of wetland change on ecosystem services in different urbanization stages：a case study in the Hang-Jia-Hu region，China	Zhang，Xiaomian	*Ecological Indicators*
21	Seeing trees from drones：the role of leaf phenology transition in mapping species distribution in species-rich montane forests	Jiang，Meichen	*Forests*
22	Tree diversity and arbuscular mycorrhizal trees increase soil carbon sequestration and stability in 1-m soils as regulated by microbial CAZymes-coworking in high-latitude Northern Hemisphere forests	Zhang，Xiting	*Catena*
23	Hand pollination under shade trees triples cocoa yield in Brazil's agroforests	Toledo-Hernandez，Manuel	*Agriculture Ecosystems & Environment*
24	Potential distribution of two economic laver species-Neoporphyra haitanensis and Neopyropia yezoensis under climate change based on MaxEnt prediction and phylogeographic profiling	Zhou，Wenyuan	*Ecological Indicators*

（二）研究成果的层次分析

通过对 2000—2023 年中文核心期刊和 CSSCI 论文发表研究机构进行对比分析发现，浙江学者在生物多样性保护领域内集中为环境科学与资源利用研究，2000—2023 年累计发表 17 篇论文；排名第二的层次为生物学研究，发表中文核心期刊和 CSSCI 论文共计 15 篇；排名第三的层次为林业研究，共发表 5 篇；其余在行政法及地方法制、农业经济研究等层次，发表论文均在 3 篇，数量相对较少。说明浙江学者在生物多样性保护这一领域内的研究注重现实、学科多样性，以目的为导向，期望为现实问题提供可行之策。

（三）研究成果的主题分析

生物多样性是 2000—2023 年度浙江省学者关注的研究热点。通过检索不同关键词领域的论文数量的变化，可以表征研究热点的发展与变化，同时也可大致反映这一领域生物多样性保护政策实践的需求变化。对 2000—2023 年浙江省学者在生物多样性保护领域所发表中文期刊以及 CSSCI 期刊收录论文进行关键词搜索，并将论文主题进行整理，发现主题以"生物多样性"居多，共 10 篇；其次是"自然保护地"，共 8 篇。这说明学者认识到不仅要做到保护生物多样性，还要注重人与自然的和谐相处，共同构建一个和谐共生、繁荣发展的美好家园。与国内略有不同的是，2023 年浙江省学者发表在 SCI 和 SSCI 期刊的论文总量为 24 篇，与 2019 年相比增长 50%，增长速度较快，但国内发表论文的数量却很平缓，一直保持在 1～3 篇的发文量。这表明，一方面学术界对生物多样性保护的研究兴趣呈现了"国际热，国内温"的状态；另一方面也说明浙江省学者在生物多样性保护领域的研究成果的国际影响力进一步提升。

（四）研究成果的机构分析

对 2000—2023 年中文核心期刊和 CSSCI 论文发表研究机构进行对比分析发现，高校是浙江省生物多样性保护领域内的主要研究力量，社会力量如研究所、企业、事业单位等均有所参与，但参与程度不足。浙江大学在生物多样性保护领域发表论文最多，2000—2023 年累计发表 11 篇论文。排名第二的是浙江农林大学，累计发表 5 篇论文。其余省内高校对"生物多样性保护"领域也有所研究，均有 1～2 篇研究论文发表；个别研究所、企业、事业单位在浙江省"生物多样性保护"领域有 1 篇研究论文发表。

二、研究成果的主要特征

2023 年，浙江省生物多样性保护领域的研究工作持续推进，整体呈现出稳步发展的良好态势。研究成果的质量、研究领域的广度和深度以及研究对相关学科的支撑与影响力等方面都在不断提升。

（一）研究成果质量逐步提升

生物多样性保护一直是生态文明建设中的一个重要议题，浙江省在这一领域的研究成果质量也逐步提升。从 2000—2023 年的统计数据来看，2023 年已经成为生物多样性主题发文量最高的一年。2017—2023 年，浙江省学者在中文核心期刊上每年均保持了 1～4 篇论文的发表量，并且每年保持 2～5 种专著的出版，生物多样性领域学术成果稳步增长，展现了浙江省学者在生物多样性保护领域的科研实力，也表明浙江省研究成果逐渐在学术界得到认可。2019—2023 年，SCI、SSCI 论文发文量相比之前增长了 50%，达到 24 篇。其中，就期刊种类而言，2019 年发表的 SSCI 和 SCI 期刊有 12 种，2023 年发表的 SSCI 和 SCI 期刊种类明显增多，增长了 75%。这些进展表明浙江省学者在生物多样性保护领域的研究质量和学术影响力持续增强，为促进区域生态系统保护、物种多样性维护以及生态平衡的提供了坚实的支撑。这些成果也进一步推动了生态文明建设，为全球生物多样性保护贡献了宝贵的经验和科学支持，标志着浙江省在国际生态保护领域的重要地位。

（二）研究成果领域不断丰富

在 2023 年浙江学者的研究中，生态保护依然是关注的核心。研究领域逐渐从单一的物种保护扩展到综合性的生态系统服务和环境保护问题。专著《丽水常见外来植物图鉴》《九龙山植物图说》展示了对具体植物种类的深入研究，全球海洋中心城市建设的地区实践与政策创新海洋资源资产责任审计评价研究等则拓展到了区域性立法、政策创新和生态损害补偿等更广泛的议题。研究方向涉及生物多样性主流化策略、区域性立法实践、国际合作及知识产权等领域。这些主题均体现了生物多样性保护的多维度和系统性。浙江省生物多样性研究强调了人与自然的和谐共生，探索了如何通过生物多样性友好型乡镇试点以及国际合作来推动全球生物多样性保护工作。在研究成果中，"生物多样性""人与自然""环境保护"等仍然是主要关键词。随着"生物多样性"研究的深入，更多的机构将投入到这一领域的研究之中。

作为习近平生态文明思想重要萌发地，浙江省始终坚持生态优先、绿色发展，从绿色浙江、生态浙江到美丽浙江，生物多样性科学与生物多样性保护实践的结合不断深化。不仅研究成果领域的显著丰富，而且在生态文明建设的国家战略框架下，浙江省的生物多样性研究已经覆盖了从物种保护到生态系统服务的多个方面。在生物多样性保护研究领域，学者们不断持续推进理论创新和实践探索，还积极推动体制机制改革，以应对生物多样性保护领域的新挑战。例如，应对浙江省林区生态破坏问题时，面对"集体林地占比高、林区生产活动强度大"的压力，浙江省学者提议浙江省在推进钱江源国家公园建设过程中率先开展集体林地地役权改革，以改善野生物种的栖息环境。通过总结试点经验和研究在浙江省实施的可行性，浙江学者们提出了一系列针对性的建议和政策，以期为生物多样性保护领域的发展提供更加有效的支持。

从 2021 年下半年开始，浙江省关于生物多样性保护的研究逐渐向多个方向丰富扩展，除了生物多样性空间分布、生态服务价值核算及保护措施的实际效果等评估与优化，研究还延伸至自然保护地和海洋生物多样性保护等领域。这一趋势反映了对生物多样性保护工作实际效果和长期影响的深入关注，逐渐形成了新的研究热点。研究者不仅在探索有效的保护策略和方法，也在思考如何通过综合措施促进生物多样性的可持续保护。这些研究成果为政策制定和实践改进提供了宝贵的参考，推动生物多样性保护领域的发展。

（三）研究成果支撑学科持续拓展

生物多样性领域的研究成果支撑学科不断拓展，到 2023 年为止，浙江省关于生物多样性研究成果涵盖了从地方性保护措施到国际合作、从理论研究到实践应用的广泛内容，为学科的持续拓展提供了坚实支撑。

在与生物多样性保护相关的政策领域，以及与生态发展、自然保护相关的环境保护领域等跨学科领域，浙江省学者的研究成果越来越多，学科成果也大量涌现。2023 年浙江省的研究成果不仅关注生物多样性的基本保护问题，还深入探索了如流域环保共同事务的地方立法、生态补偿机制、生物多样性友好乡镇的试点等方面。例如，浙江工商大学徐祥民等所撰写的《处理流域环保共同事务的地方立法方案》[①]一文针对云贵川三省为赤水河保护开展的所谓"共同立法"问题提出了批判性思考；中国计量大学碳中和与绿色发展研究中心虞伟和浙江大学生命科学学院杜园园等所撰写的《生物多样性主流化策略路径研究——以宁波市海曙区龙观乡生物多样性友好乡镇试点为例》[②]在推动生物多样性主流化方面提供了深刻的思考和实用的策略，展示了在乡镇层面可以采取的综合性措施。在国际视角方面，浙江大学环境与资源学院谷保静等（第三作者）学者所撰写的《从世界看中国：落实联合国可持续发展目标的成效、差距和展望》[③]从多个层面探讨了中国在全球可持续发展中的角色与挑战，提出了在评估、合作、优先序等方面的建议，海洋生态系统和陆地生态系统的可持续性是中国在可持续发展中面临的一个突出短板。这些成果展示了浙江省学者在全球范围内的研究贡献。同时，对于植物遗传资源保护与利用市场化机制、农业生态系统中的生物多样性功能等领域的研究，也为推动相关学科的发展提供了新的视角和方法。浙江省的研究还注重将生物多样性保护融入具体实践中，如《钱江源国家公园木本植物物种多样性空间分布格局的研究》[④]、《安吉县生物多样性保护优先区域森林生态系统服务价值的核算》[⑤]等，都为生物多样性保护的实际操作提供了数据支持和理论依据。这些多样化的研究成果不仅丰富了生物多样性保护的理论体系，也为实际政策的制定与实施提供了坚实的支持，推动了生物多样性保护学科的不断拓展与深化。

（四）研究领域的影响力逐步上升

全球环境问题的日益严峻，生物多样性保护领域逐渐引起了国际国内各界研究学者的重视。科研成果的影响力往往与其质量相关，高质量的研究成果往往能够给学术界和相关领域带来深远的影响。自 2020 年以来，浙江省学者在"生物多样性保护"领域的研究成果数量不断增加，在自然保护地、海洋生物多样性以及生态系统服务等重点方向上，在保持国内核心期刊上稳定发文量的同时，国际顶级期刊上的论文发表数量也显著增长。尤其在 2023 年，浙江省学者被 SCI 和 SSCI 收录的生物多样性相关论文数量增长了 50% 以上，

---

① 徐祥民，高雅. 处理流域环保共同事务的地方立法方案[J]. 中国人口·资源与环境，2023，33（10）：73-84.

② 虞伟，杜园园，张燕. 生物多样性主流化策略路径研究——以宁波市海曙区龙观乡生物多样性友好乡镇试点为例[J]. 环境保护，2023，51（14）：59-64.

③ 金书秦，张玖弘，谷保静. 从世界看中国：落实联合国可持续发展目标的成效、差距和展望[J]. 中国人口·资源与环境，2023，33（12）：1-10.

④ 陈声文，任海保，童光蓉，等. 钱江源国家公园木本植物物种多样性空间分布格局[J]. 生物多样性，2023，31（7）：5-17.

⑤ 左石磊，金姗姗，顾晓沁. 安吉县生物多样性保护优先区域森林生态系统服务价值核算[J]. 测绘通报，2022（1）：139-144.

可见浙江省的研究在国际学术界得到了越来越多的关注和认可。随着浙江省内各学者以及研究机构与国内外知名机构开展合作交流、共同研究，随着浙江省内的高校、研究院所和企业等研究机构不断加强与国内外知名机构的合作，浙江大学、浙江师范大学、浙江农林大学等重点高校继续在这一领域发挥主导作用，同时社会力量如研究院所、企业事业单位等的参与也在逐渐增加，虽然参与程度仍有待提升。这种多方面的合作和参与不仅扩大了研究网络，也提升了浙江省在生物多样性保护领域的整体影响力。可见浙江省生物多样性保护研究正在引起更广泛的学术和社会关注，研究领域的影响力正在逐步上升。

三、研究成果的主要问题

相对于浙江省科研项目在"生物多样性保护"领域已取得的研究成果，该领域在研究成果方面也存在一些有待提高之处，主要体现在研究力量年龄断层显现、高辨识度成果有待培育、成果全国影响力有待提升、跨单位研究合作有待加强等四个方面。

（一）研究力量年龄断层显现

从学者所属机构角度出发，取得一定研究成果的学者主要来源于浙江省高等院校或科研院所。其中浙江大学、浙江农林大学、浙江师范大学等高校在 2023 年浙江省生物多样性保护的研究中贡献了大部分的研究成果，由此可见研究团队主要集中于上述大型学术机构。2000—2023 年浙江省区域内中文核心期刊与 CSSCI 中浙江大学与浙江农林大学发表的文章共 17 篇，是浙江省生物多样性保护的主要研究力量。从学者年龄角度出发，浙江省生物多样性保护的研究成果主要由浙江大学于明坚教授、丁平教授及浙江农林大学沈满洪教授、孔凡斌教授等年龄较长的教授贡献。浙江省区域内中文核心期刊与 CSSCI 中由年龄较长的教授发表的文章占比较高。年龄较长的研究学者有着丰富的实地调查经验、深厚的专业理论功底，以及对自然生态的无限热爱与敬畏之心，权威性更强。例如，浙江农林大学沈满洪教授，在 2023 年发表《生态科技创新的双重外部性及矫正机制研究》[1]等多篇论文，出版《2021 浙江生态文明发展报告——碳达峰碳中和在行动》[2]等有关书籍，在人民网、《中国经济时报》、《中国环境报》、潮新闻等主流媒体发表关于生物多样性保护的主题言论。而年轻研究学者的研究成果数量相对较少，研究力量年龄断层的现象出现，年龄结构存在不合理化。而保持科研领域合理科学的年龄结构，对于打造能够持续创新的科研力量具有长远意义。生物多样性保护领域年轻学者贡献的研究成果较少，长此以往研究力量会趋向于形成年龄断层化。年龄断层不仅削弱了保护工作的连续性和稳定性，更对生物多样性保护的整体成效构成了潜在威胁。老一辈研究者积累的宝贵经验和专业知识难以得

---

① 吴应龙，沈满洪，王迪. 生态科技创新的双重外部性及矫正机制研究[J]. 浙江社会科学，2023（1）：15-27，156-157.
② 沈满洪，陈真亮，钱志权，等. 2021 浙江生态文明发展报告——碳达峰碳中和在行动[M]. 北京：中国环境出版集团，2023.

到充分的传承与发展。他们在长期的实践中摸索出的研究方法、监测技术和保护策略，是保护生物多样性不可或缺的财富，年轻研究学者的不足会使这些经验和知识可能面临失传的风险，导致保护工作在方法和策略上难以创新和进步。由此可见，在研究力量方面，浙江省在生物多样性保护的研究力量年龄断层显现。

（二）高辨识度成果有待培育

自 2021 年 10 月，中共中央办公厅、国务院办公厅印发《关于进一步加强生物多样性保护的意见》①，并发出通知要求各地区各部门结合实际认真贯彻落实后，浙江省内各研究学者及单位对其给予了高度关注。"生物多样性影响""生物多样性公约""生物多样性研究""生物多样性现状""生物多样性减少""生物多样性丧失"成为 2022 年浙江省内学者的研究焦点。从 2021 年下半年开始，"生物多样性""生态环境""多样性研究""保护生物多样性"等方向的研究课题数量逐步增多；2023 年，"生物多样性""生物多样性保护""物种多样性"等方向的研究逐步增多，在总体上属于研究热点方向。2024 年 1 月，经国务院批准，生态环境部发布《中国生物多样性保护战略与行动计划（2023—2030 年）》，明确中国新时期生物多样性保护战略、优先领域和优先行动，为各部门、各地区推进生物多样性保护工作提供指引，生物多样性保护将持续成为研究热点。从 SCI 和 SSCI 相关论文发表的数量变化可大概看出该领域研究的国际水平，就浙江省"生物多样性保护"领域已经发表的论文和研究成果而言，虽然有一部分论文研究成果较为显著，但总体而言，浙江省生物多样性保护的研究成果区域性较强、差异度不高。与国内中文核心和 CCSCI 期刊论文数量相比虽然论文数量较多，但其研究成果没有充分围绕生物多样性保护的建设与优化、以高标准将"十四五"规划以来富有时代特色、地域内核、浙江特点的生物多样性保护体现出来，高辨识度的研究成果数量较少。由此可见，浙江省生物多样性保护相关研究成果的辨识度还有所不足，高辨识度或标志性成果还有待培育。

（三）成果全国影响力有待提升

由于国际国内呼声越发高涨，生物多样性保护得到各界研究学者的重视，浙江省学者对于"生物多样性保护"领域的研究成果数量不断增加。在大数据信息时代环境下，随着数字出版的流行、开放获取的普及，学术交流和知识创新等诸多方面深受影响，各研究成果的影响力发挥更具复杂性、多样性和动态性。影响力是科研成果质量的重要体现之一，科研成果的影响力与学术质量和创新度相关，但又具有较大差异，科研领域的研究需要较长的时间周期，而生物多样性保护成为 2023 年浙江省内学者研究焦点的时间相对较短。就浙江省生物多样性保护的研究成果而言，2009—2023 年浙江省学者发表的代表性专著中国农业科学技术出版社共出版 5 部，经济科学出版社共出版了 4 部，海洋出版社与中国林

---

① 中共中央办公厅、国务院办公厅印发《关于进一步加强生物多样性保护的意见》[EB/OL].（2021-10-19）[2024-07-21]. https://www.gov.cn/zhengce/2021/10/19/content_5643674.htm.

业出版社分别各出版了 3 部。虽然有像浙江大学、浙江农林大学、浙江师范大学等高等院校和科研院所在一年时间贡献了大部分的研究成果，让浙江省生物多样性保护的研究取得了一定的发展。但是从整体角度出发，2023 年浙江省内生物多样性保护的研究成果呈现出区域性较强、创新度有限的特征，其在全国范围内的影响力仍有待进一步提升。例如，李泽建博士与丽水市生物多样性保护与资源创新研究团队相继完成的《浙江天目山蝴蝶图鉴》[①]、《百山祖国家公园蝴蝶图鉴（第Ⅰ卷）》[②]、《华东地区常见蝴蝶野外识别手册》[③]三部书籍仅能为大中专高校院所本科野外昆虫学实习提供详细参考，全国影响力度弱。首先，浙江省在生物多样性监测、评估与保护技术方面取得了显著进展，形成了多套具有自主知识产权的技术体系。然而，这些成果在全国的推广应用仍面临诸多挑战，如信息不对称、技术门槛高等，导致其在全国范围内的影响力有限。其次，浙江省在生物多样性保护政策与管理方面积累了丰富经验，探索出了一系列符合当地实际的保护模式和管理机制。然而，这些政策和管理模式在全国范围内的示范效应尚未充分发挥，需要更多渠道和平台来展示其成效和经验，以激发其他地区的学习借鉴热情。此外，浙江省在生物多样性保护方面的科研力量和创新能力也处于全国前列，但科研成果的转化和应用效率仍有待提高。与社会需求相比，浙江省内生物多样性保护的研究成果发挥的社会影响力与全国顶尖的水平相比仍有一定差距，整体影响力有待进一步提升。由此可见，浙江省对于生物多样性保护研究成果的多样性还需要进一步提高，辐射力度仍需进一步增强，成果全国影响力待提升。

（四）跨单位研究合作有待加强

一个高效的、富有创新性与全国影响力的研究成果的产出离不开各高等院校与科研院所之间的沟通交流、合作研究，否则很难产生重大突破，也很难高效率、高质量、高水平地完成科学领域的研究任务。2023 年，随着浙江省众研究学者对生物多样性保护领域研究的关注与不断推进，虽然浙江省生物多样性保护的研究成果数量在不断增加，但是综观各研究成果，首先，研究成果发表单位单一。2023 年浙江省区域内 CSSCI 和浙江大学一级期刊论文中大部分文章是由同单位研究院所或机构的研究学者完成，且 2023 年浙江省高等院校之间、科研院所之间、高等院校与科研院所之间的学者联合研究取得的生物多样性保护研究成果占比较低。跨单位合作研究比例并无明显增加，说明跨单位间的合作研究并未得到改善提高。其次，缺乏明确的跨单位合作案例报道。在浙江省生物多样性保护相关报道和研究中，虽然可以看到多个单位参与了保护工作，但关于它们之间如何具体合作、合作成果如何等详细信息较少，尽管有跨单位合作的实践，但其在公众视野中的展示和宣传不足。不同的高等院校或科研院所具有各自的特色和优势，跨单位科研合作研究能够相互借鉴和融合，从而发现新的研究视角和解决方案，更好地实现资源共享，有利于不同思

① 李泽建，赵明水，刘萌萌，等. 浙江天目山蝴蝶图鉴[M]. 北京：中国农业科学技术出版社，2019.
② 李泽建，刘玲娟，刘萌萌，等. 百山祖国家公园蝴蝶图鉴（第Ⅰ卷）[M]. 北京：中国农业科学技术出版社，2020.
③ 刘萌萌，李泽建，马方舟，等. 华东地区常见蝴蝶野外识别手册[M]. 北京：中国农业科学技术出版社，2022.

想和观点的碰撞并促进学科间的交叉与融合。以重大科研任务为共同目标的集聚在同一平台上的跨院校、跨单位的团队研究能够更好地发挥科研合作的集体效应，通过合作，可以汇聚不同单位的优势资源，形成合力，共同攻克生物多样性保护中的难题，更好地提高研究效率、实现研究创新、拥有更广泛的认可和应用前景。2023 年浙江省区域内发表的 SCI和 SSCI 论文仍以同单位研究院所或机构的研究学者完成为主，高等院校之间、科研院所之间、高等院校与科研院所之间的学者联合研究取得的生物多样性保护研究成果占比较低。由此可见，浙江省在生物多样性保护的研究中各科研院所与高等院校之间跨单位合作研究力度较低，跨单位合作研究有待进一步加强。

四、研究成果的综合述评

综上所述，浙江省生物多样性领域的研究成果已有相当发展，不仅成果数量和质量兼具发展、研究主题和领域不断丰富拓展、参与机构多元化，而且在理念内涵、实现路径等领域取得重要突破，为全国生物多样性建设和发展提供了浙江经验。即便浙江省现有研究成果已有所建树，但仍存有研究主力军年龄断层、成果影响力有限和跨机构合作有待加强等不足。对现阶段浙江省生物多样性研究成果的具体特征评述如下。

（一）成果特色

1. 成果数量和质量齐头并进

浙江省生物多样性的研究成果相较于 2019 年在数量和质量上都取得了一定发展。在专著方面，2009—2023 年浙江省学者在生物多样性保护及其相关领域出版高质量专著共 22 种，其中 2018—2023 年保持高增长，每年出版 2～5 种专著。在论文方面，从数量上看，2023 年浙江省学者在该领域的高质量论文数量较 2019 年增长至 28 篇，增长率达 75%以上，SCI 和 SSCI 论文从 12 篇增长到 24 篇，增长速度为 100%，表明了浙江省关于生物多样性的研究成果数量获得了大幅增长。从质量上看，2019—2022 年，浙江省学者的成果分别发表在《自然资源学报》《中国人口·资源与环境》《环境保护》等质量水平较高的期刊。相较于之前，虽然浙江省 2023 年在中文核心期刊的发文数量有所上升，但在 SCI 和 SSCI 论文发表的数量明显高于国内中文核心和 CSSCI 论文发表的数量，说明浙江省学者在生物多样性领域的研究目光已不仅局限于国内，而且将浙江经验和浙江方案推向国外学术界，结合国外学者的优秀建议持续提升浙江生物多样性研究成果的水平和质量。

2. 成果主题和领域不断丰富

针对生物多样性领域的相关研究，浙江省学者在研究主题和研究领域上都得到了进一步拓展和丰富。在研究主题上，相较于之前"生物多样性保护与恢复"的单一物种保护扩展到"生物多样性与生态系统功能""生物多样性的可持续利用"等综合性的生态系统服务和环境保护问题，说明该领域的研究主题朝着更加多元且深化的方向发展。在研究领域上，2023 年，浙江省学者在"区域性立法""体制机制改革""生态服务价值核算""自然保护地和海洋生物多样性保护"等多个领域展开研究，研究成果内容不断深入，研究成果领域不断丰富。

3．研究参与机构呈现多元化

浙江省在生物多样性领域研究的参与机构呈现出以高校为主力军，社会各界力量积极助力的参与机构多元化趋势。在期刊成果发表作者的所属单位中，高校仍是浙江省生态产品价值实现领域的主要研究力量，其中浙江大学 2000—2023 年累计发表 14 篇论文，排名第一，浙江农林大学和浙江师范大学累计发表 5 篇论文，排名第二，浙江师范大学累计发表 4 篇，排名第三，其他省内高校对于生态产品价值实现领域的研究成果也有所贡献，各个高校均有 1 篇左右研究成果。在社会层面的研究力量中，政府、研究院所、企业和事业单位也为推进浙江省生态产品价值实现领域的研究贡献自身力量，均有 1~2 篇研究成果发表，但社会各界研究力量相较于高校虽已有不同程度的参与，但整体还是表现出参与度严重不足。

（二）主要突破

1．生物多样性保护新发现

生物多样性保护至关重要，关乎生态平衡、气候调节、食物安全、药物来源及人类福祉[①]。保护生物多样性就是保护地球生命体系，维护人类社会的长远发展[②]，更是推进我国生态文明建设的重要一环。浙江学者基于原有理论成果在实践探索中进一步攻克存在生物多样性保护领域中的关键技术，例如，浙江大学通过胚胎培养技术成功培养出百山祖冷杉幼苗，显著提高了出苗率，为濒危物种的保护提供了新途径。浙江学者在生物多样性监测技术方面也取得显著进步，如使用红外相机进行动态监测、建立生物多样性调查评估体系等，为生物多样性的长期监测和科学研究提供了重要数据支持。此外，浙江学者在生物多样性保护方面采取多种措施，包括建立和完善自然保护地体系、实施生态修复工程、强化生物多样性就地保护以及开展生态系统保护与修复等。例如，钱江源国家公园体制试点区通过创新地役权改革，实现了生物多样性的完整保护。

2．生物多样性可持续利用新探索

浙江省通过积极探索，探讨如何在保护生物多样性的同时实现其可持续利用，包括生物多样性资源的开发、利用和管理策略，为全国生态文明建设提供浙江方案和经验。例如，磐安县开展生物多样性友好城市试点建设，通过政府、企业、社会等多方参与，整合各类资源，形成合力，共同推进生物多样性友好城市建设，带动了中药材等特色产业的发展，

---

① 联合国. 为什么生物多样性至关重要[EB/OL]．（2022-09-15）[2024-12-04]. https://www.un.org/zh/climatechange/science/climate-issues/biodiversity.

② 孙金龙，黄润秋. 加强生物多样性保护　共建地球生命共同体[EB/OL]．（2021-11-01）[2024-07-21]. http://www.qstheory.cn/dukan/qs/2021-11/01/c_1128014482.htm.

中药材种植面积增加 0.74 万亩,中药类生产企业达到 249 家,中药材交易市场年交易额突破 50 亿元,有效带动了农民增收致富[①]。磐安县生物多样性友好城市建设的成效和经验在联合国生物多样性公约第 15 次缔约方大会、美丽中国建设交流会等平台展示,引起了国内外的广泛关注和认可。其成功经验和做法为其他地区提供了可借鉴的样本和模式,对推动全国乃至全球的生物多样性保护工作具有重要意义。

3．生物多样性未来展望

浙江省作为生态文明建设的重要区域,面临着生物多样性保护与发展的双重挑战。在未来对生物多样性研究有以下几方面的思考。首先,生态系统修复与恢复是主要方向。随着城市化进程的加快,生态环境遭受了不同程度的破坏,需加强对受损生态系统的修复与恢复研究,探索合适的生态恢复技术与材料,如再植生物、土壤改良等,以促进生态功能的恢复。其次,生物多样性与气候变化的关系需深入研究。气候变化对生物多样性的影响越来越明显,未来研究应集中于气候变化如何影响物种分布、迁徙模式及生态系统稳定性。最后,基因组学与生物技术的应用潜力巨大。随着基因组学的发展,可利用基因组信息来探讨物种的遗传多样性和适应性,为生物保护提供科学依据[②]。未来,基因编辑技术、合成生物学等生物技术也将给生物多样性保护带来新的机遇与挑战。

（三）存在的不足

1．研究力量年龄青黄不接

从 2000—2023 年生物多样性领域的浙江省学者年龄构成来看,现有研究力量的年龄断层较为明显。浙江省生态产品价值实现的研究成果主要由于明坚、丁平、沈满洪和孔凡斌等各个高校年龄较长的学者、教授所贡献。浙江省区域内 CSSCI 和浙江大学一级期刊论文中由年龄较长的教授发表的文章占比高,而年轻学者的成果贡献十分有限。究其原因,一是生物多样性研究是一个高度专业化的领域,需要长期的知识积累和实践经验,人才培养往往需要多年甚至十几年的教育和科研训练,这可能导致年轻学者在成长过程中面临较长的等待期;二是年长学者本身所拥有的资源倾斜和研究团队相较于年轻学者都有着较为明显的优势;三是虽然近年来国家和地方政府对生物多样性研究给予了越来越多的关注和支持,但在具体政策落实上可能还存在一些不足,对年轻学者的激励政策不够完善。因此,浙江省生物多样性领域研究力量的年龄构成青黄不接导致现阶段处于以年长学者为主力、年轻学者不足的尴尬处境。

2．区域研究高地尚未形成

生物多样性领域由于当下国内政策的驱使而越来越得到各省各界学者的重视,浙江省学者近些年虽然聚焦于生物多样性领域的研究,并且获得了相当的研究成果,但仍未形成

---

① 中国环境保护协会. 磐安建成浙江首个生物多样性友好城市试点[EB/OL]. （2024-05-15）[2024-07-21]. http://zhb. org. cn/hbzx/ news_2/2024-05-15/19441. html.

② 刘山林,邱娜,张纾意,等. 基因组学技术在生物多样性保护研究中的应用[J]. 生物多样性,2022,30（10）:334-354.

该领域的区域研究高地。一是浙江省生物多样性领域的高辨识度成果还需要进一步培养，主要表现在浙江省在该领域的研究成果虽然具有显著的区域特征，但与其他省会研究成果相比内容差异性并不明显。二是浙江省学者在该领域的研究成果在全国范围影响力有限，科研成果的转化和应用是体现科研价值的重要途径。然而，浙江在生物多样性研究成果的转化和应用方面可能还存在机制不健全的问题，导致许多研究成果无法及时转化为现实生产力或社会效益，进而影响浙江省相关研究成果在全国公共决策领域的权威性和辐射力。因此，浙江省距离成为生物多样性领域的区域研究高地仍具有一定的差距。

3. 跨学科领域合作度较低

随着浙江省生态产品价值实现机制的实践深入，在浙江省学者中也引起了越来越多的关注，但现有研究成果的研究作者多数是来自同一机构或同一学科，研究成果跨学科、跨单位和跨领域合作的程度不高。究其原因，一是不同学科的学者在研究方法、研究重点、理论框架等方面存在差异，这种差异可能导致在跨学科合作中难以达成共识，从而影响合作的深度和广度。二是合作机制不完善以及合作平台缺失，当前没有形成有效的跨学科合作机制，如合作项目的立项、管理、评估等环节的制度设计不够完善，难以激发学者的合作热情和积极性；同时，跨学科合作需要相应的平台支持，如科研共享平台、学术交流平台等，然而，目前缺乏这样的平台或平台的功能不够完善，限制了学者之间的交流和合作。因此，浙江省生物多样性的研究成果仍是以各个科研院所及高等院校同单位、同学科和同领域合作为主，跨学科、跨领域研究合作力度还需强化。

第六章

浙江省生物多样性保护研究成果的社会影响

科研成果的社会影响主要体现在省部级以上科研成果、研究成果批示采纳、研究成果的宣传推广等方面。本章选取浙江省学者 2023 年生物多样性领域的省部级及以上科研成果，包括研究成果获奖、批示采纳、研究成果的宣传推广等方面进行比较分析。通过对这些研究成果的社会影响力统计分析，凝练浙江省生物多样性领域的相关研究成果的发展水平及发展趋势，总结出以下特征：随着生物多样性研究的逐年增热，浙江省在生物多样性领域科研成果走在全国前列，研究成果彰显区域特色、支撑政府决策、赋能生态保护，但也存在研究成果有待系统集成、成果转化亟须靶向精准、研究成果国际影响有待提升等问题。

一、研究成果的社会影响分析

随着经济社会的不断发展，科学研究成果的社会影响越来越受到关注，科学研究成果不仅是学术界的重要成果，而且对社会的发展和进步产生着重要的影响。生物多样性的研究成果对于推动生态文明建设和可持续发展具有重要的意义。通过对研究成果的社会影响进行分析，可以更好地了解生物多样性在实际应用中的效果和影响，为进一步完善和推广这项机制提供科学依据。同时，研究成果的社会影响分析也有助于引导公众更好地理解和支持生态系统的多样性，促进生态文明建设和可持续发展的进程。因此，对于生物多样性研究成果的社会影响进行深入分析和评估，具有非常重要的现实意义和长远价值。

（一）研究成果获奖情况

表 6-1 为 2021—2023 年浙江省生物多样性领域研究成果获奖情况，可以发现，2023 年浙江省在生物多样性领域 30 项研究成果获得了省部级及以上科研成果奖。其中沈月琴等的《浙江省生态振兴促进农民农村共同富裕的实现路径研究》获得浙江省第二十二届哲学

社会科学优秀成果应用对策研究与科普优秀成果奖二等奖；张海霞等的《中国自然保护地的生态旅游特许经营机制研究》获得浙江省第二十二届哲学社会科学优秀成果应用对策研究与科普优秀成果奖二等奖；沈满洪等的《海洋生态损害补偿制度研究：以中国东海为例》获得浙江省第二十二届哲学社会科学优秀成果理论基础研究优秀成果奖一等奖；陈衍泰等的《海外创新生态系统的组织合法性动态获取研究——以"一带一路"海外园区领军企业为例》获得浙江省第二十二届哲学社会科学优秀成果理论基础研究优秀成果奖一等奖；赵洪等的《漩门湾湿地生物多样性监测评价与水鸟栖息地修复技术》获得第二十三届浙江省"科技兴林奖"科技创新类二等奖；龚笑飞等的《遂昌野生动物多样性调查评价及保护利用技术》获得第二十三届浙江省"科技兴林奖"科技创新类三等奖。优秀自然保护地规划设计奖一等奖 4 项、二等奖 8 项、三等奖 12 项[①]。相较于 2021 年浙江省在生物多样性领域研究成果获奖情况，2023 年度明显增多。2021 年，浙江省在生物多样性领域研究成果获得浙江省第二十届哲学社会科学优秀成果应用对策研究与科普优秀成果奖三等奖 1 项，基础理论研究优秀成果奖二等奖 1 项，青年奖 1 项。总体而言，该领域的研究成果获得省部级及以上奖项较多，未来具有较大的提升潜力。

表 6-1　2021—2023 年浙江省生物多样性领域研究成果获奖情况

年度	成果名称	形式	奖项	作者	工作单位
2021	珊溪库区水源地农业资源多尺度生态评价及保护对策研究	研究报告	浙江省第二十届哲学社会科学优秀成果应用对策研究与科普优秀成果奖三等奖	刘益曦、胡春、朱圣潮	温州科技职业学院
2021	国土空间生态修复：概念思辨与理论认知	论文	浙江省第二十一届哲学社会科学优秀成果基础理论研究优秀成果奖二等奖	曹宇、王嘉怡、李国煜	浙江大学
2021	围填海工程的社会经济与生态影响评价	著作	浙江省第二十一届哲学社会科学优秀成果奖青年奖	马仁锋、李加林、王益澄	宁波大学
2023	浙江省生态振兴促进农民农村共同富裕的实现路径研究	研究报告	浙江省第二十二届哲学社会科学优秀成果应用对策研究与科普优秀成果奖二等奖	沈月琴、朱臻、朱哲毅、宁可、谢芳婷等	浙江农林大学
2023	中国自然保护地的生态旅游特许经营机制研究	研究报告	浙江省第二十二届哲学社会科学优秀成果应用对策研究与科普优秀成果奖二等奖	张海霞、王爱华、张玉钧、张旭亮	浙江工商大学
2023	海洋生态损害补偿制度研究：以中国东海为例	著作	浙江省第二十二届哲学社会科学优秀成果理论基础研究优秀成果奖一等奖	沈满洪、胡求光、李加林等	浙江农林大学
2023	海外创新生态系统的组织合法性动态获取研究——以"一带一路"海外园区领军企业为例	论文	浙江省第二十二届哲学社会科学优秀成果理论基础研究优秀成果奖一等奖	陈衍泰、厉婧、程聪、戎珂	浙江工商大学

① 数据来源：浙江省林业局（http://lyj.zj.gov.cn/art/2024/4/7/art_1275954_59069521.html）。

年度	成果名称	形式	奖项	作者	工作单位
2023	漩门湾湿地生物多样性监测评价与水鸟栖息地修复技术	技术	第二十三届浙江省"科技兴林奖"科技创新类二等奖	赵洪，房瑶瑶等	浙江省林业科学研究院等
2023	遂昌野生动物多样性调查评价及保护利用技术	技术	第二十三届浙江省"科技兴林奖"科技创新类三等奖	龚笑飞等	丽水学院等
2023	浙江竹乡国家森林公园总体规划（2022—2030 年）	发展规划	2023 年度浙江省优秀自然保护地规划设计奖一等奖	陶一舟、王小德等	浙江农林大学园林设计院有限公司
2023	浙江仙居括苍山省级自然保护区综合科学考察报告	研究报告	2023 年度浙江省优秀自然保护地规划设计奖一等奖	浙江省森林资源监测中心 陈锋、顾婧婧等	陈锋、顾婧婧等
2023	百山祖国家公园绿色发展和特许经营专项规划（2021—2030 年）	发展规划	2023 年度浙江省优秀自然保护地规划设计奖一等奖	国家林业和草原局华东调查规划院	徐鹏、刘道平等
2023	滨海-玉苍山风景名胜区总体规划（2021—2035 年）	发展规划	2023 年度浙江省优秀自然保护地规划设计奖一等奖	浙江省城乡规划设计研究院	李鑫、赵鹏等
2023	浙江绍兴会稽山国家森林公园总体规划（2020—2030 年）	发展规划	2023 年度浙江省优秀自然保护地规划设计奖二等奖	浙江省森林资源监测中心（浙江省林业调查规划设计院）	陈军、张淮南等
2023	建德富春江国家森林公园总体规划（2021—2030 年）	发展规划	2023 年度浙江省优秀自然保护地规划设计奖二等奖	浙江省森林资源监测中心（浙江省林业调查规划设计院）	魏云龙、王依纯等
2023	玉环国家级海洋公园总体规划（2022—2035 年）	发展规划	2023 年度浙江省优秀自然保护地规划设计奖二等奖	自然资源部第二海洋研究所	于淼、莫微等
2023	川气东送二线天然气管道工程穿越富春江-新安江国家级风景名胜区、浣江-五泄国家级风景名胜区选址论证报告	研究报告	2023 年度浙江省优秀自然保护地规划设计奖二等奖	国家林业和草原局华东调查规划院、浙江华东林业工程咨询设计有限公司	初映雪、赵林丽等
2023	城市近郊风景名胜区与国土空间规划用途管制衔接方法研究	研究报告	2023 年度浙江省优秀自然保护地规划设计奖二等奖	浙江省国土空间规划研究院	王铮忺、许艾文等
2023	富春江-新安江风景名胜区中心湖景区红叶湾片区详细规划	发展规划	2023 年度浙江省优秀自然保护地规划设计奖二等奖	浙江农林大学园林设计院有限公司	江晓薇、翟帅等
2023	诸暨五泄国家森林公园总体规划（2023—2032 年）	发展规划	2023 年度浙江省优秀自然保护地规划设计奖二等奖	浙江农林大学园林设计院有限公司	江晓薇、马艺婧等

年度	成果名称	形式	奖项	作者	工作单位
2023	屏南镇共富发展五年规划	发展规划	2023年度浙江省优秀自然保护地规划设计奖二等奖	钱江源-百山祖国家公园龙泉保护中心	余英、叶飞等
2023	浙江丽水白云国家森林公园总体规划（2021—2030年）	发展规划	2023年度浙江省优秀自然保护地规划设计奖三等奖	丽水白云山生态林场	陈武、叶和军等
2023	景宁望东垟高山湿地省级自然保护区湿地修复设计方案	发展规划	2023年度浙江省优秀自然保护地规划设计奖三等奖	中国林业科学研究院亚热带林业研究所	张龙、陈丽花等
2023	松阳水网-松古平原水系综合治理工程对浙江松阳松阴溪省级湿地公园生态影响评估报告	研究报告	2023年度浙江省优秀自然保护地规划设计奖三等奖	浙江省林业勘测规划设计有限公司	李敏、梁立成等
2023	钱江源-白山祖国家公园生态补偿标准研究	研究报告	2023年度浙江省优秀自然保护地规划设计奖三等奖	浙江省森林资源监测中心（浙江省林业调查规划设计院）	姚鸿文、李佐晖等
2023	丽水市自然保护地发展规划（2021—2025）	发展规划	2023年度浙江省优秀自然保护地规划设计奖三等奖	浙江省森林资源监测中心（浙江省林业调查规划设计院）	许澄、朱敏等
2023	黄岩上堂山省级森林公园总体规划（2022—2031）	发展规划	2023年度浙江省优秀自然保护地规划设计奖三等奖	国家林业和草原局华东调查规划院	卢佶、孙永涛等
2023	浙江玉环漩门湾国家湿地公园总体规划（修编）（2022—2026年）	发展规划	2023年度浙江省优秀自然保护地规划设计奖三等奖	国家林业和草原局华东调查规划院、台州市自然资源和规划局、玉环市自然资源和规划局	吴迎霞、汪秀媛等
2023	百山祖国家公园庆元片区主入口社区规划	发展规划	2023年度浙江省优秀自然保护地规划设计奖三等奖	浙江省城乡规划设计研究院	詹敏、张浩为等
2023	天台山寒岩明岩景区游路系统建设项目工程设计	工程设计	2023年度浙江省优秀自然保护地规划设计奖三等奖	浙江省城乡规划设计研究院	孙霖、胡越等
2023	富春江-新安江风景名胜区严东关景区详细规划（2021—2025年）	发展规划	2023年度浙江省优秀自然保护地规划设计奖三等奖	浙江省城乡规划设计研究院	张赛、吴文骁等
2023	雪窦山风景名胜区雪窦山景区详细规划（修改）（2021—2030）	发展规划	2023年度浙江省优秀自然保护地规划设计奖三等奖	深圳市新城市规划建筑设计股份有限公司浙江分公司	杨永康、陈作挺等
2023	浙江九龙山国家级自然保护区镇村融合发展规划	发展规划	2023年度浙江省优秀自然保护地规划设计奖三等奖	浙江九龙山国家级自然保护区管理中心	范誉宏、廖建伟等

（二）研究成果批示采纳情况

表 6-2 为 2023 年浙江省生物多样性领域研究成果批示情况，可以发现，2023 年度浙江省生物多样性研究成果多次获得省委、省政府领导及相关领导的批示，共获各项批示 25 件。

表 6-2　2023 年浙江省生物多样性领域研究成果批示情况

成果名称	作者	所属单位	批示领导
人与自然和谐共生的现代化与杭州实践	商文芳、蔡峻	杭州国际城市学研究中心	正部级和省级党委、政府主要领导
浙江安吉推进全域"两山"转化的创新举措及启示建议	吴伟光	浙江农林大学	副省级领导
关于持续提升我省生态系统碳汇能力的对策建议	沈月琴、宁可	浙江农林大学	正部级和省级党委、政府主要领导
关于持续提升我省生态系统碳汇能力的对策建议	沈月琴、宁可	浙江农林大学	副省级领导
推进快递包装回收产业绿色循环发展助力碳中和的对策建议	徐达、王成军	浙江农林大学	副省级领导
"循迹溯源学思想"系列研究之十六　余村：人与自然和谐共生现代化的标杆	郭江江	浙江省委党校	副省级领导
略	仇保兴、王俊豪	中国城市科学研究会，浙江财经大学	正国级领导
优化创新生态体系，加速国际科创中心建设	仇保兴、王俊豪	中国城市科学研究会，浙江财经大学	正部级和省级党委、政府主要领导
关于建设高效生态农业强省的对策建议	李健、钱志权	浙江农林大学	副省级领导
略	姜双林	浙江农林大学	副国级领导
深化"两山"合作社实践探索　促进生态产品价值实现	袁顺波	浙江省社会科学院	副省级领导
略	孟欣然、唐明良	浙江省社会科学院	副国级领导
关于高效生态农业的理论溯源及加快高效生态农业强省建设的若干建议	潘伟光、谢芳婷、沈月琴	浙江农林大学	正部级和省级党委、政府主要领导
积极构建新时代生态文明话语体系	章一超	浙江农林大学	副省级领导
关于高质量推进淳安特别生态功能区建设的对策建议	沈满洪、李玉文	浙江农林大学	副省级领导
关于加快发展甘肃省生态产业的建议	浙江农林大学生态文明研究院	浙江农林大学	正部级和省级党委、政府主要领导
甘肃省生态产品价值实现促进条例（草案专家建议稿）	陈真亮、沈满洪	浙江农林大学	正部级和省级党委、政府主要领导
关于建设高效生态农业强省的对策建议	李健、钱志权	浙江农林大学	副省级领导

成果名称	作者	所属单位	批示领导
关于西畴县创建国家生态文明建设示范区的建议	沈满洪	浙江农林大学	正部级和省级党委、政府主要领导
市场机制推进甘肃省矿山生态修复的问题与对策	顾光同、沈满洪	浙江农林大学	正部级和省级党委、政府主要领导
构建高水平运河文旅生态圈，推进我省运河文旅高质量发展的五点建议	易开刚	浙江工商大学	副省级领导
创新·改革·开放"十八问策论研究"之五营造全程创新生态打造高水平创新型省份	王立军、郭江江	浙江省委党校	副省级领导
关于高效生态农业的理论溯源及加快高效生态农业强省建设的若干建议	张旭亮	浙江大学	正部级和省级党委、政府主要领导
新时代生态文明建设中国应引领解决的难题和方向	孟东军	浙江大学	国务院发展研究中心
关于推进中国生物多样性保护立法的建议	邵桦、于逢春	浙江师范大学	民盟中央

从研究成果的所属单位来看，浙江农林大学获批示的研究成果 14 件，浙江大学，浙江省委党校，中国城市科学研究会、浙江财经大学，浙江省社会科学院获批示的研究成果各 2 件，浙江工商大学、浙江师范大学和杭州国际城市学研究中心获批研究成果各 1 件。

从批示领导来看，有 5 件被中央领导批示。有 9 件被正部级和省级党委政府主要领导批示。例如，沈月琴、宁可的关于持续提升我省生态系统碳汇能力的对策建议被浙江省委书记批示；沈满洪的关于西畴县创建国家生态文明建设示范区的建议获正部级和省级党委政府主要领导批示；商文芳、蔡峻的人与自然和谐共生的现代化与杭州实践获正部级和省级党委政府主要领导批示；仇保兴、王俊豪的优化创新生态体系，加速国际科创中心建设获正部级和省级党委政府主要领导批示；章一超的积极构建新时代生态文明话语体系获副省级领导批示。有 11 件被副省级领导批示。例如，吴伟光的浙江安吉推进全域"两山"转化的创新举措及启示建议获副省级领导批示；王立军、郭江江的创新·改革·开放"十八问策论研究"之五　营造全程创新生态打造高水平创新型省份获副省级领导批示。2023 年生物多样性研究成果获批示情况突出特点是被中央领导和省委领导批示情况的多样性，从侧面反映了浙江省生物多样性研究领域的成功，形成了可推广、可复制的经验和模式。

表 6-3 为 2018—2022 年浙江省生物多样性领域研究成果批示情况。可以发现，2022 年度浙江省在生物多样性领域研究成果多次获得省委、省政府领导及相关领导的批示，共获各项批示 9 件。从研究成果的所属单位来看，浙江农林大学、丽水学院获批示的研究成果各占 3 件，浙江大学、浙江省商务厅、浙江省发展规划研究院获批示的研究成果各占 1 件。从研究成果的内容来看，内容越来越丰富。从"两山银行"到"生态补偿"再到"数字化"。生物多样性领域涉及的内容越来越广泛。总体上，浙江省在生物多样性领域研究成果获批

示数量是较多的。

表 6-3　2018—2022 年浙江省生物多样性领域研究成果批示情况

成果名称	作者	所属单位	批示领导
2018 年			
完善"一带一路"生态环境合作机制着力建设五大体系	孟东军	区域协调发展研究中心	国务院发展研究中心
完善新安江流域跨界生态补偿机制的对策建议	沈满洪	浙江农林大学	副省级领导
加强新时代农村基层党建　保障乡村振兴战略实施	孟东军	浙江大学	国务院发展研究中心
坚持"五个海陆统筹"，系统治理东海海域陆源污染	胡求光	宁波大学	省级党委、政府主要领导
长三角区域间环境污染转移问题的成因及解决对策	谢小瑶	宁波大学	省级党委、政府主要领导
完善新安江流域跨界生态补偿机制的对策建议	沈满洪	浙江农林大学	副省级领导
略	斜晓东	浙江大学	正国级领导
2019 年			
关于构建杭州湾海域生态预警机制的建议	胡求光	宁波大学	正部级和省级党委、政府主要领导
打造"两山"银行构建高水平生态产品价值实现机制——美国"湿地银行"和福建南平"生态银行"的启示	浙江省发展规划研究院	浙江省发展规划研究院	副省级领导
乡村振兴下的乡村垃圾分类对策建议	斜晓东	浙江大学	副省级领导
借力大数据，助力环境监管	斜晓东	浙江大学	副省级领导
以高效生态农业为先导　强化新型职业农民培育	周洁红	浙江大学	副省级领导
如何建设"无废城市"？	徐林	浙江大学	正部级和省级党委、政府主要领导
丽水乡村绿色发展的几点经验	董雪兵	浙江大学	被国家部委出台政策法规时应用采纳
固体废物污染环境防治法修订研究报告	斜晓东	浙江大学	被国家部委出台政策法规时应用采纳
仙居绿色发展探索县域生态文明建设模式与治理经验	咨政要报	浙江大学	被国家部委出台政策法规时编发
2020 年			
生态文明视角下提高城市免疫力的若干建议	浙江省发展规划研究院	浙江省发展规划研究院	省级领导
加快发展绿色产业，打造"绿水青山就是金山银山"理念转化升级版	董雪兵、周谷平	浙江大学	省级领导

成果名称	作者	所属单位	批示领导
关于打造新时代"绿水青山就是金山银山"转化	金陈飞	浙江工业大学	省级领导
推进长三角生态绿色一体化发展示范区建设的建议	浙江省发展规划研究院	浙江省发展规划研究院	副省级领导
建立健全我国生态文化体系的思路与对策	孟东军	浙江大学	时任生态环境部部长黄润秋
全球疫情下更应深化生态文明建设	孟东军	浙江大学	被国家部委出台政策法规时编发
关于创新引领黄河流域生态保护和高质量发展的建议	任晓猛、董雪兵	浙江大学	被省级党委、政府应用采纳
2021 年			
建设宁杭生态经济带合作试验示范区的建议	朱文晶	浙江大学	省级领导
完善钱塘江源头区域生态保护修复体化补偿机制的政策建议	沈月琴、朱臻、宁可	浙江农林大学	省级领导
加快生态修复打造"三江绿楔"对策建议研究	孟东军	区域协调发展研究中心	副省级领导
进一步完善杭州市生态文明制度的对策建议	沈满洪、程永毅、杨永亮等	浙江农林大学	省级领导
第四轮新安江流域生态补偿问题策解	谢慧明、沈满洪、曾东城	浙江大学、宁波大学、浙江农林大学	省级领导
进一步深化"绿水青山就是金山银山"理念研究的对策建议	沈满洪	浙江农林大学	省级领导
以数字化改革推动生态产品价值实现的逻辑与路径	刘渊、李旋	浙江大学	省级党委、政府主要领导
丽水农民收入增幅"十二连冠"的经验与启示	周宏芸	丽水学院	副省级领导
完善生态产品价值实现机制以高质量绿色发展助力共同富裕	袁顺波	浙江省社会科学院	正部级和省级党委、政府主要领导
常山县"两山银行"调研报告	浙江省发展规划研究院	浙江省发展规划研究院	副省级领导
建议对长江经济带全面开展 GEP 核算	崔淑芬	丽水学院	被国家部委出台政策法规时应用采纳
"两山"转化的丽水探索——浙江省丽水市生态产品价值实现机制研究	朱显岳	丽水学院	被国家部委出台政策法规时应用采纳
绿色"一带一路"建设重大问题及对策建议	孟东军、敖晶	浙江大学	被国家部委出台政策法规时应用采纳
云南西双版纳州原始森林遭受破坏的严重威胁及对策建议	谢贵平	浙江大学	被国家部委出台政策法规时应用采纳
澜沧江下游区域生态安全面临的挑战及对策建议	谢贵平	浙江大学	被国家部委出台政策法规时应用采纳
关于出席美国气候峰会开拓新时代生态外交新空间的建议	孟东军	浙江大学	被省级党委、政府应用采纳

成果名称	作者	所属单位	批示领导
关于提升我国城市湿地生态碳汇能力加快实现碳中和目标的对策建议	孟东军	浙江大学	被省级党委、政府应用采纳
新形势下"一带一路"绿色发展面临的严峻挑战及对策建议	谢贵平	浙江大学	被国家部委出台政策法规时应用采纳
当前我国甲烷减排存在的突出问题及建议举措	张旭亮	浙江大学	被国家部委出台政策法规时应用采纳
2022 年			
推动林业碳汇交易机制，完善生态转移支付	崔淑芬	丽水学院	正部级和省级党委、政府主要领导
加快数字化智能化建设构建城市生态大脑拓展"两山"转化通道	孟东军	浙江大学	副省级领导
"两山银行"助力生态资源高效转化　推进共同富裕的浙江实践及启示	肖文等	浙江省商务厅	副省级领导
培育和发展生态旅游产品，打造"诗画浙江"国际生态旅游目的地对策建议	李健、钱志权	浙江农林大学	副省级领导
健全我省生态补偿机制的对策建议	刘琼、沈满洪、钱志权	浙江农林大学	副省级领导
关于差异化推进山区生态产品价值分类实现机制的建议	沈月琴、朱臻、尹国俊	浙江农林大学	副省级领导
健全生态保护补偿机制分好生态和经济"蛋糕"助力共同富裕	郑启伟	浙江省发展规划研究院	副省级领导
推动林业碳汇交易机制，完善生态转移支付	崔淑芬	丽水学院	正部级和省级党委、政府主要领导
完善双碳数据模块，拓宽生态产品价值实现路径	崔淑芬	丽水学院	被省级职能部门应用采纳

2018 年浙江省在生物多样性领域研究成果获批示数量为 7 件，2019 年为 9 件，2020 年为 7 件，2021 年为 19 件。2021 年的 19 件批示数量相对于 2019 年的 9 件，是其 2 倍，是 2020 年的 2.7 倍。一方面体现了浙江省生物多样性领域的研究受到省委、省政府等相关领导的重视程度越来越高，另一方面反映研究成果的产出数量及其质量水平也有较大的提升。

（三）研究成果宣传推广情况

研究成果的宣传推广对于实现成果本身的社会效应，促进研究人员、研究单位的影响力提升具有重要作用。2023 年度浙江省生物多样性领域研究成果宣传推广力度较大。通过梳理发现，2023 年度生物多样性领域研究成果宣传推广主要集中在《光明日报》《浙江日报》等官方报纸杂志上。2022 年，浙江省具有较大影响力的生物多样性领域研究成果宣传推广 8 篇，其中电视台节目采访 2 篇，报纸杂志 6 篇。2021 年，浙江省具有较大影响力的生物多样性领域研究成果宣传推广 5 篇，其中电视台节目采访 1 篇，报纸杂志 4 篇。2020 年，浙江省具有较大影响力的生物多样性领域研究成果宣传推广 8 篇，其中公众号媒体 4 篇，报纸杂志 4 篇（图 6-1）。

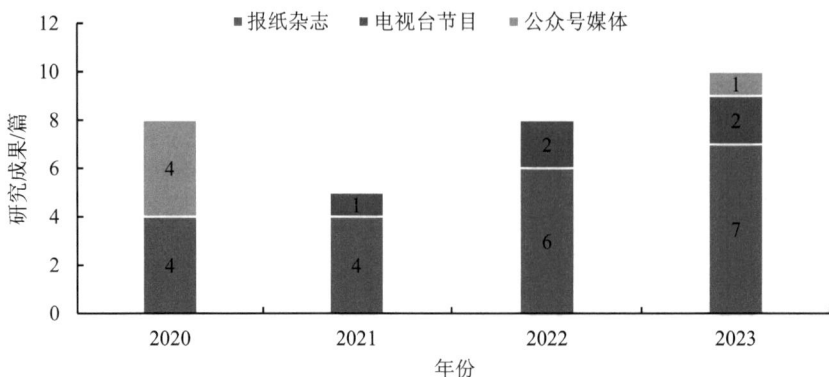

图 6-1　2020—2023 年浙江省生物多样性领域研究成果宣传推广

从时间序列上看，2023 年浙江省在生物多样性领域研究成果宣传推广的力度远大于以往年份。同时，从类型上看，依旧以报纸杂志和电视台节目的宣传推广为主。可见，对于生物多样性领域的宣传推广越来越受到重视，反映该领域作出的成绩逐年增加，生物多样性研究的重要性越发突出。

二、研究成果社会影响的特征

浙江省生物多样性保护的研究成果在社会中产生了深远影响，其突出了生物多样性保护在可持续发展中的重要性，强调了生态环境与经济增长之间的协同关系。这些研究成果所产生的社会影响作为一个多维度的过程，其特征不仅在地方特色的凸显方面呈现出独到之处，同时具备为政府决策提供科学支持以及为生态保护赋能的重要能力。除了协助浙江省实现生物多样性保护方面的作用，还推动了绿色发展的进程。在保护生物多样性的同时，浙江省注重生态资源的可持续利用，积极发展绿色产业和生态经济。通过生态修复、生态农业、生态旅游等多种方式，实现了生态效益和经济效益的"双赢"。这种发展模式为其他地区提供了可复制、可推广的经验，推动了全国绿色发展的步伐。

（一）研究成果彰显浙江特色

浙江省 2023 年生物多样性保护领域研究成果彰显了浙江特色，部分研究成果聚焦于浙江省的实际情况，具有浙江独特的地域特色和发展理念。2023 年获得省委、省政府等领导批示的研究成果中聚焦本省的研究成果具有较高的占比。研究成果将生物多样性保护与经济发展相结合，积极探索了在保护生物多样性的前提下，创造经济和生态的双赢局面，通过发展绿色产业、生态旅游等方式，实现了生物多样性的有效保护和当地经济的可持续发展。这种双赢模式为其他地区提供了可借鉴的经验和示范。浙江的生态系统理念也在研究中得到了深刻体现。例如，对西溪湿地、千岛湖等典型生态系统的深入研究，不仅揭示了这些生态系统的结构和功能，还探索了人类活动对生态系统的影响及保护对策。这些研究为浙江乃至全国的生态保护和恢复提供了科学依据。

2022 年，浙江省委办公厅、省政府办公厅发布了《关于进一步加强生物多样性保护的实施意见》（浙委办发〔2022〕23 号），2023 年印发了《浙江省生物多样性保护战略与行动计划（2023—2035 年）》（以下简称计划）。该计划是全国范围内在 COP15 第二阶段会议达成《昆蒙框架》后，出台的首个省级计划。该计划作为浙江生态多样性保护的纲领性文件，不仅体现了浙江在生物多样性保护方面的坚定决心和实际行动，还展示了浙江在保护体系构建、遗传资源保护、创新实践等方面的显著成效和特色。随着新版本的发布，浙江将继续在生物多样性保护领域走在全国前列，为全球生物多样性保护贡献浙江力量。

浙江省生物多样性保护研究成果的取得，是浙江在生态保护领域不懈努力和创新的结果，也是浙江特色在生物多样性保护领域的生动体现。未来，浙江将继续秉持绿色发展理念，加强生物多样性保护研究和实践，为构建人与自然和谐共生的美好家园贡献更多浙江智慧和力量。

（二）研究成果支撑政府决策

浙江省生物多样性保护的研究成果在很大程度上支持了政府决策。2023 年，《浙江省生物多样性保护战略与行动计划（2023—2035 年）》的出台充分强调生物多样性保护的重要性和价值，明确了生物多样性保护的目标、任务和行动方案。这一文件的出台，是研究成果转化为政策决策的具体体现。2023 年，浙江省生物多样性保护领域的研究受到了浙江省委、省政府领导以及相关领导的高度重视，浙江省生物多样性保护的研究成果层出不穷，政府根据研究成果，启动了多项生物多样性保护项目，如珍稀濒危野生动植物抢救保护行动、生态修复工程等。这些项目的实施，有效提升了浙江的生物多样性保护水平。政府还建立了生物多样性评估体系，定期对生物多样性保护工作进行效果评估，评估结果将作为政府调整和完善保护政策的重要依据，确保生物多样性保护工作的持续改进和优化。

浙江省生物多样性研究成果还直接支持了生态修复和自然保护地建设。通过生物多样性调查，发现了需要重点保护的生态系统和物种，从而有针对性地开展生态修复工程，提升生态系统的稳定性和恢复力。同时，研究还揭示了保护地的重要性和潜在价值，为新建、续建及提升自然保护地提供了科学依据。在珍稀濒危物种保护方面也取得了显著成果，这些成果同样为政府决策提供了重要支撑。针对一些濒危物种，浙江省开展了系统的保护和研究工作，包括种群监测、栖息地恢复、人工繁育等，有效缓解了物种濒危的程度。这些工作不仅保护了生物多样性，还为未来可能的物种复壮和回归自然打下了坚实的基础。

浙江省生物多样性保护研究成果中对浙江省生物多样性的分析和探讨，生物多样性保护与绿色发展之间的内在联系，为政府制定绿色发展政策提供了科学依据。政府可以根据这些科学依据，制定更具针对性的政策和措施，为浙江省生物多样性保护事业的持续发展提供了有力保障。

（三）研究成果赋能生态保护

浙江省生物多样性保护领域的研究成果有力赋能生态保护。现阶段我国生物多样性保护面临生物多样性丧失趋势未遏制、保护目标偏移、保护投入不平衡、跨境保护网络建设不足、生物多样性监测与数据共享不足等问题尚未得到有效解决。针对这些问题，需要采取更加科学、合理和有效的措施来加强生物多样性保护工作。研究成果的科学依据有助于为浙江省自然保护地的选址、规划和管理提供科学依据。浙江建立了多个自然保护区和国家公园，如钱江源国家公园体制试点区，这些保护地对于维护区域生物多样性、保障生态安全具有重要意义。基于生物多样性研究成果，浙江实施了多项生态修复工程，旨在恢复受损生态系统的结构和功能。这些工程包括湿地恢复、森林抚育、野生动植物栖息地修复等，有效提升了生态系统的稳定性和生物多样性水平。

生物多样性保护的实践探索稳步推进，为有效破解绿水青山转化为金山银山的瓶颈制约，健全完善现有机制，加快探索更加有效、更显浙江特色的新机制奠定了基础。研究成果中所涵盖的对政府政策、法规标准等方面的深入分析，为政府制定生物多样性保护政策提供了重要依据。浙江将生物多样性保护纳入经济社会发展全局，通过立法、规划、财政投入等手段，推动生物多样性主流化进程。浙江积极推动绿色发展理念，倡导低碳、循环、可持续的生产生活方式，促进了经济社会与生态环境的协调发展。

自 2020 年起，浙江省开展了重点区域生物多样性调查评估工作，覆盖了舟山、丽水等 29 个区域，通过设置调查网格、样线和样方，布设红外相机等多种方式，共发现生物物种 12 935 种，为生态保护提供了翔实的数据基础。在调查过程中，浙江发现了包括百山祖角蟾、浙江尧花等在内的 105 种新物种，进一步丰富了生物多样性"家底"，为生态保护提供了新的保护对象和研究方向。浙江省政府高度重视生物多样性保护，制定了一系列政策措施，如《浙江高质量发展建设共同富裕示范区实施方案（2021—2025 年）》中明确提出要加强珍稀濒危物种抢救保护和外来物种入侵治理。浙江生物多样性保护的研究成果通过科学调查与评估、保护体系建设、科技创新与应用、政策引导与制度保障以及生态修复与可持续发展等多方面的努力，有效赋能了生态保护工作，为构建人与自然和谐共生的美好家园作出了积极贡献。

三、研究成果社会影响的主要问题

党的十八大以来，在习近平生态文明思想的指引下，浙江省生态文明建设深入推进，生态产品有效供给持续增加，围绕建立健全生物多样性保护的顶层制度设计逐步强化，为建立健全生物多样性保护指明了工作方向。作为全国首个共同富裕示范区，浙江省生物多样性保护领域研究成果整体上处于研究方向较为分散、集成度较低的现状，涉及的保护生物多样性、注重生态资源的可持续利用、积极发展绿色产业和生态经济等多方面发展有待系统集成。

（一）研究成果有待形成体系

浙江省作为中国经济发展的前沿省份，在生物多样性保护方面取得了显著成就。从《浙江省八大水系和近岸海域生态修复与生物多样性保护行动方案（2021—2025 年）》《浙江省生物多样性保护战略与行动计划（2011—2030 年）》到《浙江省生物多样性保护战略与行动计划（2023—2035 年）》的发布，浙江省不仅展示了其在生物多样性保护领域的决心和努力，也为全球生物多样性保护提供了宝贵经验。然而，尽管已有一系列政策和行动计划的实施，浙江省生物多样性保护的研究成果仍有待形成体系。

一是浙江省生物多样性保护研究需要进一步系统化。虽然已经开展了生物多样性参照系、生物多样性友好指数、生物多样性保护对策[1][2]等研究，但这些研究多是零散的，缺乏统一的研究框架和标准。例如，现有的研究主要集中在特定区域或特定类型的生物保护[3]，而对于如何整合不同地区、不同生物类别的保护策略，以及如何实现跨区域生物多样性保护的有效协同等方面，尚需深入研究。

二是浙江省生物多样性保护面临的挑战需要更加全面地评估。浙江省的生物多样性保护工作面临着多种挑战，包括城市化进程中对自然栖息地的影响、物种灭绝速度加快、生物入侵问题等。这些挑战要求浙江省在保护策略上进行更为系统的规划和评估，以确保保护措施能够针对性地解决问题，同时避免新的环境风险。此外，浙江省在生物多样性保护方面的成果转化机制尚不成熟。虽然已经建立了生态保护补偿制度，并且在生物多样性实现机制上进行了一些探索，但是这些成果的实际应用效果还有待验证。特别是在推动生物多样性相关科技成果转化应用方面，需要进一步完善政策支持和激励机制，促进科研成果快速转化为保护工作的实际能力。

三是浙江省生物多样性保护研究成果形成体系的过程中，需要加强顶层设计。需要制定更加综合性、体系化的生物多样性保护战略；深化跨学科研究，形成跨区域合作和信息共享机制；完善生物多样性保护的评估与反馈机制，确保保护措施的有效性和可持续性；以及建立多元化的成果转化和应用机制，提高保护效率和效益。通过这些措施，浙江省可以更好地保护其丰富多样的生物多样性，为全球生物多样性保护作出更大贡献。

---

① 彭欣，杨建毅，陈少波，等. 基于海洋渔业生存发展的生物多样性保护对策研究——以浙江省为例[J]. 浙江农业学报，2012，24（1）：41-47.

② 谭湘萍，丁平. 浙江省生物多样性保护对策研究[J]. 环境污染与防治，2003（6）：377-379.

③ 汤博，吴醇，邓劲松，等. 基于环境功能区划的浙江省生物多样性保护优先区保护空缺研究——以武夷山片区为例[J]. 安徽农业科学，2020，48（19）：80-83.

（二）决策咨询亟须靶向精准

一是浙江省生物多样性保护的决策咨询在当前面临着一系列挑战，特别是在生态保护补偿和生态损害赔偿制度方面存在不足。这些不足不仅影响了省级以下地方生态保护补偿的合理性，而且限制了生物多样性保护的有效实施。为了克服这些挑战，浙江省需要靶向精准的决策咨询方案，以促进生态保护补偿和生态损害赔偿制度的完善，从而推动生物多样性保护工作的深入发展。

二是浙江省内生态保护补偿标准的科学性亟须提升。截至 2022 年 12 月底，存在的问题包括生态产品类型差异大、核算方法多样、部门数据共享难等。这些问题的存在，使得构建一个与地区经济社会发展和生态保护成效配套的生态保护补偿标准体系变得更加困难。因此，决策咨询方案对于生态保护补偿和生态损害赔偿制度的政策建议需要更加系统和科学。此外，浙江省内生态补偿资金的来源渠道相对单一，主要依赖中央与地方政府财政转移支付，而市场化资金支持不足。这种单一的资金来源结构，不利于形成多元化的生态保护补偿资金体系，也难以充分调动社会资本参与生态保护的积极性。因此，研究纵向补偿机制、健全中央与地方生态保护补偿财政支出分担机制显得尤为重要。缺乏跨区域跨流域横向生态补偿机制的研究，对区域立法规范、政策协调以及加强跨区域跨流域产业、人才、技术合作方面探讨不够全面。这表明应探索构建保护地与受益地良性互动的长效合作机制，以实现真正意义上的区域间生态保护合作。

三是决策咨询方案中生物多样性实现路径不够明晰，导致绿水青山就是金山银山理念转化成效受到制约。从 2023 年生物多样性领域研究成果获批示的情况来看，大多数研究成果主要侧重于从全省的角度出发进行研究，没有精准到某个特定地区或者是某个具体行业等具象目标。由于生物多样性价值实现涉及生态修复与环境治理、生态资源的可持续利用、发展绿色产业和生态经济等多个环节，各地资源禀赋、治理能力、技术支撑和考核导向等存在显著差异，导致各专家团队所提供的浙江省生物多样性保护决策咨询方案中，依然面临城市化进程中对自然栖息地的影响、物种灭绝速度加快、生物入侵等问题，这成为深入开展绿水青山就是金山银山理念转化为实践的现实制约，也是未来建立生物多样性亟待破解的难题。在未来的研究中，研究人员和学者应注重决策咨询的靶向精准。从政策制定者的视角出发，改进决策咨询对信息的需求、运用价值、实施有效性、决策咨询与学术研究的差异性等相关方面，使决策咨询报告成果具有更高质量、科学性、针对性、可操作性和可实践性。通过这些措施，可以为浙江省生物多样性保护提供更有力的政策支持和理论指导，推动生态保护补偿和生态损害赔偿制度的完善，从而有效促进生物多样性的保护和可持续发展。

（三）研究成果国际影响力有待加强

党的十八大以来，我国生态文明建设深入推进，生态产品有效供给持续增加，围绕建立健全生物多样性保护的顶层制度设计不断强化。截至 2023 年底，浙江省专家、学者在保护生物多样性[①]、注重生态资源的可持续利用[②]、积极发展绿色产业和生态经济[③]等方面的研究在国内已取得了一定进步与发展，但在"生物多样性保护"领域研究成果的国际影响力依然较为薄弱，有待进一步加强。从研究内容来看，研究主要集中在对国内、各省（区、市）进行相关区域性研究，对国外生物多样性保护相关领域和国际视野性的研究存在不足。从研究成果的获奖情况来看，研究成果主要集中于国内的荣誉，研究成果获得国际荣誉的还比较匮乏。从研究成果的宣传推广来看，研究成果的推广主要集中于国内的各大网站、社交媒体和报刊，研究成果受到国际、海外媒体关注报道的力度薄弱。综上分析，浙江省生物多样性保护研究成果的国际影响力有待加强。

四、研究成果社会影响的综合述评

综上所述，浙江省生物多样性研究成果显著，为浙江省乃至全国的生物多样性工作提供了浙江经验。在研究中攻难克艰，不断完善生物多样性的知识体系，丰富研究成果。但是在研究的过程中，仍然存在一些宣传力度不足、决策咨询亟须靶向精准等问题。针对现阶段浙江省生物多样性研究成果的社会影响评述如下。

（一）成果学术影响的深度理论述评

浙江省生物多样性研究成果的学术影响具有较强的理论深度。

一是推动生物多样性保护理论的发展。浙江省在生物多样性保护方面的实践探索为生物多样性保护理论的发展提供了丰富素材和案例支持。同时，浙江省生物多样性的研究成果深入践行绿水青山就是金山银山理念，把经济社会发展同生态文明建设统筹起来。其中，浙江农林大学的《浙江省生态振兴促进农民农村共同富裕的实现路径研究》和浙江大学的《"两山银行"助力生态资源高效转化　推进共同富裕的浙江实践及启示》成果在生态系统保护、物种保育等方面的成功经验为乡村振兴、共同富裕理论等提供了实证基础。这些研究成果重点关注省内部分地区生态价值和经济发展的融合；其次是针对不同的地区，因地制宜提出生态补偿措施，以生态之力助经济之增。这些研究成果不仅验证了生态系统保护

---

① 郎文荣. 为推进人与自然和谐共生贡献浙江经验——浙江省生物多样性保护工作实践[J]. 环境保护，2023，51（7）：46-47.

② 于明坚，严力蛟，唐建军. 加强浙江省生物多样性保护已迫在眉睫——"浙江省首届生物多样性保护与可持续发展研讨会"建议书[J]. 当代生态农业，2001（Z2）：1-2.

③ 陈剑峰，傅小勇. 建设绿色环境发展绿色产业振兴县域经济[J]. 商业研究，2005（2）：52-54.

理论的有效性，还促进了相关理论的深化和完善。

二是深度融合生态保护和经济发展。生态环境保护和经济发展是辩证统一、相辅相成的，建设生态文明、推动绿色低碳循环发展，不仅可以满足人民群众日益增长的优美生态环境需要，而且可以推动实现更高质量、更有效率、更加公平、更可持续、更为安全的发展。将生态保护和经济利益相结合不仅实现了物种保护与经济发展的"双赢"，还促进了当地居民的增收致富和乡村振兴。浙江省发展规划研究院的郑启伟老师经过调研，发表题为"健全生态保护补偿机制分好生态和经济'蛋糕'助力共同富裕"报告，并获浙江省副省级领导的批示。浙江农林大学沈满洪教授等的"关于杭州创建国际湿地城市的对策建议"指出将生态保护和经济发展两手抓，且得到浙江省省级领导的肯定。浙江省各高校深刻把握以经济发展和生态环境建设为内容，推动生态经济模式的广泛应用和实践探索，为构建美丽中国和实现可持续发展目标作出积极贡献。

（二）成果转化影响的政策效应述评

浙江省生物多样性研究成果的转化影响具有以下的显著政策效应。

一是有效推动生态保护的决策。在生态系统保护方面，浙江省各高校和研究院所积极推进自然保护地体系建设，共建成省级以上自然保护地 311 处，有效保护了森林、湿地、海洋等生态系统。此外，浙江省内一些高校还通过实施生态修复工程，如钱江源国家公园试点区域的生态修复项目，有效改善了区域生态环境质量，提升了生态系统服务功能。其中，浙江农林大学在多次调研的基础上，分别形成"守好生态保护红线面临的突出挑战及对策建议""关于西畴县创建国家生态文明建设示范区的建议研究报告"，分别获得中央领导、正部级和省级党委政府主要领导的批示，显示了浙江省成果转化的显著政策效应。这一政策效应对浙江省今后探索特色有效的自然禀赋赋能文旅发展，明晰了发展问题与未来发展路径，力争在更大范围起到引领和示范作用。同时，为响应"双碳"目标，浙江农林大学沈月琴教授和宁可副教授经过长期调研，形成"关于持续提升我省生态系统碳汇能力的对策建议"，得到正部级和省级党委、政府主要领导的批示。

二是有效助力生态产业发展的决策。浙江省各高校生物多样性研究成果的转化有效推动了浙江省生态产业的转型升级。通过引进先进技术和方法，提升生态产品的附加值和市场竞争力；通过发展生态旅游产业，拓宽生态产品的销售渠道和市场空间。这些措施不仅促进了生态产业的快速发展，还带动了相关产业的协同发展。其中，浙江农林大学的沈月琴教授和朱臻教授等经过调研，形成"关于差异化推进山区生态产品价值分类实现机制的建议研究报告"，获得国家林业和草原局领导的批示。浙江工商大学的张丙宣教授"加快我省山区县高质量发展的几点建议——基于桐庐县加快快递产业回归全面推进乡村振兴的探索调研报告"，获得浙江省省级领导的批示。

三是有效促进产业发展和生态保护的协调，指导生态价值实现的决策。加快构建浙江省生物多样性实现路径，浙江大学董雪兵教授和周谷平老师共同撰写的"加快发展绿色产业，打造'绿水青山就是金山银山'理念转化升级版报告"得到省级领导的肯定性批示。该报告深入践行绿水青山就是金山银山理念，应当以生态保护为总抓手，撬动生态保护与发展的领域各方面改革，进行全方位系统性重塑，创新体制机制，努力抢占生态价值实现的制高点。

（三）成果宣传普及的媒介影响述评

浙江省生态生物多样性研究成果的宣传普及具有广泛的国内媒介影响，但国际影响较为薄弱。

一是国内宣传媒介形式和内容多样。浙江省生物多样性相关主题的研究成果在《光明日报》《浙江日报》等官方报纸杂志以及浙江省智库联盟相关单位的官方网站和公众号上均有报道。省内通过举办主题展览、科普讲座、公益活动等形式，增强公众对生物多样性保护的直观感受和参与热情。此外，浙江省生物多样性研究的国内宣传内容丰富多样，涵盖了物种多样性、生态系统多样性、遗传多样性等多个方面。宣传亮点包括：一是重点区域生物多样性调查成果的发布，如舟山群岛、丽水等区域的物种新发现；二是生物多样性保护政策的解读与宣传，如浙江省生物多样性保护战略与行动计划等文件的实施情况；三是生物多样性保护成功案例的展示，如"桑基鱼塘""古香榧群"等传统生态模式的保护与传承；四是公众参与生物多样性保护活动的推广，如"守护'浙'自然"小程序等互动平台的上线运行。

二是国内宣传媒介宣传不足。尽管浙江省在生物多样性研究的国内宣传方面取得了显著成效，但仍存在宣传覆盖面有限的问题。部分偏远地区和农村地区由于信息闭塞、资源匮乏等原因，难以接触到生物多样性保护的相关信息和知识。这在一定程度上限制了宣传工作的深入开展和普及效果的进一步提升。另外，生物多样性保护工作涉及多个部门和领域需要跨部门协作共同推进。然而当前部分部门之间缺乏有效沟通和协调导致宣传资源难以充分整合利用；部分领域之间缺乏有效衔接和配合导致宣传工作难以形成合力。这在一定程度上制约了宣传工作的深入开展和整体效果的提升。

三是国际媒介影响薄弱。一方面，国际合作与交流是推动生物多样性保护工作的重要途径之一。然而，浙江省在生物多样性保护方面的国际合作与交流相对较少且层次不高。这导致浙江省难以与国际同行建立广泛的联系和合作关系，难以共同推进生物多样性保护工作的深入开展。同时缺乏国际合作与交流也使得浙江省的生物多样性研究成果难以得到国际社会的广泛认可和应用。另一方面，宣传色彩浓厚。这种"宣传本位"观念本质上是一种"传者本位"观念，在全媒体时代，随着受众地位不断提高，主体意识不断增强，"传者本位"已经让位于"受众本位"。深受以往"传者本位"观念影响的国际传播，往往很难考虑到国际受众的需求、兴趣和接受习惯，多是单向地向外输出信息，缺少与国际受众的平等对话和深层互动，仅局限于浙江的典型案例，缺少更有国际视野的经验提炼，使得我国生物多样性领域研究成果国际传播的受众接受度降低、传播效能不高等。需要指出的是，浙江省的生物多样性，不仅是浙江的特色，更需要提炼对广大发展中国家，甚至一些发达国家在生物多样性实践中的启示与意义。此外，浙江省在生物多样性研究方面的成果转化能力相对较弱，缺乏有效的成果转化机制和平台，导致科研成果难以得到有效推广和应用，这在一定程度上限制了浙江省生物多样性研究成果在国际上的影响力。

第三篇

实践篇

　　本篇由浙江省全力应对生物多样性丧失威胁的实践、提升生物多样性可持续利用与惠益共享水平的实践和加强生物多样性保护能力保障的实践等三章内容构成。

　　通过完善保护网络、强化就地保护、推进生态廊道建设等措施，浙江省有效提升了生物多样性保护水平。同时，浙江省还注重野生动植物资源的可持续利用，通过种群繁育基地、种质资源库建设等方式，确保了资源的长期可持续利用。针对生物多样性丧失的威胁，浙江省加强了生态系统恢复、优化保护网络、推进海洋牧场示范区建设等工作，显著提升了生态系统的稳定性和抗逆性。在加强生物多样性保护能力方面，浙江省通过加强风险防控、提升监测水平、推动公众参与等措施，全面增强了生物多样性的保护能力。这些实践不仅取得了显著成效，如野生物种种群数量恢复增长、生态系统服务功能增强等，还为全国生物多样性保护提供了宝贵经验。

　　尽管浙江省在生物多样性保护方面取得了显著成绩，但仍存在一些不足。例如，部分地区生物多样性保护力度仍须加强、公众保护意识有待进一步提升等。针对这些问题，浙江省应继续加大保护力度，完善相关政策法规，推动生物多样性保护的法治化、科学化进程。同时，还应加强公众教育和宣传，提高全社会的生物多样性保护意识，形成政府主导、社会参与的多元共治格局和良好氛围。

第七章

浙江省全力应对生物多样性丧失威胁的实践

党的二十大报告提出"实施生物多样性保护重大工程"[①]。浙江省凭借其独特的地理优势和丰富的自然资源，成为中国东部沿海生物多样性的关键区域。面对经济发展和人类活动带来的生物多样性挑战，浙江省政府采取了创新性措施，致力于维护生态平衡和推动绿色发展。本章旨在梳理浙江省全力应对生物多样性丧失威胁的实践与成效，分析在政策制定、生态修复、物种保护和公众教育等领域的创新做法，探讨其在全球生物多样性保护背景下，如何发挥地方优势，采取有效措施，为实现人与自然和谐共生的目标作出贡献。

一、浙江省全力应对生物多样性丧失威胁的具体实践

（一）浙江省陆地生态系统生物多样性保护的实践

1. 严格生态空间利用管控，保护生态空间载体

一是完善生态保护红线监管体系。生态保护红线是国家生态安全的底线和生命线，能够提高自然保护地和生物多样性保护水平，是推动绿色发展的有力保障[②]。2022 年，浙江省制定了《关于加强生态保护红线监管的实施意见》（浙政办发〔2022〕70 号），指出要统筹保护与发展，严守自然生态安全边界，实现一条红线管控重要生态空间。浙江省在生态空间划定中秉承生态优先原则，评估资源环境承载力和国土空间开发适宜性，与各类规划相衔接，依据生态保护红线、永久基本农田保护红线、城镇开发边界"三条红线"不交叉的标准，统筹划定生态、农业、城镇三类空间[③]。以杭州市临安区为例，该区在保持生态

① 于洋，彭敏，赵益普，等. 开启全球生物多样性治理新征程[N]. 人民日报，2022-12-15（3）.

② 寇江泽. 牢牢守住生态保护红线[N]. 人民日报，2023-06-22（5）.

③ 陈阳，夏皓轩，徐忠国，等. 基于反事实框架的生态保护红线政策成效评估——以宁波市为例[J]. 中国土地科学，2023，37（11）：128-140.

保护红线格局稳定的基础上，对红线边界进行微调，避开红线附近的永久基本农田，并退出自然保护地核心区的农田，同时测算核心区外农田，根据生态重要性和地块破碎度制订退出计划。此外，临安区还创新经济林划分，将坡度 25°以上或生态敏感区域的经济林划入一般生态空间，以增强生态效益。

二是健全分级分类的差异化管控体系。2024 年 3 月，浙江省生态环境厅出台了《浙江省生态环境分区管控动态更新方案》（浙环发〔2024〕18 号），旨在以保障生态功能和改善环境质量为目标，实施分区域差异化精准管控的环境管理制度，为发展"明底线""划边框"。浙江省按照生态空间生态功能的重要程度，进一步将生态空间细分为生态保护红线和一般生态空间，实现分级分类管控，分别制定管制规则。在生态保护红线内根据正面清单和开发强度进行管控；对一般生态空间根据负面清单和开发强度进行管控，对生态空间内生产、生活、旅游等活动限定类型和强度，明确不得进入的项目类型，引导不符合要求的用地类型逐步退出。例如，安吉县根据县域的地形地貌特征以及东南西北主导功能的不同，将自然生态空间划分为生态经济综合发展片区、生态旅游特色片区、生态农旅混合片区和人居环境保障片区，分区确定用途管制准入标准，有效提升管理的精准性。

三是推动生态空间的多功能复合利用。浙江省积极建立重要生态空间的动态监测评估和监管机制，先后出台了《浙江省自然资源发展"十四五"规划》（浙发改规划〔2021〕159 号）、《浙江省国土空间规划（2021—2035 年）》（国函〔2023〕150 号）、《浙江省国土空间用途管制规则（试行）》（浙自然资规〔2024〕13 号）等文件，提出要推动农业、生态空间复合化利用，强化用地节约集约，鼓励城镇空间功能混合，全面提升空间品质和空间价值[①]。例如，杭州市滨江区依托现有规划，结合区域功能，创新构建城市生态空间。通过全域土地整治和城镇低效用地再开发，优化土地利用结构，改善"生态、生产、生活"空间布局。绍兴市则以白马湖为核心，打造生态旅游区，实施景观生态整治，复垦耕地后发展休闲旅游和农耕文化，与周边山水形成连片优质生态空间。

2. 优化陆域就地保护网络，加强陆域生态系统恢复

一是完善以国家公园为主体的自然保护地体系建设。浙江省致力于推进自然保护地整合优化，并积极筹建钱江源-百山祖国家公园[②]，相继出台了《钱江源-百山祖国家公园总体规划（2020—2025 年）》（浙政函〔2020〕80 号）、《浙江省自然保护地体系发展"十四五"规划》（浙发改规划〔2021〕163 号）等文件，旨在完成自然保护地的勘界立标、整合优化，并建立管理机构和制度体系。例如，钱江源国家公园试点区在全国率先实施集体土地地役权改革，通过合理的补偿和共管机制，实现了资源的统一监管，有效保护了生物多样性，并被选为"生物多样性 100+全球特别推荐案例"。此外，该公园还通过"阿里公益-盒马生物多样性农业项目"、科研合作和野外观测站建设，深化生物多样性研究，促进科学保护。

---

① 朱隽. 推进人与自然和谐共生的现代化[N]. 人民日报，2024-08-21（14）.

② 王伟，高吉喜. 我国以国家公园为主体的自然保护地体系建设进展与展望[J]. 环境科学研究，2024，37（10）：2100-2109.

百山祖国家公园龙泉片区则建立了野生动物救助站，推进栖息地修复和生态廊道建设，并创建了全国首个国家公园野外自然博物馆，为公众提供了亲近和了解自然的场所。这些实践为全球环境治理和生物多样性保护提供了宝贵经验。

二是加强山水林田湖草系统修复，深化土地综合整治。浙江省积极推进山水林田湖草沙一体化保护和系统治理工作，先后制定了《浙江省钱塘江源头区域山水林田湖草生态保护修复工程试点三年行动计划（2019—2021 年）》（浙自然资规〔2019〕21 号）、《浙江省重要生态系统保护和修复重大工程实施方案（2021—2025 年）》（浙发改规划〔2021〕163号）、《浙江省土地综合整治全过程管理办法（试行）》（浙自然资规〔2023〕21 号）等文件，旨在进一步规范有序开展土地综合整治，统筹开展"山水林田湖草"全要素治理。例如，千岛湖流域生态修复项目以淳安特别生态功能区为核心，围绕水源涵养和水土保持，对全流域进行系统保护和修复，形成了可推广的"一核五翼"流域生态保护模式。这使得千岛湖水质得到改善，生物多样性增加，生态环境持续向好[①]。丽水九龙湿地通过提升基流保证率、加强防洪排涝、岸坡防护、植被恢复和土壤改良，以及建立智慧监测系统，增强了区域生态质量和稳定性。截至 2023 年底，记录植物 452 种、脊椎动物 399 种、昆虫 289 种，包括中华秋沙鸭和鼋等国家一级保护动物，显著提升了生物多样性保护成效。

三是建立生物多样性监测研究平台。浙江省在完成生物多样性本底调查的基础上，以数字化改革为契机，通过数据整合及系统协同管理，优化陆域生态系统的保护。通过建立生物多样性监测研究平台，为陆域生态系统保护提供科学数据支撑，促进生态系统连通性，优化保护空间格局[②]。例如，淳安县率先在全省开展了全域野生动植物资源本底调查，结果显示，全县共有野生脊椎动物 37 目 124 科 471 种，包括兽类 67 种，鸟类 256 种，两栖类27 种，爬行类 47 种，淡水鱼类 74 种；昆虫 21 目 222 科 1 740 种；维管植物 156 科 684 属1 478 种。此外，丽水市建立了生物多样性智慧监测标准体系，统一和规范了生物多样性智慧监测体系建设要求和评价标准，制定发布了相关地方标准。2023 年在全市范围内建设了 20 个生物多样性智慧监测样区，对植物、哺乳动物、鸟类、两栖爬行动物等类群开展自动化监测，布设 600 余个监测点位。通过智慧识别和指数计算，定量评估区域生物多样性，有效提升了保护和管理水平，优化了陆域就地保护网络。

3. 强化迁地保护，完善保护体系建设

一是设立迁地保护基地。浙江省先后制定《浙江省生物多样性保护战略与行动计划（2023—2035 年）》（浙环发〔2023〕10 号）、《关于进一步加强生物多样性保护的实施意见》（浙委办发〔2022〕23 号）等文件，旨在加强动植物园等迁地保护设施建设，根据珍稀濒危野生动植物的差异性、生物学特征等特点，将迁地保护基地进行科学的区域划分，建立

① 杨兴柱，吴瀚，殷程强，等. 旅游地多元主体参与治理过程、机制与模式——以千岛湖为例[J]. 经济地理，2022（1）：199-210.

② 赵婧. 科学监测评估提升保护成效[N]. 中国自然资源报，2023-12-22（5）.

濒危野生动植物扩繁和迁地保护研究中心，促进生物多样性保护①。例如，在浙江省林业局和国际植物园保护联盟的支持下，建德市建立了 3 000 亩的浙江安息香保护小区，并实施了育苗试验和挂牌监测等措施。2018 年，通过迁地保护和引种回归，建德市将浙江安息香移植至省林科院保护基地和江南林区，并在泷江林区原生地回归了 20 株幼苗，有效扩大了种群。此外，2023 年庆元县成功实施百山祖冷杉迁地保护实验，浙江大学利用胚胎培育技术培育出幼苗，并在交溪林区种植了 10 余株，为种群恢复带来希望。

二是建立种质资源库。浙江省高度重视种质资源保护和利用，制定了《浙江省农作物种质资源开放共享办法（试行）》（浙农专发〔2022〕1 号）、《浙江省种业振兴基地（平台）建设导则》（浙农专发〔2023〕36 号）、《浙江省林草种质资源开放共享管理办法》（浙林绿〔2023〕68 号）等文件，实施战略生物资源计划专项，完善生物资源收集收藏平台，建立了多个野生植物种质资源库，收集、整理、鉴定和保存野生植物种质资源，持续加强野生生物资源保护和利用②。例如，2023 年 4 月 28 日，浙江省农作物种质资源中期库（海宁）正式启用，至年底已接收并登记入库 5 014 份农作物种质资源，显著提升了种质资源的中长期保存条件，为浙江种业科技创新和现代种业发展打下了坚实基础。截至 2024 年 1 月，浙江省已建成 39 个省级以上林草种质资源库，强化了资源库建设和管理体系，完善了保护体系。

三是建立野生动物救护中心。2022 年，浙江省颁布《浙江省陆生野生动物保护条例》（浙委办发〔2022〕23 号），指出陆生野生动物行政主管部门，应当根据实际需要设立陆生野生动物救护中心，负责陆生野生动物的救护、饲养、放生和送交工作。浙江省积极推进重点珍稀濒危物种及新发现、新记录其他珍稀濒危野生动植物的抢救保护，不断扩大种群数量，抓好迁地保护种群的档案建设与管理，进一步完善迁地保护体系建设。浙江省还建立了多个野生动物救护中心，例如，金华市设立了野生动物救护中心，专业化开展救护工作。截至 2023 年底，全市已救护野生动物 4 500 余只（条）。同时，金华市建成仿野生环境的浙江省穿山甲保护繁育基地，并依托浙江师范大学建设了全省唯一的野生动物重点实验室。这些措施有助于扩大种群数量，完善迁地保护体系建设，为生物多样性保护提供了坚实的基础。

（二）浙江省海洋生态系统生物多样性保护的实践

1. 构建海洋自然保护地体系，优化海洋生物栖息环境

一是持续推进对不同类型海洋保护区的建设。海洋自然保护地体系包括海洋自然保护区、海洋特别保护区（含海洋公园）、海洋生态保护红线区域等③，保护对象涵盖滨海湿地、

① 陈进，杨玺. 关于植物迁地保护若干问题的讨论[J]. 生物多样性，2024，32（2）：5-11.
② 段永红，余亚莹，邓晶，等. 我国作物种质资源库建设现状与发展探讨[J]. 中国种业，2024（6）：24-28，33.
③ 蔡先凤. 浙江海洋经济发展与海洋生态安全保护：重大挑战与制度创新[J]. 法治研究，2012（10）：108-116.

海湾等典型海洋生态系统以及珍稀濒危海洋生物物种①。自 2005 年温州市西门岛成为我国首个国家级海洋特别保护区以来，浙江省不断推进海洋保护区建设，数量不断增多，保护面积逐步扩大。根据《浙江省自然保护地体系发展"十四五"规划》（浙发改规划〔2021〕163 号），到 2035 年，浙江省海洋自然保护地面积占管辖海域面积应达到 10%。截至 2024 年 1 月，浙江省共有海洋特别保护区（海洋公园）15 个，其中国家级 7 个、省级 8 个，总面积逾 35 万公顷②，像南麂列岛海洋自然保护区、渔山列岛国家级海洋生态特别保护区等建设，均有效保护了当地的海洋生态环境和生物多样性。

二是积极推动红树林的种植与保护工作。浙江省高度重视红树林等具有生态恢复功能的植物种植，积极落实《红树林保护修复专项行动计划（2020—2025 年）》（自然资发〔2020〕135 号），并通过制定《浙江省海洋生态环境保护"十四五"规划》（浙发改规划〔2021〕210 号）等一系列政策文件，明确将红树林的保护与修复作为重点工作之一。同时，浙江省还建立红树林研究中心，开展红树林的相关科学研究和示范推广，为海洋生物创造了更多适合的栖息环境。例如，浙江在洞头、龙湾、苍南等多地实施红树林生态补偿和"蓝色海湾"整治工程，显著提高了海洋生物多样性水平③。

三是加强海洋自然保护地制度建设。浙江省高度重视自然保护地制度建设，先后制定《关于建立自然保护地体系的实施意见》（浙委办发〔2019〕114 号）、《浙江省美丽海湾保护与建设行动方案》（浙政发〔2022〕12 号）、《浙江省林业局关于加强海洋特别保护区（海洋公园）工作的通知》（浙林保〔2023〕73 号）等文件，建立了包括入海排污口备案、环评审批、海洋倾倒许可、突发事件应对等制度；在生态保护修复方面，建立海洋生态保护红线、自然保护地、自然岸线控制等制度；在生态环境监督方面，实行最严格的生态环境保护制度，强化自然保护地监测、评估、考核、执法、监督等，形成一整套体系完善、监管有力的监督管理制度。例如，由舟山市多部门共建的"五峙山鸟岛联合保护协同中心"，以"护海、护渔、护岛"三护平台为载体，通过打击各类危害海洋生物和海洋环境的违法犯罪行为，使得前来五峙山列岛栖息繁殖的水鸟数量逐年增加，从最初观察到的 300 余只增加到了 14 000 余只，有效提升了鸟类生物多样性保护水平。

2. 加强海岛生态系统和滨海湿地生态修复，打造可持续海洋生态环境

一是大力实施有针对性的修复项目。2022 年，浙江省颁布了《浙江省美丽海湾保护与建设行动方案》（浙政发〔2022〕12 号），旨在推进海域海岛生态保护修复和构建陆海联通的美丽廊道。针对海岛生态系统和滨海湿地的特点、受损状况及恢复能力，浙江省进行了科学评估，并据此规划了相应的修复项目。例如，在舟山群岛，面对植被破坏和土壤侵蚀问题，实施了大规模的植树造林和植被恢复工程，种植了适应海岛环境的本土植物，如黑松和木麻黄，有效提升了生态环境和生态系统的稳定性及生物多样性。玉环漩门湾湿地通

---

① 林英. 我国已建立 22 个海洋特别保护区[N]. 光明日报，2011-05-20（6）.

② 赵希元，闫岩. 浙江海洋特别保护区将加强保护管理利用[N]. 中国绿色时报，2024-01-19.

③ 但新球，廖宝文，吴照柏，等. 中国红树林湿地资源、保护现状和主要威胁[J]. 生态环境学报，2016，25（7）：1237-1243.

过修复，增加了黄嘴白鹭等鹭类栖息繁殖的小岛与半岛，以及鸻鹬类觅食的退化湿地，修复总面积超过 4 000 亩，维护了 35 公里以上的小岛、半岛及河湖边岸。湿地公园的鸟类种类从 2010 年的 125 种增加到 2024 年的 310 余种，其中国家一级保护的珍稀濒危物种从无到有，增加到 12 种。

二是推动生态修复技术创新。浙江省积极推动生态修复技术创新，成功获批《海洋生态适宜性评价技术指南》（DB 33/T 2367—2021）和《海岸线整治修复评估技术规程》（DB33/T 2368—2021），为规范海洋生态适宜性评价和海岸线整治修复评估提供有力技术支撑，有效助力全省海洋生态治理和海洋强省建设[①]。例如，嵊泗县重视生态修复技术的适用性，探索生态修复技术创新，开展直立海堤生态化技术的研发与设计。在国内首次提出生物附着床、生态岩池和高滩植被种植池的直立海堤上中下立体生态结构设计，解决了直立海堤生态性差的难题。浙江省海洋水产研究所通过三年技术攻关，开发了岛礁水域生态容量评估方法，构建了海藻场生境、产卵场生境、复合生境等 3 种生态修复技术模式，研发了水生生物标志放流回捕 App，建立了基于环境 DNA 的典型种类增殖放流效果评价方法，提出了最小网目尺寸控制和最小可捕规格的捕捞技术要求；建立了 1 个生态修复示范区，并构建了 1 套生态修复效果综合评价指标体系。

三是建立健全湿地保护体系。浙江省通过制定《浙江省湿地保护条例》（浙人大专〔2012〕79 号）等法律法规，明确湿地保护的责任和义务，加强湿地监管和执法力度，通过建立湿地公园、自然保护区等手段，对全省不同类型的重要湿地进行有效保护。此外，还通过强化湿地资源监督管理、开展湿地城市创建、启动小微湿地建设、实行湿地保护目标责任制、健全湿地监测评价体系等措施，有效提升湿地生态系统稳定性和综合服务功能。例如，杭州湾国家湿地公园立足自然资源优势，构建了"1+2+3"自然教育体系，依托生态设施基础（候鸟博物馆、鱼类展示馆等），形成了六大自然教育场域，并开发出具有湿地特色的"湿地、鸟类、植物"自然研学课程。同时，公园大力挖掘鸟类、植物资源特色，积极打造"观鸟节""芦花节"等品牌活动，向公众传导"生态湿地、文化湿地"理念。此外，公园还组建了一支由懂鸟、爱鸟人士组成的"鸟导"志愿者队伍，致力于开展湿地环境保护宣传工作。

3. 推进海洋牧场示范区建设，拓展生物多样性保护新空间

一是高质量推进海洋牧场示范区建设。浙江省先后出台了《浙江省海洋经济发展"十四五"规划》（浙政发〔2021〕12 号）、《浙江省优化养殖用海管理实施方案》（浙自然资规〔2024〕7 号）等文件，明确提出要依据海洋资源和生态环境状况，科学划定养殖用海规模布局，避让法律法规明确禁止占用的海域，优化海洋生态空间，高标准建设温州、舟山、台州等地国家级海洋牧场示范区。截至 2024 年，浙江省已建成 15 个国家级海洋牧场示范区，通过实施"海洋牧场渔业+"模式，鼓励渔民在礁区采用延绳钓方式作业，带动游客

① 安鑫龙，顾继光，李元超，等. 海洋生物礁类型、生态功能及其生态修复[J]. 生态学报，2023，43（19）：7874-7885.

休闲海钓，在周边海域发展野生驯化和生态养殖，在岸基区开展渔民画、民宿、观光等活动，塑造海洋牧场渔业产品品牌。此外，积极推动增殖放流活动，在大陈海洋牧场示范区实施了苗种增殖放流，投入放流资金 2 260 万元，增殖放流各类苗种 7.46 亿尾，有效恢复了大陈海域渔业资源。

二是加强技术创新与模式探索。浙江省积极引入人工鱼礁、海藻场修复等先进的生态工程技术，为海洋生物提供繁殖、生长和栖息场所，有效增加了海域的生物多样性。例如，浙江大学牵头研发的人工鱼礁建设项目，通过对渔山列岛海域开展本底调查、增殖放流等科学研究，实现了对东海资源的生态修复，进一步推动了海洋生态环境的改善与可持续发展。此外，浙江省还大力推广特色海洋牧场建设，通过"产业、文化、人才、资本+海洋牧场"模式，量身定制建设人工鱼礁、生态养殖、海上休闲、旅游海钓、文化传播等，逐步形成"一场一产"的特色海洋牧场产业，进一步促进生物多样性保护。温岭"积洛三牛"海域国家级海洋牧场充分利用其独特的地理位置和丰富的海洋资源，不仅建设了人工鱼礁以改善海洋生态环境，还发展了休闲渔业旅游项目，吸引了大量游客前来体验海上休闲和旅游海钓的乐趣。同时，牧场还注重文化传播，通过举办各种海洋文化活动，提高了公众对海洋生态环境的认识和保护意识。

三是强化监管与保护工作。浙江省制定《浙江省海洋水产资源保护暂行规定》（浙农专发〔2022〕48 号）等一系列法律法规来保护海洋幼鱼资源，并加强执法联动机制，严厉打击非法捕捞和破坏海洋生态环境的行为。为科学评估海洋牧场建设成效，浙江省市场监督管理局于 2022 年 6 月发布《海洋牧场建设效果调查与评价技术规程》（DB33/T 2510—2022）。为规范海水养殖尾水排放标准，浙江省出台《海水养殖尾水排放标准》（DB33/1384—2024），并于 2024 年 10 月 15 日开始实施，该标准是长三角生态环境标准一体化建设的重要组成部分，将有效推进海水养殖尾水治理、推动海水养殖业有序健康发展、助力打好重点海域综合治理攻坚战。此外，相关部门还建立定期巡查制度，对示范区内的海洋环境和渔业资源进行实时监测，进一步确保海洋牧场示范区的有效运行和生物多样性的持续保护。

（三）浙江省协同推进气候环境治理与生物多样性保护的实践

1. 持续改善生态环境质量，筑牢高质量保护生物多样性的绿色屏障

一是高标准建设全域"无废城市"。作为率先提出全域"无废城市"建设的省份，浙江省注重顶层设计和系统布局，通过建立贯通上下的组织架构和推进机制，推动生产方式与生活方式向绿色、低碳、循环和可持续发展的方向发展[①]，先后制定《浙江省全域"无废城市"建设工作方案》（浙政办发〔2020〕2 号）、《浙江省"无废城市细胞"建设评估指南》（浙无废办〔2022〕3 号）等文件，有效指导和推动浙江省在固体废物管理、资源化利

---

① 李馨予，葛恩燕，尹筱思，等. 无废城市垃圾分类均衡推进的政策执行困境及对策[J]. 中国环境科学，2022，42（9）：4232-4239.

用、环境保护等方面的工作。为加大要素保障，省财政安排浙江省生态环境保护专项资金6.97 亿元，统筹用于支持"无废城市"建设、污染物排放等工作。此外，各地也在积极探索，如温州出台了全省首个《"无废细胞"创建奖励资金管理办法》（DB33/T 2368—2021），充分调动了各方参与"无废城市"建设的积极性。通过"无废城市"建设，不仅有助于减少环境污染和生态破坏，也为生物多样性保护奠定了良好的生态环境基础。

二是实施生态环境分区管控。为确保生态功能和环境质量，浙江省实施分区域差异化精准管控策略，先后制定《浙江省"三线一单"生态环境分区管控方案》（浙环发〔2020〕7 号）、《浙江省生态环境分区管控动态更新方案》（浙环发〔2024〕18 号）等文件，为浙江省的生态环境分区管控提供了政策依据和实施框架。浙江省采取省、市、县逐级发布的方式，立足压实地方政府责任，提高分区管控精准度。此外，还研发了"环境评估"移动端 App，通过"一图查询""一键评估""现场巡查"，可对企业现场情况、周围敏感保护目标情况、项目的准入情况及环评类型等进行快速智能研判，直接解决企业实际需求，实现了"三线一单"空间信息可视化、现场查询便捷化，管控要求精准化。通过实现分区差别化管理，确保了环境管理从粗放式向精细化转变，为更好促进生态环境的可持续发展提供了有力保障[①]。

三是实施农业面源污染防控。为有效防止农业面源污染，促进生物多样性保护，浙江省先后制定《浙江省农业面源污染治理与监督指导实施方案》（浙环函〔2021〕233 号）、《浙江省农业面源污染调查和负荷核算技术指南（试行）》（浙环函〔2022〕130 号）等文件，积极实施化肥农药减量增效行动和农膜回收行动，加强农药包装废弃物回收处理，推进畜禽粪污资源化利用，逐步淘汰高毒高风险农药。深化美丽田园建设，一体推进生产清洁、环境整洁、抛荒整治、综合利用，深化"肥药两制"改革，开展农业面源污染综合防治、监督指导等试点，新增生态低碳农场和省级绿色防控基地[②]。此外，浙江省还通过强化塑料污染全链条防治，大力开展塑料垃圾专项清理整治，最大限度减少环境污染对生物多样性的威胁。

2. 推动应对气候变化与生物多样性保护相融合，提升协同保护能力

一是积极探索符合省情的应对气候变化的制度改革与创新。浙江省积极探索制度创新与先行先试，提升应对气候变化的能力，先后制定了《浙江省 2019 年应对气候变化工作要点》（浙环函〔2019〕183 号）、《浙江省促进应对气候变化投融资的实施意见》（浙环函〔2023〕14 号）等文件，旨在通过政策引导和制度创新，协同推进应对气候变化与生物多样性保护。例如，浙江省通过完善碳排放管理，将减排目标纳入经济社会发展评价体系，强化指标约束；探索实施碳排放总量和强度"双控"制度，并制定相应的目标责任评价考核办法[③]。同时，浙江省构建与总量控制相匹配的碳排放许可制度，规范排放单位行为，

---

① 秦鹏，徐燕飞. 生态环境分区管控的基本逻辑、运行样态与法治进路[J]. 中国软科学，2024（8）：13-26.
② 刘趁，朱海洋. "肥药两制"改革何以撬动农业绿色发展？[N]. 农民日报，2024-06-28（8）.
③ 贾骥业，朱彩云. 绿色发展提速我国向"碳排放双控"全面转型[N]. 中国青年报，2024-08-13（5）.

确立清晰的产权制度。此外，浙江省还积极推动长三角区域协同减排，加强"三省一市"在气候变化领域的合作，共同研发新技术，探索区域减污降碳联动机制①。这些制度创新为浙江省应对气候变化提供了有力抓手，也为生物多样性保护奠定了坚实基础。

二是强化气候领域科技创新水平。针对气候变化与生物多样性保护问题，浙江省制定了《浙江省应对气候变化"十四五"规划》（浙发改规划〔2021〕215号）等文件，积极探索科技引领与数字赋能，强化应对气候变化的科技创新支撑，以数字化手段助推应对气候变化工作，运用人工智能、大数据等数字化手段，强化气候变化和生物多样性的动态监测和调查，科学预测和评估未来气候情境下物种变化情况②。浙江省还通过创新气象与监测预警系统，建立了高分辨率立体协同综合气象监测系统，通过优化全省天气雷达精细化组网系统功能，应用多种新技术和新算法，不仅提升了气象监测的精度和覆盖范围，还将局地强降雨和雷暴大风的预警时间提前至30分钟以上。通过这些努力，浙江省在应对气候变化和保护生物多样性方面走在了全国前列，为其他地区提供了宝贵的经验和借鉴。

三是提高气象灾害预警和应急防御水平。为有效应对气候灾害频发对生物多样性造成的威胁，浙江省制定了《气象灾害预警信号和应急防御指南》（浙气发〔2023〕46号），通过气象灾害综合风险普查和新标准的属地化发布试点，提升了气象灾害预警和应急防御的科学性和准确性，针对浙南山区等脆弱地区，探索建立气候变化脆弱性指标体系，开展气候变化脆弱性评估。浙江省积极倡导提升城市的防洪蓄水和降温能力，如丽水市积极打造海绵城市，建造了集生态涵养、休闲健身、趣味科普、城市形象展示于一体的和平公园，拥有渗水、抗压、耐磨、防滑、吸音减噪等特点，进而提升了城市的气候韧性③。此外，通过研发推广农业、林业等领域气象灾害防御和适应新技术，缓解了气候变化对生物多样性的不利影响。

二、浙江省全力应对生物多样性丧失威胁的实践成效

（一）浙江省陆地生态系统生物多样性保护的实践成效

1. 陆地生态系统生物多样性得到有效保护

一是生态系统多样性保护得到有效加强。通过划定重点生态功能区和生态保护红线，截至2023年，浙江省自然保护地数量增加了50%以上，共建成省级以上自然保护地311处；全省森林覆盖率为61.27%（含灌木林），湿地保护率达52%，生态环境状况指数连续多年保持全国前列。此外，水生生态系统也得到了有效改善。根据2023年省控断面监测结果，

① 李小平. 明确碳排放权金融属性推动我国碳减排目标实现[N]. 证券时报，2024-03-05（A07）.
② 袁家军. 以美丽浙江建设和生物多样性保护新成效为"诗画江南活力浙江"增色添彩[J]. 政策瞭望，2022（7）：4-8.
③ 张卓群，姚鸣奇，郑艳. 气候适应型城市建设试点政策对城市韧性的影响[J]. 中国人口·资源与环境，2024，34（4）：1-12.

浙江全省地表水水质为优，水质达到或优于地表水环境质量Ⅲ类标准的断面占 97.0%，Ⅳ类占 2.4%，Ⅴ类占 0.7%，无劣Ⅴ类断面，与 2022 年相比，Ⅰ～Ⅲ类水质断面比例减少 0.6 个百分点[①]。森林以及水生生态系统的保护不仅提升了浙江省的生态环境质量，也为维护生态平衡和推动可持续发展提供了有力支撑。

二是物种多样性保护成效显著。浙江省实施了极小种群野生植物、珍稀濒危野生动植物抢救保护工程，建立了野生动物救护中心，构建了以就地保护为主、迁地保护和离体保存为辅的保护体系。截至 2023 年，全省 85% 的国家重点保护陆生野生动植物物种得到了有效保护，使得大多数受威胁的物种在浙江省得到了妥善的保护和管理，生态系统的稳定性和生物多样性得到了显著提升。全省陆生野生脊椎动物分布有 790 种，约占全国总数的 30%；高等植物有 5 500 余种，在我国东南植物区系中占有重要地位。以鸟类为例，截至 2024 年，浙江省冬季水鸟同步调查记录再攀新高，统计显示水鸟总数达 19.1 万羽，相较去年同一时期增长了 10 个百分点。受国家重点保护的鸟类种类数量也达到历年之最，共计 23 种被记录，其中不乏中华秋沙鸭、青头潜鸭、东方白鹳、黑脸琵鹭及卷羽鹈鹕等 10 种被列为国家一级保护的珍稀鸟类。

三是遗传资源多样性保护体系越发完善。浙江省强化了种质资源库、保种场等迁地保护设施建设，截至 2022 年 12 月，浙江省收集保存了农作物种质资源 14 万余份、林木种质资源 2.5 万份，实现了保护名录内畜禽遗传资源应保尽保，扎实推进优新良种培育。2023 年，浙江省启动了"种质资源保护与利用专项行动"，通过建立多个野生植物种质资源库，收集、整理、鉴定和保存了大量野生植物种质资源。例如，浙江省公布了首批省级农作物种质资源库（圃）和精准鉴定评价平台名单，征集了古老、珍稀、特色、名优作物地方品种和野生近缘植物种质资源 3 223 份。此外，浙江联合国家家畜基因库，对原产该省的猪、牛、羊等 16 个地方家畜保护品种（品系）实现了遗传物质保存全覆盖，还在鸡、鸭、鹅、蜂等品种资源的保护和选育上取得了显著成效。浙江省通过在生态系统保护、物种保护和遗传资源保护等多方面的努力，确保了全省生物多样性的持续健康发展，也为未来的生态文明建设奠定了坚实基础。

2. 陆域生态系统的稳定性和抗逆性得到有效提升

一是生态修复成效显著。截至 2023 年，浙江省的生态质量指数在 41.2～89.7，生态质量类型为一类，6 个设区市生态质量类型也为一类，生态环境质量总体保持高位稳定。从各县域来看，生态质量类型为一类的县（市、区）有 41 个，其面积占全省总面积的 66.1%，表明生态保护成效显著。浙江省的生态修复工作不仅局限于空气质量的改善，还包括了对生境质量的保护和提升。研究表明，2000—2015 年，浙江省生境质量均值呈减速下降趋势，空间上形成了西北、西南、中东高和东北、中部低的分布格局；生境退化度呈现"中心—外围"的圈层辐射结构。通过生态红线的划定和保护，浙江省生态红线的生境质量整体较

---

① 数据来源：2023 年浙江省生态环境状况公报（http://sthjt.zj.gov.cn/art/2024/6/5/art_1201912_58956109.html）。

高且稳定，不同红线类型的生境质量存在差异；高生境质量区与生态红线的错位区域主要分布在浙西南、西北部山区，而北部、中部以及东部相对较少①。

二是森林质量进一步提高。浙江省积极实施森林质量提升工程，通过科学造林和有效管理，增强森林健康和生态服务功能。2023 年，全省造林更新面积达 31.9 万亩，其中人工更新占 10.8 万亩。在战略储备林和生态廊道建设上，共完成 95.5 万亩，分别达到 49.2 万亩和 46.3 万亩。这些努力使森林覆盖率从 2015 年的 60.91%提升至 2023 年的 61.27%，水土保持率增至 93.23%，森林碳汇和抗逆性显著增强，为生物多样性保护提供了坚实基础。浙江省森林蓄积量增至 4.26 亿立方米，年增长率 3.40%，超过全国平均水平。集体林亩均产值达 1 361 元，是全国平均的 4 倍，林业经济成为农民增收的新途径。此外，浙江省计划到 2030 年，森林蓄积量增至 5.2 亿立方米，森林碳储量增至 3.7 亿吨，年固碳量达 1 100 万吨以上，为实现碳中和目标贡献力量。

三是湿地保护和恢复力度加大。浙江省率先实施湿地生态补偿机制，这不仅为湿地保护提供了资金支持，也为湿地的管理和恢复工作指明了方向。通过"蓝色海岸"等项目，浙江省湿地生态修复成效显著，截至 2023 年底，已建立国际重要湿地 2 处、国家重要湿地 2 处、省级重要湿地 87 处，湿地保护率增加到 52%。杭州西溪湿地莲花滩鸟类栖息地修复项目实施后，观测到多种水鸟，包括国家二级保护动物水雉的繁殖。西溪国家湿地公园生物多样性显著提升，维管束植物、昆虫和鸟类种类分别新增 475 种、390 种和 102 种。玉环漩门湾湿地修复区 1 500 余亩，为水鸟和林鸟提供了栖息地，其修复项目入选省级十大优秀案例。这些成果不仅提升了湿地生态质量，也为生物多样性保护作出了贡献。

3. 陆地生态系统服务功能得到有效增强

一是生态多功能利用成效显著。浙江省通过"多规合一"、资源集约利用、生态保护修复等措施，构建了从山顶到海洋的保护治理体系，实现了生态保护与高质量发展的"双赢"。2022 年，全省接待游客近 350 万人，创收 4.9 亿元。其中，白马湖凭借其生态优势，发展生态农业、文化创意等业态，2021 年吸引 80 万游客，营业收入 2 500 万元。同时，浙江省推进名山带富计划，加大投资，完成重点建设项目投资额 48.96 亿元，超额完成计划。这些成就展现了浙江省在生态多功能利用上的成效，体现了对生态保护和可持续发展的重视，为绿色发展和生态文明建设作出了积极贡献。

二是自然保护地整合优化及国家公园建设取得重要进展。浙江省已建立 1 个国家公园体制试点和 302 个省级以上自然保护地，涵盖自然保护区、风景名胜区、森林公园、湿地公园、地质公园和海洋公园等多种类型，总面积约 1.4 万平方公里，陆域和海域分别占全省的 9.6%和 8.7%。钱江源-百山祖国家公园以其生物多样性保护和生态恢复成效，于 2023 年 7 月荣获世界自然保护联盟（IUCN）"世界最佳自然保护地"称号，整合了 7 个保护地和 4 个县市区域。在支持重大建设项目方面，浙江省涉及 43 个国家级保护区和风

---

① 岳文泽，夏皓轩，吴桐，等. 浙江省生境质量时空演变与生态红线评估[J]. 生态学报，2022，42（15）：6406-6417.

景名胜区、6 个森林公园的审批工作，促进了超过 700 亿元投资。同时，推进名山公园建设，200 多个重点项目完成投资 200 亿元，成为绿色发展的亮点，带动旅游和经济增长。

三是野生动物保护及救护体系不断完善。浙江省在野生动物保护和救护体系建设方面取得显著成效，通过整合动物医院和繁育机构资源，建立了市、县两级救护站点，构建了高效的救护网络。2023 年，全省野生动植物保护管理总站预算达 1 020 万元，其中 304.95 万元用于野生动植物保护项目，为救护工作提供了财政支持。以杭州为例，杭州动物园在资金支持下，2023 年成功救护了 25 种 43 头（只）国家重点保护动物。2024 年，杭州各区县已救助 280 余只野生动物，涉及 105 种，其中 81 种为鸟类。杭州市救护机构共接收 500 头（只）野生动物，体现了生物多样性的丰富性。经治疗后，多数动物已恢复健康，准备回归自然。杭州还鼓励社会力量参与救护，扩大保护力量。这些措施提高了保护效率，增强了公众意识，有效推动了生态与经济的协调发展。

（二）浙江省海洋生态系统生物多样性保护的实践成效

1. 海洋生态系统生物多样性得到有效保护

一是物种种类和数量的增加。2023 年，浙江省对 340 个近岸监测站位进行了海洋生态趋势性监测，鉴定出 1 070 种海洋生物，显示近岸海域生物多样性稳中向好，特别是浮游植物和动物物种数有所增加。在北部海域，大型底栖动物的优势种群数量增长，如舟山海域多毛类动物种类数上升，取代软体动物成为优势种。此外，浙江省还大力推进增殖放流活动，2017—2021 年，共放流甲壳类 5 220.45 万只，投入 3 320.2 万元。在 12 个重要增殖放流海域，投放了大黄鱼等 16 种海洋鱼类，累计投入 11 285.9 万元，放流苗种达 46 799.8 万尾。这些活动有效增加了海洋生物种类和数量，对改善水域生态和恢复渔业资源发挥了积极作用。

二是珍稀濒危物种的恢复。浙江省积极拯救珍稀濒危和特有物种，通过繁殖保护、亲本放归和幼鱼放流等措施，成功恢复了钱塘江松江鲈鱼等 5 种以上珍稀濒危物种的种群，并修复了土著鱼类资源。例如，长兴县的扬子鳄数量从 1979 年的 11 条增加到 2024 年的9 000 多条，每年以约 500 条的速度增加。舟山海域调查显示，现有 25 种水生珍稀濒危保护动物，包括中华鲟、江豚等，分布广泛。此外，浙江共有水生野生动物繁育利用主体 527 家，涉及种类 271 种，为濒危物种繁育提供支持。2022—2024 年，浙江省放流大鲵、松江鲈等 45 000 余尾珍稀濒危水生动物，有效增加了资源量，促进了水域生态结构的稳定。

三是海洋生态系统结构与功能的改善。浙江省通过减少人类活动影响、保护关键生态系统、恢复生物资源和优化管理，提升了海洋生态系统健康。2023 年，浙江省 4 个"蓝色海湾"项目通过验收，包括台州湾、温州苍南、舟山嵊泗和台州玉环。台州湾项目修复了6.713 千米海岸线、3.378 千米沙滩，整治了 224 公顷滨海湿地和 83.67 公顷海岛生态，增强了岸线稳定性和自然灾害防护能力，同时增加了生物多样性。同年，浙江省红树林面积比 2022 年增加了 200 多公顷，苍南红树林修复项目修复了 45 公顷宜林生境、种植了 23.33 公顷红树林，有效改善了当地海洋生态系统结构与功能，提升了生物多样性。

2. 海洋生态环境质量得到显著提升

一是海洋生态环境质量总体稳中趋好。随着浙江海洋生态环境监测监管强化和海洋生态环境保护制度日趋健全，浙江省在海洋生态环境保护方面取得了显著成效，海洋生态环境质量总体呈现稳中向好的趋势。浙江省近岸海域（一、二类）水质优良率从 2016 年的 31.4% 上升到 2023 年的 56.3%，同比上升 24.9 个百分点（图 7-1）；2023 年浙江省近岸海域呈富营养化状态的面积占近岸海域面积的 38.1%，相较 2022 年下降 1.5 个百分点[①]。此外，浙江省研究建立了海洋生态环境综合评价"蓝海"指数，可以更为全面地反映全省海洋生态环境的变化。基于浙江省 2010—2022 年海洋生态环境的相关资料和数据评价发现，浙江省海洋生态环境质量总体优良，稳中趋好的态势明显，温州、台州、嘉兴和舟山等四个城市 2022 年海洋环境质量现状评价情况均为历史最好。

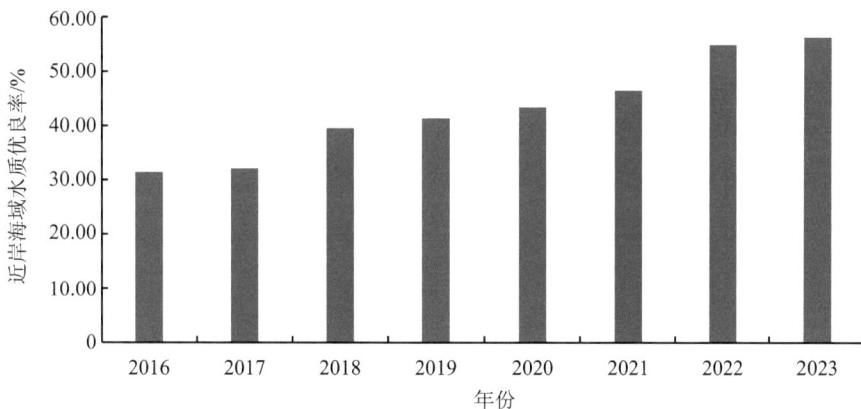

图 7-1　2016—2023 年浙江省近岸海域水质变化情况

数据来源：浙江省生态环境厅公布的每年度《浙江省生态环境状况公报》。

二是海域污染防治工作成效显著。浙江省积极贯彻《浙江省海洋生态环境保护"十四五"规划》（浙发改规划〔2021〕210 号）文件精神，积极开展入海排污口整治、污水处理设施改造和船舶污染防治等工作。2022 年，浙江省创新打造"蓝色循环"海洋塑料废弃物治理项目，通过构建船舶污染物、陆源垃圾、养殖废弃物入海拦截防控机制，减少海域垃圾增量。截至 2024 年 2 月底，已有 1.03 万艘船舶、249 家塑料产业链企业加入"蓝色循环"体系，沿海参与 6.24 万人次，累计收集海洋废弃物 1.27 万吨，其中塑料废弃物 2 569.4 吨，减少碳排放约 3 340.3 吨[②]。此外，浙江省于 2024 年 3 月实现省、市、县三级生态预警"一本书"、生态风险"一张图"、生态问题"一张表"，全面掌握生态"家底"，形成海域生态

---

① 数据来源：浙江省生态环境厅. 2023 年浙江省生态环境状况公报（http://sthjt. zj. gov. cn/art/2024/6/5/art_1229631931_58956111. html）。

② 中华人民共和国国务院新闻办公室. 中国的海洋生态环境保护[N]. 人民日报，2024-07-12（11）.

污染防治新格局。

三是海洋生态保护和建设工作扎实推进。浙江省深入实施"一打三整治"行动和开展全域海洋生态建设示范区创建活动，累计获批国家级海洋生态文明建设示范区 4 个。浙江省累计建成国家级海洋牧场示范区 12 个、蓝色海湾 7 个、美丽海湾 4 个，有效提升了海洋生态修复水平。同时，浙江省积极开展水生生物增殖放流、海洋牧场和海洋保护区建设，建成国家级、省级各类海洋保护地 18 个，总面积逾 4 000 平方公里。此外，浙江省在 2019 年底前基本建立海洋生态保护红线制度，划定 1.4 万平方公里红线，占省管海域面积的 31.72%，严格保护海洋生态环境。2024 年，浙江省将继续深化海洋生态预警监测评价，优化海洋生态预警监测业务体系、评价指标体系和评价方法，持续对沿海 27 个县（市、区）海洋生态进行全面体检。

3. 海洋空间资源集约利用程度不断提高

一是海洋经济总产值持续增长。2023 年，浙江省海洋经济生产总值达到了 11 260 亿元，相较于 2003 年的增长额为 10 558 亿元，其在全省 GDP 中的占比也从 2003 年的 7.7% 提升至 13.6%。在海洋高新技术产业方面，2022 年全省海洋高新技术产业增加值达到了 1 998.32 亿元，占涉海工业增加值的比重高达 61.5%。这表明浙江省在海洋高新技术产业领域取得了显著成就，对海洋经济的贡献日益增大。海洋制造业作为浙江省海洋经济的重要组成部分，也呈现出强劲的增长态势。2023 年，海洋制造业增加值较 2022 年增长了 7.0%。特别是在海洋船舶工业领域，2023 年增加值达到了 1 150 亿元，比上年增长了 17.6%。在海洋港口服务水平方面，宁波市海洋生产总值达到了 3 200 亿元。宁波舟山港的年货物吞吐量连续多年位居全球第一，2023 年货物吞吐量达到了 13.2 亿吨，集装箱吞吐量为 3 530 万标箱，连续 6 年全球第三，仅次于上海港和新加坡港[①]。

二是海洋经济项目成果丰硕。2023 年，浙江省在海洋经济项目用海保障方面取得显著成效，全年共完成用海报批项目 291 个，覆盖面积超 7 100 公顷，有效促进了海洋空间资源的高效利用。特别是"小洋山北作业区"和"浙能舟山六横液化天然气接收站"两大项目，获国务院批准，用海面积高达 1 460 公顷，对提升海洋经济规模和质量具有重要意义。在基础公益性项目方面，浙江省批复了 19 个海塘安澜等基础设施项目，用海面积约 388.8 公顷，增强了沿海地区的防洪减灾能力。同时，批准了 1 个无居民海岛用岛，面积为 0.5 公顷，推动海岛资源合理开发和保护。政策支持方面，浙江省落实了海域使用金减免与用海审批同步申请政策，完成了 24 个项目的海域使用金减免审核，减免金额超 2 亿元，减轻企业负担，激发投资热情[②]。

三是探索推进海域使用权立体分层设权。浙江省在推进海域使用权立体分层设权方面取得了显著进展。2022 年 4 月，浙江省自然资源厅印发了《关于推进海域使用权立体分层

① 浙江省统计局国家统计局浙江调查总队. 2023 年浙江省国民经济和社会发展统计公报[N]. 浙江日报，2024-03-04（8）.

② 郭媛媛. "浙"波涌起驰而不息——浙江 2023 年海洋工作纪实[J]. 浙江国土资源，2024（2）：23-25.

设权的通知》（浙自然资规〔2022〕3 号），并制定了《海域立体分层宗海界定技术规范》（DB33/T 1345—2023），使得浙江省成为全国首个系统谋划海域使用权立体分层设权管理规定的省份，标志着浙江省海域管理由"二维平面化"向"三维立体化"转变，为地方开展海域立体开发利用提供了明确指引。截至 2023 年 12 月，浙江省的立体分层设权政策已应用于多种类型的项目，包括"海底电缆管道+码头""海底电缆管道+排水口""光伏+渔业养殖"等，涉及项目用海面积达到 1 700 公顷。这些实践不仅提高了海域资源的利用效率，还为海洋产业的多元化发展提供了坚实基础。值得一提的是，舟山市岱山双剑涂渔光互补发电项目通过在水面层建设光伏电站、水体层进行养殖的互补模式，节约了 1 133 亩海域资源，并增加了 3 096 万元的海域使用金收益。项目一期工程平均年发电量达到 1.26 亿千瓦时，减少二氧化碳排放量 10.6 万吨，实现了企业经济效益、海洋权益及海洋生态保护的多重效益。

（三）浙江省协同推进气候环境治理与生物多样性保护的实践成效

1. 生态环境质量显著提升

一是水质状况稳中有升。根据 2023 年《浙江省生态环境状况公报》，2023 年全省的生态环境质量总体保持高位稳定（表 7-1）。地表水省控断面达到或优于Ⅲ类水质比例为 97.0%，县级以上集中式饮用水水源水质达标率为 100%，设区城市空气质量优良天数比例为 91.3%，县级及以上城市空气质量优良天数比例为 95.1%，全省近岸海域优良水质比例为 56.3%，设区市功能区声环境监测昼间达标率为 96.6%，夜间达标率为 88.5%，全省生态质量类型为一类。生态环境公众满意度连续 12 年上升。全省地表水总体水质为优，根据全省 296 个省控断面监测结果统计，水质达到或优于地表水环境质量Ⅲ类标准的断面占 97%，Ⅳ类占 2.4%，Ⅴ类占 0.7%，无劣Ⅴ类水质断面。全省县级以上城市集中式饮用水水源 99 个，达标率为 100%。这表明浙江省在水质保护和改善方面取得了显著成效，水质状况稳中有升，为居民提供了更加安全、优质的水资源。

表 7-1　浙江省 2021—2023 年水质状况

年份	地表水优良水质比例/%	跨行政区域河流交接断面水质达标率/%	集中式饮用水水源水质达标率/%	近岸海域优良水质（一、二类）海水面积占比/%
2021	95.2	99.3	100	46.5
2022	97.6	98.6	100	54.9
2023	92.5	97.2	100	56.3

数据来源：浙江省监察委员会。

二是空气质量明显改善。根据 2023 年的数据，浙江省设区城市日环境空气质量优良天数占比在 79.5%～98.9%，平均为 91.3%；其中 8 个城市的环境空气质量达到国家二级标准。此外，细颗粒物（PM$_{2.5}$）年均浓度为 17～34 微克/米^3，平均为 27 微克/米^3，各城市均达到了国家二级标准。在可再生能源方面,2023 年浙江省新增风电和光伏装机容量首次突破 1 000 万千瓦,达到 1 037 万千瓦,标志着浙江省在绿色能源发展方面取得重要进展。自"十三五"时期以来,浙江省煤炭消费占比从 52.4%降至 40.1%,非化石能源消费占比从 16% 提高至 18.3%。这些数据表明,浙江省在污染防治攻坚战中取得了阶段性胜利,为实现更清洁、更健康的空气环境作出了积极贡献。

三是土壤污染加重趋势得到初步遏制。浙江省自然资源厅印发的《浙江省土地综合整治全过程管理办法(试行)》(浙自然规〔2023〕21 号)进一步规范了土地综合整治,通过"全域规划、整体设计、综合治理"方式,统筹开展"山水林田湖草"全要素治理,整体推进农用地整治、村庄整治、低效工业用地和城镇低效用地整治、生态环境优化提升。在土壤污染防治方面,2020 年浙江省受污染耕地安全利用率为 91.34%、污染地块安全利用率 100%、重点行业重金属污染物排放量下降 13.7%,均优于"十三五"目标值(表 7-2)。在污染地块修复方面,2023 年,浙江省完成了 89 个污染地块的修复项目,治理污染土壤和地下水 78 万立方米,为城市建设提供了净地 2 200 公顷。这一举措有效改善了土壤和地下水环境,为城市发展提供了安全的土地资源。在重点建设用地安全利用率方面,浙江省保持在 95%以上,确保了建设用地符合土壤环境质量要求,有效管控建设用地土壤污染风险。

表 7-2　浙江省土壤污染防治工作情况

指标名称	"十三五"目标值	2020 年完成值	2025 年目标
受污染耕地安全利用率/%	91	91.34	完成国家下达目标
污染地块安全利用率/%	90	100	95 以上
重点行业重金属污染物排放量下降/%	10	13.7	完成国家下达目标

2. 生态系统的碳汇能力显著提升

一是森林碳储量持续增加。截至 2023 年,浙江省的森林植被总碳储量约为 2.95 亿吨,其中乔木林群落的碳储量为 2.3 亿吨,竹林群落为 3 500 万吨,灌木林群落为 950 万吨。浙江省森林生态系统碳储量为 602.73 百万吨,乔木层、灌草层、凋落物层和土壤层碳储量分别为 122.88 百万吨、16.73 百万吨、11.36 百万吨和 451.76 百万吨,分别占生态系统碳储量的 20.39%、2.78%、1.88%和 74.95%。这表明土壤层和乔木层是浙江省森林生态系统的主要碳库,占总碳储量的 95.34%。此外,浙江省海洋碳汇资源也不容忽视,其中海水养殖贝藻类碳汇量为 11.27 万吨,红树林碳汇能力为 91 495.6 吨/年,滩涂碳汇能力为 36 523.2 吨/年,盐沼碳汇能力为 15 166.8 吨/年,贝藻类碳汇量增速明显,2010—2021 年的年均增长率为 5.02%。这些数据充分展示了浙江省在碳汇资源方面的丰富性和增长潜力,为缓解气候变化贡献了巨大力量。

二是湿地碳汇显著提升。2023 年,浙江省林业局推动"浙林碳汇"项目,实现 34.66 万吨碳普惠减排量备案,标志着湿地碳汇领域的重要进展。杭州市在该项目中开发了 1.01 万亩，减排 1.64 万吨；湖州市以 4.3 万亩开发面积，减排 12.07 万吨，领先全省。下渚湖湿地年固碳 1.7 万吨，预计 2025 年增至 3 万吨，其碳汇交易收益将用于湿地绿化和生态修复，扩大碳汇功能。滨海湿地虽碳汇规模小，但增长潜力大，红树林、滩涂和盐沼年碳汇能力分别为 91 495.6 吨、36 523.2 吨和 15 166.8 吨。德清县创新湿地碳汇金融，推出四款湿地碳汇贷款，构建绿色金融支持体系，为项目提供金融支持，并完成全省首笔湿地碳汇交易，以每吨 58.83 元购买下渚湖湿地 1 万吨碳汇量，推动湿地碳汇市场化，为湿地管护和生态建设提供资金支持。

三是农业生态系统碳汇有效提升。浙江省通过积极推广秸秆还田、绿肥种植等农业实践，显著增加了土壤有机碳储量，这些措施在提升土壤肥力的同时，也有效促进了固碳作用，减少了温室气体排放。2023 年，浙江省农业碳排放强度降至 0.91 吨/万元，低于全国平均水平，显示出该省在农业生产中成功减少了温室气体排放。例如，在仙居县广度乡西角村，通过引入先进有机肥料，不仅减少了氮肥施用，而且使水稻增产 11.3%，土壤有机质含量增加 12.4%。此外，浙江省还积极推进海洋碳汇，以"浅海贝藻养殖"为载体，扩大海洋生态系统碳库。温州南麂列岛海域国家级海洋牧场示范区鱼礁一期工程附着生物的年均固碳量达到了 13.6 吨，相当于每年减排约 50 吨二氧化碳。这些成果不仅体现了浙江省在农业减排和产业发展方面的协同推进，也彰显了其在国家低碳农业发展战略中的积极响应，为生态保护和可持续发展提供了有力的支持和示范。

三、浙江省全力应对生物多样性丧失威胁的经验启示

（一）坚持系统观念，建立了完善的生物多样性保护体系

一是注重陆海统筹。生物多样性保护不应局限于陆地或海洋单一领域，而应跨越地域界限，实现陆海生态系统的整体保护和协同治理。浙江省不仅非常重视陆地生态系统的保护，也高度关注海洋生态系统的保护。通过持续开展海洋生态预警监测评价，不断优化监测业务体系，对沿海县（市、区）的海洋生态进行全面"体检"。同时，深化海洋生态浮标、卫星遥感技术在生态预警监测领域的应用，利用科技手段提升海洋生态保护的科学性和精准性。此外，浙江省实施海岸线保护修复工程等一系列生态保护措施，成功打造了"天蓝、水清、岸绿、滩净、岛靓、湾美"的生态环境，为生物多样性的保护提供了有力支撑。

二是坚持就地保护与迁地保护的有机结合。就地保护是生物多样性保护的基石[1]，浙江省积极推进自然保护区、国家公园等建设和管理，为野生动植物提供良好的栖息环境。通过划定重点生态功能区和生态保护红线，加强重要和敏感生态系统的保护，自然保护地数量增加了 50% 以上，共建成省级以上自然保护地 311 处。同时，浙江省也重视迁地保护

---

[1] 吉晟男，崔绍朋，邓怀庆，等. 生物多样性保护优先区抽样调查策略研究——以武陵山地区为例[J]. 生态学报，2021，41（24）：9604-9612.

工作，对受到严重威胁的物种或在其原生地无法得到有效保护的物种，建立了迁地保护基地、植物园、动物园等，为其提供新的生存空间。此外，浙江省还成立了多个野生动植物救护繁育中心和基因库，为濒危物种的繁衍生息提供了重要保障。这些有益做法不仅强化了生物多样性保护成效，也为全国乃至全球的生物多样性保护工作提供了宝贵经验。

三是建立长效管理机制。浙江省委办公厅、省政府办公厅出台《关于进一步加强生物多样性保护的实施意见》（浙委办发〔2022〕43 号）等系列相关文件，明确了生物多样性保护的目标、任务和措施，为各级政府和相关部门提供行动指南。此外，浙江省还建立了多元化的管理机制，通过强化宣传和教育工作，积极引导社会团体和群众广泛参与生物多样性保护，形成政府主导、企业主体、社会组织和公众共同参与的保护格局[①]。

（二）坚持全域修复，提升生态系统稳定性

一是科学规划与统筹布局。生态系统是一个复杂而相互关联的整体，在实施全域修复策略时，需注重科学规划与统筹布局[②]。浙江省制定详细的生态修复规划，明确修复目标和措施，确保各项修复工作有序推进。同时，注重不同生态系统之间的相互作用和联系，避免单一修复带来的负面影响，实现生态系统的整体恢复和稳定。例如，千岛湖流域水环境系统生态修复项目，通过山水林田湖草系统性治理，构建了"一核五翼"流域生态保护模式，在改善水质的同时，有效提高了生物多样性保护水平。

二是采取多元化修复措施。根据不同生态系统的特点，浙江省制定具有针对性的修复方案，采取多元化的修复措施，有效提升了生态系统的稳定性和生物多样性保护水平[③]。例如，在湿地修复中，浙江省采取了生态补水、植被恢复、生物多样性重建等措施，通过科学调控水源，确保湿地得到充足的生态补水，以维持其水文平衡；通过植被的恢复和重建，增强湿地的生态功能，为水生生物提供更为丰富的栖息地和食物来源；通过引入适宜的物种，进一步丰富湿地的生物群落。在森林修复中，浙江省注重林分结构调整，通过优化树种组成和林龄结构，提高森林的生态功能和稳定性。同时，浙江省还加强病虫害防治和森林火灾的防控工作，以确保森林健康和持续发展，为野生动植物提供更适宜的栖息地。

三是强化科技支撑与创新。浙江省注重科技在生态系统修复中的应用，通过引入国内外先进的生态修复技术和方法，提高修复效果、降低修复成本，为浙江省的生态系统修复工作提供有力支持。同时，加强与科研机构、高校等合作，通过建立紧密结合的产学研用体系，推动生态修复领域的科技创新和成果转化，为浙江省全域修复策略的实施提供有力保障。此外，浙江省还注重修复技术的推广和应用，通过开展试点工作、组织经验交流和培训活动等方式，将成功的修复经验和技术推广到其他地区，助力生态系统的全面修复。

① 王伟，李俊生. 中国生物多样性就地保护成效与展望[J]. 生物多样性，2021，29（2）：133-149.
② 侯鹏，杨旻，翟俊，等. 论自然保护地与国家生态安全格局构建[J]. 地理研究，2017，36（3）：420-428.
③ 罗晶，肖与轩，李涛，等. 多目标需求情景下生态系统修复优先区选择——以浙江省德清县森林修复为例[J]. 经济地理，2023，43（2）：172-180.

（三）坚持协同治理，提升生态环境质量

一是强化协同治理，形成多元共治格局。生态环境治理是一项复杂的系统工程，需要政府、企业、社会等多元主体的共同参与。浙江省率先出台省级层面的生态补偿办法，并设立生态补偿专项资金，用于生态建设、污染综合防治等工作。同时，积极引入市场机制和社会资本，推动生态环境治理的产业化、专业化发展[①]。鼓励企业通过排污权交易、碳汇交易、水权交易等方式参与生态补偿，并倡导绿色消费，提高公众环保意识，促进绿色产品和服务的市场需求，进一步推动生态环境治理的产业化、专业化发展，从源头减少生态环境问题的发生。此外，浙江省还举办全国生态日等活动，积极引导社会公众参与生态环境保护，在提高环保意识的同时，促进生态环境质量的持续改善。

二是创新治理模式，提升整体效能。浙江省不断探索和创新治理模式和方法，有效提升生态环境治理效率。通过采用系统集成的方法，浙江省构建了省、市、县、乡四级联动的整体治理体系，打破了治理的碎片化现象，实现了跨层级、跨领域、跨部门的业务和资源共享，从而显著提升了生态环境治理效能。借助"浙政钉"平台，浙江省实现了省、市、县、乡、村、小组（网格）六个层级的互联互通，使 140 余万公职人员能够通过手机实现即时通信和业务协同，极大促进了资源共享和跨部门协作。此外，浙江省还不断加强生态环境科技创新，致力于生态环境关键核心技术的攻关，为污染防治提供了强有力的技术支持。

三是注重法治建设，保障治理成效。浙江省高度重视法治在生态治理中的作用，通过制定《浙江省生态环境保护条例》《浙江省土壤污染防治条例》等一系列法律法规，明确生态环境治理的标准和要求，为治理工作提供有力的法律保障。同时，加强执法力度，通过异地交叉检查、突击执法等方式，对重点排污单位进行严密监管，对违法行为进行严厉打击，确保环境法律法规得到有效执行。此外，浙江省还注重法治宣传和教育工作，通过向公众普及生态环境法律法规知识，提高公众的法治意识和环保意识。

四、浙江省全力应对生物多样性丧失威胁的对策建议

（一）建立健全生物多样性监测网络，持续深化调查与监测工作

一是加强监测网络的基础设施建设。要根据不同类型的生态系统、物种分布和生物多样性等特点，科学增设监测站点，确保监测网络能够全面覆盖，精准反映生物多样性的地域差异和时空变化。同时，要引入遥感技术、物联网技术、大数据分析等先进的监测技术和设备，并加强监测站点的维护和管理，提高监测的准确性和效率，确保数据的连续性和

---

① 许垚，申鲁菁. 社会资本整合与治理效能提升：乡村善治的逻辑路径——基于浙江的经验研究[J]. 浙江学刊，2021（4）：35-41.

可靠性。二是完善生物多样性调查与监测体系。要定期开展生物多样性本底调查，制定科学合理的调查方案，明确调查目标、内容和范围，确保调查的全面性和系统性；加强对调查人员的培训和管理，提高其专业素养和调查技能。此外，还要建立长期监测机制，对生物多样性的变化进行持续跟踪和评估①；加强与国际组织和相关国家的合作与交流，借鉴先进的监测技术和经验，提升我国的生物多样性监测水平。三是强化生物多样性监测数据的整合、分析与应用能力。要建立统一的数据管理平台，对监测数据进行集中存储和管理，实现数据的共享和互通。同时，加强对监测数据的分析和挖掘，揭示生物多样性的时空分布规律、物种间的相互关系以及生态系统服务功能等，为生物多样性保护和管理提供科学依据②。此外，还要加强数据的可视化呈现和传播，提高公众对生物多样性保护的认识和参与度。

（二）划定并严守生态保护红线，建立常态化监管机制

一是科学划定生态保护红线。要依据科学评估结果，合理划定生态保护红线的范围，识别出具有重要生态功能的区域和生态环境敏感脆弱的区域，如水源涵养区、生物多样性维护区、水土保持区等。同时，生态保护红线的划定还要避免与耕地、建设用地等产生不必要的重叠，并与国土空间规划相衔接，使其不仅符合生态保护需要，又能兼顾经济社会发展③。二是强化常态化监管机制。完善监管法律法规体系，明确各级监管机构的职责和权限，确保监管工作的有序进行。建立综合监测网络和监管平台，利用卫星遥感、无人机巡查、地面监测站等现代信息技术手段，对红线区域进行全方位、全时段的实时监控和动态管理，及时发现并处理潜在问题。同时，加大执法监督力度，对破坏红线的行为进行严厉查处，通过严格执法，形成对潜在违法行为的强大震慑力，以确保生态保护红线不被侵犯。此外，推动公众参与，通过宣传教育、科普活动等方式提高全社会对生态保护红线的认识和关注度，并建立公众参与机制，鼓励公众举报破坏红线的行为，形成全社会共同守护红线的良好氛围。三是完善生态补偿与激励机制。建立健全市场化、多元化的生态补偿制度，对红线区域内的居民和企业因生态保护而遭受的损失给予合理补偿；探索建立横向生态保护补偿机制，让生态保护受益地区对保护地区进行合理补偿④。此外，还应建立激励机制，对在生态保护红线守护工作中作出突出贡献的单位和个人给予表彰和奖励，激发全社会参与生态保护红线守护的积极性，促进红线区域的可持续发展。

---

① 吴慧，徐学红，冯晓娟，等. 全球视角下的中国生物多样性监测进展与展望[J]. 生物多样性，2022，30（10）：196-210.
② 王雪然，万荣荣，潘佩佩. 太湖流域生态安全格局构建与调控——基于空间形态学-最小累积阻力模型[J]. 生态学报，2022，42（5）：1968-1980.
③ 唐小平，田禾，蒋亚芳，等. 系统优化生物多样性就地保护格局[J]. 环境科学研究，2024，37（10）：2093-2099.
④ 刘格格，周玉玺，葛颜祥. 多样化生态补偿对农村家庭生计策略选择的影响——以生态保护红线区农村家庭为例[J]. 农村经济，2024（8）：120-131.

（三）健全国家公园体制，优化生物多样性保护空间格局

一是加强顶层设计与规划。科学规划与布局是确保自然保护地体系有效性的基础[①]。浙江省要综合考量自然资源基础，遵从自然法则，突出规划的科学性、国际性、前瞻性和可行性，实现"多规合一"，坚持"一张蓝图绘到底"。此外，还要建立多部门协同机制，确保各相关部门的紧密合作，共同制定实施自然保护地规划。二是强化监测与评估。浙江省要建立国家公园等自然保护地生态环境监测制度，制定相关技术标准，建设各类各级自然保护地"天空地一体化"监测网络体系，充分发挥地面生态系统、环境、气象等监测站点和卫星遥感的作用，开展生态环境监测。此外，还要依托生态环境监管平台和大数据，运用云计算、物联网等信息化手段，加强自然保护地监测数据集成分析和综合应用，全面掌握自然保护地生态系统构成、分布与动态变化，及时评估和预警生态风险，并定期统一发布生态环境状况监测评估报告。三是完善生态保护补偿制度，保障资金需求。浙江省要健全生态保护补偿制度，将自然保护地内的林木按规定纳入公益林管理，对集体和个人所有的商品林，可依法自主优先赎买；按自然保护地规模和管护成效加大财政转移支付力度，加大对生态移民的补偿扶持投入。此外，还要完善野生动物肇事损害赔偿制度和野生动物伤害保险制度，针对野生动物肇事造成的损害，建立快速赔偿机制，确保受害者能够及时获得赔偿，减少因野生动物肇事带来的经济损失。

[①] 刘超. 自然保护地立法维护国家生态安全的法理与机制[J]. 中国人口·资源与环境，2024，34（8）：128-135.

第八章

浙江省提升生物多样性可持续利用与惠益共享水平的实践

浙江省依托其丰富的生物资源优势和地域特色，积极探索生物多样性可持续发展的新路径。浙江省在生物多样性的可持续管理、种质遗传资源的合理利用以及相关知识的传承方面取得了显著成就，不仅促进了生物资源的丰富性，也推动了绿色经济的发展。特别是在山区、海岛县，浙江省积累了宝贵的生物多样性保护经验，成功将生物多样性的资源优势转化为推动发展的新动力，为这些地区实现跨越式发展提供了强有力的支撑。深入分析浙江省在提升生物多样性可持续利用和惠益共享方面的策略、成效及经验，不仅能够帮助我们更好地理解生物资源可持续利用的关键问题，而且为全国生态产品价值的转化提供了具有示范意义的"浙江模式"。

一、浙江省提升生物多样性可持续利用与惠益共享水平的具体实践

（一）浙江省强化生物多样性可持续管理的实践

1. 强化野生物种可持续管理，实行差异化野生物种管理措施

一是加强濒危物种抢救保护。浙江省高度重视濒危物种保护工作，相继出台《浙江省重点保护陆生野生动物保护条例》（浙政办发〔2016〕17 号）、《浙江省自然保护地体系发展"十四五"规划》（浙发改规划〔2021〕163 号）等文件，明确保护和抢救珍贵、濒危陆生野生动物的重要性，指出对 20 种以上珍稀濒危物种加大抢救性保护力度，并推进基因库基础设施、样本实体库和数据信息库建设。浙江省积极实施黄腹角雉、中华秋沙鸭、百山祖冷杉、普陀鹅耳枥等 37 种濒危动植物抢救保护行动，通过人工繁育、栖息地改良、

野化放归、就地或迁地保护等抢救保护技术，促进濒危物种种群扩大或种群重建。例如，湖州市德清县从陕西引进朱鹮，并在下渚湖开展人工迁地保护和野外种群重建工程，成功实现了种群重建。宁波市象山县通过实施人工招引项目使铁墩岛成为世界上中华凤头燕鸥繁殖种群最大的栖息地，截至 2023 年已成功孵化了 179 只中华凤头燕鸥雏鸟。此外，在杭州市临安区清凉峰国家级自然保护区建立了种群繁育基地，通过人工繁育和野外放归技术，梅花鹿的种群数量由建区前的 80 头增加到 2023 年的 300 余头。

二是不断强化野生动植物监测防控能力建设。习近平总书记强调要织牢织密生物安全风险监测预警网络，健全监测预警体系，重点加强基层监测站点建设，提升末端发现能力[①]。对此，浙江省出台了《2023 年浙江省林业数字化改革工作方案》（浙林字函〔2023〕131号）等文件，提出聚焦自然保护地管理、资源监测、灾害防控、野生动植物保护等重点领域，围绕建成"上下协同、信息共享"的生态感知网络，编制完成生态感知体系建设方案，并开展感知数据共享和接入。浙江省已建立 19 个省级以上野生动物疫源疫病监测站、布设 4 000 余台红外相机，为野生动植物的救护和监测提供了有力支持。例如，台州市仙居县朱溪镇通过高清监控与地面人员的高效配合，实现了境内山林监控率 100%；杭州市淳安县在千岛湖建立生态系统监测平台，在濒危鸟类海南鳽的保护方面取得了显著成效；湖州市吴兴区通过数据资源整合及系统协同管理，上线了全市首个"生物多样性一网通"平台。

三是加强部门协作和联合执法。浙江省建立省野生动植物保护工作联席会议制度，率先在全国实现省、市、县三级野生动植物保护协调机制全覆盖，并常态化联合多部门开展"清风""网盾"等专项行动，协同推进跨部门联动执法和联合监管，共同打击破坏野生动植物的违法犯罪活动。例如，湖州市组织开展"之江利剑"野生动物保护专项执法行动，联合相关职能部门对农贸市场等经营场所、野生动物繁殖场所等重点区域开展联合检查；台州市黄岩区通过建立生物多样性保护工作联席会议制度和加强生物多样性调查工作等措施，有效提升了中国瘰螈等濒危物种的保护水平。

2．强化行业可持续管理，提高生物资源养护能力与利用效率

一是推动企业可持续发展。2024 年 4 月，沪深北三大交易所分别出台了《可持续发展报告（试行）》（上证公告〔2024〕14 号）、《可持续发展报告（试行）》（深证公告〔2024〕17 号）、《可持续发展报告（试行）》（北证公告〔2024〕11 号）等文件，通过强制规定上市公司定期进行 ESG 信息披露，有力推动上市公司沿着更加绿色环保、承担更多社会责任的方向发展。浙江省出台《浙江省清洁生产推行方案（2022—2025 年）》（浙发改环资〔2022〕197 号），实施清洁生产科技创新工程、强制性清洁生产审核和低碳技术攻关与推广等行动，系统推进工业、农业、服务业等企业生产工艺和设备的改造升级，实现企业的可持续发展。例如，宁波钢铁有限公司成功入选国家 2021 年度"绿色工厂"名单，其固

---

① 习近平在中共中央政治局第三十三次集体学习时强调　加强国家生物安全风险防控和治理体系建设提高国家生物安全治理能力[N]．人民日报，2021-09-30（1）．

体废物综合利用率在 99% 以上；金华市赤岸镇绿色低碳循环产业园通过构建资源"双循环"体系，造纸废水处理达到工业用水标准后回用，园区废水循环利用率达 80% 以上。企业的可持续发展能够有效减少对自然资源的压力、防止环境污染，已经成为生物多样性保护的关键因素。

二是强化农业科技创新与生态化。人多地少的人地关系决定了浙江省农业不能走粗放经营的模式，而必须依靠科技进步来提高资源利用率[①]。基于此，浙江省注重提高农业产业的整体竞争力，推动农业向高效、绿色、可持续方向发展。通过出台《浙江省创新驱动乡村振兴科技行动计划（2018—2022 年）》（浙科发农〔2018〕181 号）、《浙江省实施科技强农机械强农行动大力提升农业生产效率行动计划（2021—2025 年）》（浙政发〔2021〕39 号）、《关于加快建设农业科技创新高地推动科技惠农富民的实施意见》（浙政办发〔2022〕81 号）等文件，实施农业科研攻关行动，启动首批 28 项农业重大科研项目，浙江省逐步形成了以杭州和宁波现代种业、杭嘉湖设施和数字农业、其他地区特色农业蓬勃发展的现代农业发展格局。此外，浙江省 2023 年的农业科技进步贡献率、农业亩均产值、农作物耕种收综合机械化率分别高达 66%、9 600 元/亩、81%[②]，进一步推动农业的可持续发展，为生物多样性保护奠定了良好的基础。

三是积极推动生物多样性评价制度建设。浙江省积极推进生物多样性影响评价制度建设，先后制定《浙江省生物多样性调查与评价实施方案》（环办函〔2010〕1431 号）、《关于进一步加强生物多样性保护的实施意见》（浙委办发〔2022〕43 号）、《浙江省生物多样性保护战略与行动计划（2023—2035 年）》（浙环发〔2023〕10 号）等文件，旨在强化事中事后监管，将生物多样性影响作为重要内容，纳入相关区域规划以及资源开发利用、大型工程建设等项目全生命周期管理，并鼓励金融机构将生物多样性影响评价纳入项目投融资决策。制定具体的生物多样性影响评价标准和操作指南，为企业提供明确的指导，帮助它们评估项目对生物多样性的潜在影响，并采取相应的缓解措施。加强对开发项目的监管，确保生物多样性影响评价得到有效执行，并对违反相关法规的行为进行处罚。浙江省还积极支持科研机构进行生物多样性基础研究，为生物多样性影响评价提供科学依据。此外，通过建立跨部门合作机制，协调生态环境、林业、农业农村、水利等部门，共同推进生物多样性影响评价工作。

3. 促进可持续消费，推进消费结构绿色转型升级

一是扩大绿色低碳产品供给与消费。浙江省积极推进绿色低碳发展进程，通过出台《关于加快建立健全绿色低碳循环发展经济体系的实施意见》（浙政发〔2021〕36 号）等文件，引导和支持企业加大对绿色低碳产品研发、设计和制造的投入，鼓励大型商超优先引入绿色低碳产品，增加绿色低碳产品和服务的有效供给与消费。截至 2023 年，浙江省已累计创建国家级绿色工厂 378 家，成功推广了绿色设计产品 452 项。例如，乐清市建立"县—

---

① 吴国庆. 新阶段浙江农业科技发展的思路和对策[J]. 浙江农业学报，2002（1）：3-8.

② 马于惠. 强化科技支撑加快发展新质生产力奋力打造创新型产业新城[J]. 今日科技，2024（10）：8-9.

市—省—国家"四级绿色工厂培育梯次，推动 200 余家企业进入绿色工厂培育库，绿色低碳发展拓展至整个产业链。在新能源领域，浙江省大力发展风电、光伏等可再生能源，提高清洁能源电力装机占比，这为绿色低碳电力产品的供给提供了有力支撑。

二是建立健全绿色消费激励政策。浙江省为贯彻落实国家《促进绿色消费实施方案》（发改就业〔2022〕107 号）等文件要求，积极倡导并实施了多种形式的绿色消费激励政策，出台《浙江省进一步推动消费品以旧换新行动方案》（浙政办发〔2024〕26 号）、《2024 年省促进消费十件实事》（浙发改服务〔2024〕90 号）等文件，引导消费者及企业采取更环保的方式。例如，浙江省采取新能源汽车购置补贴、绿色家电消费积分奖励等举措，通过经济杠杆有效引导消费者偏好向绿色低碳产品转移，促进了绿色消费市场的蓬勃发展。此外，浙江持续深化绿色认证制度的实施与应用，通过严格的认证程序和标准，为市场上流通的绿色产品打上"信任标签"[①]。

三是推进数字化改革驱动消费绿色化。浙江省以科技创新为支撑，积极推进数字化改革，全力推动消费领域向绿色低碳方向转型。浙江省通过普及绿色产品数字化溯源系统，实现一码识别、查询和维权等功能，提高了绿色产品的可追溯性和消费者的权益保护。此外，浙江省加强了"智慧 315 平台"等应用在绿色消费领域的智慧监管和智慧维权建设，通过数字化手段提升消费者权益保护的效率和效果。例如在杭州市，通过建立和优化公共交通 App 功能，打造了绿色出行积分平台，该平台不仅提供了绿色出行的激励措施，还出台了公共交通月票优惠政策，鼓励市民选择公共交通工具，减少碳排放。杭州市还探索推行绿色出行积分兑换政策，将个人的减碳行为转化为个人碳资产，这一创新举措有助于形成人人参与的碳普惠低碳生活新风尚。

（二）浙江省加强种质资源和生物遗传资源可持续利用的实践

1．加强种质资源可持续利用，组织开展联合协作攻关

一是强化对种质资源的收集整理工作，摸清家底。2019 年，国务院办公厅颁布《关于加强农业种质资源保护与利用的意见》（国办发〔2019〕56 号），要求各地开展种质资源全面普查、系统调查与抢救性收集，加快清查种质资源家底。对此，浙江省出台《浙江省农作物种质资源开放共享办法（试行）》（浙农专发〔2022〕1 号），旨在及时掌握省内种质资源类别、保存数量、特征特质等情况，积极组织开展水产养殖种质资源普查，制定并发布了《浙江省水产养殖种质资源种类名录》（浙农专发〔2023〕21 号）。同时，开展了八大水系种质资源本底调查，完成了 102 个重要水产种质资源的精准鉴定，完成水产养殖种质资源普查主体 16 000 余个，登记资源情况数据 33 200 余条[②]，列入省级畜禽遗传资源保护名

① 张莉．"双碳"背景下绿色产品认证对绿色消费的影响[J]．商业经济研究，2024（16）：66-69．
② 浙江省农业农村厅．浙江省"四力齐发"，全力推进水产养殖种质资源普查工作[EB/OL]．（2021-09-10）[2024-07-21]．http://wap.zjagri.gov.cn/art/2021/9/10/art_1630667_58936251.html．

录的品种达到 35 个①，实现了保种主体全覆盖，并遴选发布了"浙江省十大优异水产种质资源"。此外，浙江省在 2017—2022 年组织开展了 64 个县（市、区）农作物种质资源的调查和抢救性收集，共收集农作物种质资源 3 222 份，包括蔬菜、粮食作物、果树等，隶属于 49 科 107 属 179 种②。

二是建立并完善种质资源库体系。浙江省高度重视种质资源库体系建设，2022 年出台《浙江省现代种业发展"十四五"规划》（浙发改规划〔2022〕21 号），旨在完善种质资源保护体系，加快推进省级农作物种质资源中期库、畜禽遗传资源库和水产种质资源库建设，构建以省级三大种质资源库为核心，区域性特色专业库（圃、场、区）为支撑，原生境保护区为补充的种质资源保护体系。浙江省建立了省级以上水产种质资源保护区 14 个，对重要土著鱼类开展原位保护，并认定省级水产种质资源保护单位 70 家。此外，还修订出台了《浙江省省级水产原良种场管理办法》（浙农专发〔2023〕21 号），明确省级原良种场水产种质资源收集和保存任务。此外，浙江省还建立了全省统一的种质资源信息管理平台，推进数字化动态监测、信息化监督管理，支持企业开展种质资源收集保护，建立种质资源库（场、区、圃），对符合条件的种质资源库（场、区、圃）建设项目纳入农业"双强"项目支持范围。比如浙江省在庆元县建成了全省首个省级食用菌种质资源库。截至 2023 年底，该库已经收集种质资源 1 200 多份，活体组织 500 多份，并建成了综合信息库。

三是鼓励合作，强化育种科技创新。浙江省高度重视育种科技创新工作，先后制定《浙江省现代种业发展"十四五"规划》（浙发改规划〔2021〕256 号）、《浙江省农业新品种选育重大科技专项管理办法（试行）》（浙科发农〔2022〕32 号）、《关于进一步加强农业科技创新载体建设工作的通知》（浙科发农〔2022〕33 号）、《关于加强种业企业培育的指导意见》（浙农专发〔2023〕8 号）等文件，通过鼓励和支持高校、科研机构和企业进行育种科技创新，利用现代生物技术，如基因编辑、分子标记辅助育种等，提高种质资源的利用效率和育种效率；通过建立农业科技园区，为育种科技创新提供孵化平台，吸引科技企业和研发机构入驻；通过搭建种质资源共享平台，促进科研机构、企业和农民之间的种质资源交流与合作。此外，浙江省还通过财政资金支持育种科技创新项目，包括科研项目资助、税收优惠等，极大地促进了种业科技的发展。

2. 明确保护目标，持续推动生物遗传资源获取和惠益分享

一是明确遗传资源保护目标。依据《加强生物遗传资源管理国家工作方案（2014—2020 年）》（环发〔2014〕177 号）的要求，浙江省不仅主动参与，还大力促进生物遗传资源的保护与管理，保障了生物遗传资源的合法获取与利用③，为此，浙江省出台了《关于进一步加强生物多样性保护的实施意见》（浙委办发〔2022〕21 号）、《浙江省生物多样性

① 浙江省农业厅关于进一步规范畜禽遗传资源保种场管理工作的通知[EB/OL].（2021-08-19）[2024-07-21]. http://nynct.zj. gov. cn/art/2021/8/19/art_1229142036_2322615. html.

② 陈小央，牛晓伟，李国景，等. 浙江省农作物种质资源调查收集与多样性分析[J]. 中国种业，2024（7）：38-45.

③ 陈宗波. 论生物遗传资源数字序列信息的法律性质[J]. 江西社会科学，2020，40（2）：185-191.

保护战略与行动计划（2023—2035 年）》（浙环发〔2023〕10 号）等文件，设定了 2025 年和 2035 年的生物多样性保护目标。这些举措的实施，不仅有助于保护和可持续利用生物遗传资源，而且对于维护生态平衡、促进可持续发展具有重要意义。

二是推动生物资源价值转化。浙江省出台《浙江省生物经济发展行动计划（2019—2022 年）》（浙发改高技〔2019〕458 号），旨在加快推动以生物医药、生物农业、生物能源等领域为重点的生物经济发展。浙江省发挥山区、海岛县等生物多样性资源丰富优势，培育高品质、多样化生态产品和生态资产交易市场，培育壮大生态旅游、康养运动、生态服务等特色产业。同时，通过重要林木、竹、茶、食用菌、野生花卉和药用植物等生物资源的人工繁育，减少野生生物资源消耗，推动生物资源价值的有效转化。例如，为增强茶叶产业竞争力和可持续性，浙江省实施了茶树新品种培育项目。项目组利用生物技术收集160 份茶树种质资源，建立了精准鉴定技术，开发了基因组变异数据库 TeaGVD，实现了茶树碱基编辑，并推出首款高密度 SNP 芯片，推广新品种 2.26 万亩。

三是加强宣传教育和培训。浙江省高度重视种质资源的宣传教育和培训，通过媒体和网络等渠道强调其重要性。例如，2021 年 11 月，绍兴市举办了农作物种质资源技术培训班，70 名技术专家和种子管理负责人参与，学习了国家种质资源保护规划、普查进展和技术。2023 年，省农业农村厅与媒体合作，启动了"绿色种子，未来希望"公益宣传活动，通过电视、网络直播、社交媒体和短视频等形式，向公众展示了种质资源的多样性及其对粮食安全和农业可持续性的关键作用。活动还邀请了科学家、环保专家和知名人士，共同强调保护种质资源的紧迫性，并号召社会广泛参与。

（三）浙江省推进生物多样性保护与知识传承的实践

1. 推进生态产品价值实现，发挥生态优势的生物多样性保护功能

一是完善生态产品价值评估体系。生态产品价值实现是工业文明向生态文明过渡的产物[①]。浙江省出台了《关于建立健全生态产品价值实现机制的实施意见》（浙发改环资函〔2022〕277 号），旨在建立具有浙江特色的生态产品价值核算体系。浙江省积极推进自然资源确权登记，并建立生态产品动态监测制度，构建行政区域单元 GEP（生态系统生产总值）和特定地域单元生态产品价值评价体系，建立反映生态产品保护和开发成本的价值核算方法，并探索建立体现市场供需关系的生态产品价格形成机制；以生态产品实物量为重点，明确生态产品价值核算指标体系、具体算法、数据来源和统计口径等，逐步构建完善生态产品价值核算标准体系。在此基础上，浙江省积极推进生态产品价值核算结果在政府决策和绩效考核评价中的应用，并在大花园核心区、示范县和山区 26 县开展生态产品价值核算结果多元应用[②]。

① 张盛，李宏伟，吕永龙，等. 可持续生态学视角下生态产品价值实现的思路[J]. 中国人口·资源与环境，2024，34（6）：151-160.
② 沈隽，徐丽雅，汪峰立. 生态产品价值实现纵深行[N]. 丽水日报，2024-08-08（3）.

二是创新生态产品价值转化机制。浙江省在全国率先开展生态产品价值实现机制试点，先后出台了《浙江省生态产品价值实现 2022 年重点工作清单》（浙发改环资函〔2022〕277 号）、《浙江省建立健全生态产品价值实现机制的实施意见》（浙发改环资函〔2022〕277 号）等文件，旨在推动"绿水青山"向"金山银山"转化，文件明确了浙江省生态产品价值实现机制的"四梁八柱"，为生态产品价值实现提供了制度保障①。例如，丽水市推出的"丽水山耕""丽水山居"等品牌，通过生态产品认证和品牌价值提升，实现了生态优势向经济优势的转化。截至 2022 年底，"生态抵（质）押贷""两山信用贷"贷款余额分别达到 261 亿元和 29.3 亿元，生态价值转化路径不断拓宽。

三是积极推动绿色产业发展。绿色发展是生态产品价值实现的前提和基础②，浙江省先后出台《浙江省绿色低碳转型促进条例》（浙人大公告第 23 号）、《浙江省人民政府关于加快建立健全绿色低碳循环发展经济体系的实施意见》（浙政发〔2021〕36 号）等文件，致力于实现经济社会发展全面绿色转型。浙江省加快数字经济、智能制造、生命健康、新材料等战略性新兴产业发展，培育低碳高效新兴产业集群，推进国家绿色产业示范基地建设，支持绿色企业上市融资，大力发展环保产业；科技创新被作为绿色低碳循环发展的关键引擎，强化产业支撑，加快培育壮大绿色产业。例如，泰顺县利用生物多样性资源，成功培育了地理标志产品，实现了生态保护与经济增长的"双赢"。这些举措有效推动了生态产品价值的实现，促进了生物多样性保护与经济社会绿色发展的良性互动。

2. 推动生物多样性保护与城乡建设融合，践行人与自然和谐共生理念

一是建设智慧保育体系。浙江省依托数智技术，打造了一个智慧保育体系，这是一种融合现代信息技术（如物联网、大数据和人工智能）的新型生物多样性保护模式。该体系旨在全面、高效地保护省内的生物多样性，通过实时监测、预警和管理，实现智慧化保护。以钱江源国家公园为例，通过安装高清摄像头和无人机等智能设备，实现了对野生动物等生态资源的远程监控和智能预警。清凉峰的生物多样性保护项目则是智慧保育体系的一个典范，该项目针对包括安吉小鲵等在内的 12 种珍稀濒危物种，开发了仿自然人工繁育、微生境调控等 8 项关键技术，有效解决了濒危物种野外种群增长缓慢的问题，促进了野外种群的恢复和增长。

二是开展生态修复与生物多样性保护。浙江省积极实施一系列关键的生态保护和修复项目，有效促进了生态修复和生物多样性保护工作。例如钱江源作为浙江省的关键水源地和生态屏障，已经开展了山水林田湖草沙一体化保护和修复工作，包括植被恢复、水土保持和水质改善等，同时以钱江源国家公园体制改革试点为契机，通过生物廊道建设和栖息地保护等项目，显著提升了生态系统的多样性和稳定性，改善了野生动物的栖息环境。此外，丽水市瓯江源也成功实施了山水林田湖草沙一体化保护和修复工程，该工程遵循"一

---

① 于法稳，林珊，孙韩小雪. 共同富裕背景下生态产品价值实现的理论逻辑与推进策略[J]. 中国农村经济，2024（3）：126-141.

② 庄贵阳，王思博，窦晓铭. 绿色共富视角下生态产品价值实现问题的再认识[J]. 中国软科学，2023（9）：53-63.

轴、两翼、三区、四廊、五场景"的生态格局，实施了五大类共 60 个子项目，覆盖丽水市九县（市、区），为华东地区的生物多样性保护和可持续发展作出了重要探索[①]。这些生态修复项目的成功实施不仅提高了生态系统的稳定性，也有效提升了生物多样性保护水平。

三是积极推进城乡建设与生物多样性保护相融合。浙江省高度重视城乡建设对生物多样性的影响，先后出台了《2023 年浙江省新型城镇化和城乡融合发展工作要点》（浙发改城镇函〔2023〕388 号）、《关于坚持和深化新时代"千万工程"打造乡村全面振兴浙江样板 2024 年工作要点》（浙委发〔2024〕1 号）等文件，旨在以率先实现城乡一体化发展为引领，推进城乡生态环境一体治理，增强城市生态环境承载能力，进而促进生物多样性保护。浙江省积极探索将绿色发展理念融入城市规划、建设、管理的全过程。通过优化城市空间布局，增加城市绿地面积，建设生态廊道，构建城市生物多样性保护网络，使城市成为生物多样性保护的积极参与者和贡献者[②]。例如余杭区北湖湿地修复工程构建了"核心保育区—生态缓冲区—合理利用区"的规划格局和保护利用模式，通过湿地生境修复提升、水体生态治理、水系治理等措施，为 300 多种候鸟提供了新家园，并增添了 34 种鸟类新记录，打造了人鸟共存又不互相干扰的空间布局。

3. 加大生物多样性传统知识传承力度，提升生物多样性文化自信

一是积极参加国际会议，推广生物多样性保护新思路。浙江省注重国际合作与交流，积极参与全球生物多样性保护事务。在 2022 年《生物多样性公约》第十五次缔约方大会（COP15）的中国角浙江日活动中，浙江省生态环境厅厅长郎文荣揭晓了《浙江生物多样性保护行动与成效》的报告，呈现了浙江省在生物多样性保护领域的创新思路、有效措施和显著成就。浙江省积极通过国际会议，宣传浙江生物多样性保护的有效做法，为全球生物多样性保护提供了浙江样本。浙江省坚持生态优先、绿色发展，将生物多样性保护理念融入经济社会发展全过程。通过构建完善的生物多样性保护法律法规体系，加强政策引导和支持，推动生物多样性保护与经济社会发展协同共进。通过发展绿色经济、循环经济等新型经济模式，减少对自然资源的过度消耗和环境污染，为生物多样性保护提供有力支撑。

二是科技创新融合，探索生物多样性保护的新途径。2021 年 10 月，中共中央、国务院发布了《关于进一步加强生物多样性保护的意见》（中办发〔2021〕32 号），强调了科技创新在生物多样性监管和治理水平提升中的重要作用。浙江省在生物多样性保护中，积极将传统知识与现代科技深度融合。例如浙江自然博物院承担的"浙江省生物多样性保护关键技术及应用"项目，突破了生物多样性保护瓶颈技术，构建了全域动态监测技术体系，为浙江省"两山"转化提供了关键技术支撑。此外，磐安县的"智慧药园"项目，不仅是对中药材资源的集中展示，更是对传统种植智慧与现代科技手段的有机结合，实现了中药材资源的可持续采集与生态保护的"双赢"。这一模式为全球生物多样性保护提供了新思路，即在如何尊重自然、保护生态的前提下，合理利用传统知识促进资源可持续利用。

① 付名煜，王若昕. 山水林田湖草沙的系统生态学[N]. 丽水日报，2024-08-15（4）.
② 王海洋，王浩琪，陈禧悦，等. 国内外城市生物多样性评价与提升研究综述[J]. 生态学报，2023，43（8）：2995-3006.

三是重视知识传承，提升生物多样性的文化自信。国务院新闻办公室正式发布《中国的生物多样性保护》（国新办〔2021〕10 号）白皮书，强调了中国传统文化中对生物多样性保护的智慧和文化自信的重要性。对此，浙江省制订了《浙江省生物多样性保护战略与行动计划（2023—2035 年）》（浙环发〔2023〕10 号），强调了知识传承和文化自信在生物多样性保护工作中的重要性，并鼓励各地积极进行探索。例如杭州市印发了《杭州市生物多样性保护战略与行动计划（2024—2035 年）》（杭环发〔2024〕69 号），旨在支持地方品种申请地理标志产品保护和重要农业文化遗产。激活农耕、中医药等传统知识，激励传承人授徒，促进生物多样性知识的传播与保护，发掘其在文化、乡村和生态产业中的价值，融入文旅和创意产业，建立传习基地，创新转化传统知识。此外，湖州市的桑基鱼塘系统是生态循环和资源利用的典范，通过组织培训和教材传承这一模式，确保这些传统知识得以传承给新一代。这些措施共同推动了生物多样性的保护和文化自信的增强。

二、浙江省提升生物多样性可持续利用与惠益共享水平的实践成效

（一）浙江省强化生物多样性可持续管理的实践成效

1. 野生物种种群数量得到恢复与增长

一是珍稀濒危野生动植物实现恢复性增长。截至 2023 年，浙江省在珍稀濒危野生动植物保护方面取得了显著成效，对 35 个珍稀濒危物种实施了抢救保护，使得 85%的濒危物种得到有效保护[①]。例如，普陀鹅耳枥作为浙江特有种，曾因自花授粉困难和砍伐濒临灭绝，全球仅剩普陀山一株原生母树，树龄超 250 年，通过保护和繁育，现已培育子代育苗超 2 万株，其中 3 800 余株已回归种植。百山祖冷杉，浙江特有"极危"物种，全球仅存 3 株成年野生植株。科研人员利用胚胎技术成功繁殖组培苗，并在百山祖园区培育实生树 83 株，自然萌发幼苗 600 余株，建立 82 亩野外种群恢复基地，回归种植 4 000 株。景宁木兰野生种群不足 1 000 丛，通过建立保护小区等措施，已培育实生苗 1 000 余株。这些成就展现了浙江省对生物多样性保护的重视和承诺。

二是新发现野生动植物种类增多。截至 2023 年，浙江省在野生动植物保护和生物多样性研究领域取得了显著成就，新发现和记录的野生动植物种类近 300 种。科研人员在生物多样性调查中发现了百山祖角蟾、浙江荛花等新物种，同时在清凉峰国家级自然保护区等新分布点发现了野生动植物种群，其中包括大黄花虾脊兰等国家一级保护植物。安吉县的野生植物资源本底调查项目新增记录植物种类 629 个，这些新记录对于了解和保护当地的生物多样性具有重要意义。此外，浙江省还与江苏、上海联合开展了"清风行动"和"清

---

① 胡侠. 高质量推动野生动植物保护工作走深走实——在省野生动植物保护工作联席会议上的讲话[J]. 浙江林业，2023（12）：4-5.

网行动"等专项执法行动，查办野生动植物案件 414 起，收缴野生动植物 1 768 只（株）、制品 253 件，形成了打击非法交易的高压态势，提升了公众保护意识，维护了生态平衡和生物多样性。

三是野生动植物资源本底调查范围拓展。浙江省积极推进野生动物资源本底调查，尤其在安吉、长兴、温岭、德清等地开展县域试点，不断丰富生物多样性数据。安吉县作为省内首个开展此类调查的县，其工作具有里程碑意义，三年内记录了 3 010 种野生及常见栽培高等植物，苔藓植物的调查更是填补了省内空白。长兴县在调查中新记录植物种类 508 种，显示了调查的深度和广度。温岭市和德清县的调查也有助于深入了解当地生物多样性。这些县域调查为浙江省生物多样性保护和生态系统管理奠定了坚实基础。

2. 行业可持续管理水平不断提升

一是企业绿色低碳水平不断提升。浙江省在推动企业绿色低碳发展方面取得显著成效。截至 2024 年 6 月 30 日，浙江省上市公司总数增加到 728 家，其中上交所和深交所上市公司分别占 44.51% 和 47.94%，体现出浙江企业在资本市场的活跃度。在 ESG 报告披露方面，2019—2023 年，披露 ESG 报告的上市公司数量从 99 家增至 244 家（图 8-1），反映了企业对环境责任的重视和对绿色低碳发展的积极响应。在 2024 年中国上市公司 ESG 指数排名中，浙江省有 6 家公司进入全国前 100 名，并列全国第四，彰显了浙江企业在 ESG 绩效上的竞争力。例如，吉利控股集团积极推进电动化、智能化转型，并与电池产业链协同发展，形成生态化布局。大华股份通过自主研发的薄膜复合包装技术，减少了 40% 的包材使用和 50% 的储运空间，展现了企业在绿色包装和资源节约方面的创新能力。

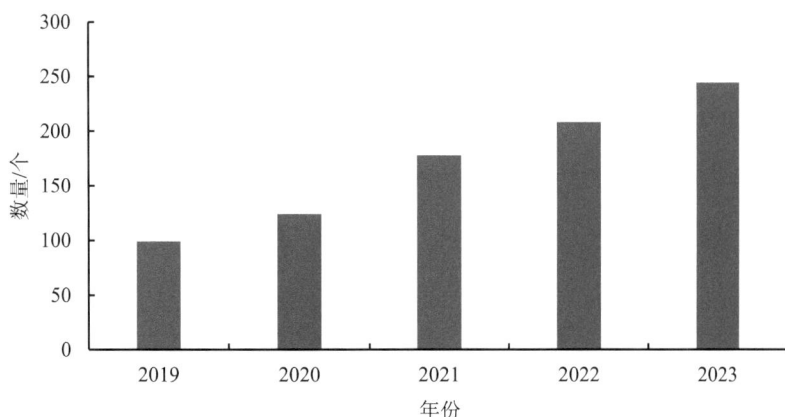

图 8-1　浙江企业 ESG 报告披露情况

数据来源：2024 年度上市公司 ESG 指数评估报告。

二是行业资源效率不断提升。浙江省在资源效率提升方面取得了显著成就，具体如图 8-2 和图 8-3 所示。环境生产率从 2014 年的 292.88 万元/吨标准煤增长至 2023 年的 607.23 万元/吨标准煤，增幅为 107.33%，这反映出浙江省环境友好型生产方式得到了较好的推广，较好地实现了环境保护与经济增长的"双赢"；水资源生产率整体上呈波动上升的态势，由 2014 年的 25.35 元/米³ 上升至 2018 年的 58.53 元/米³。随后在 2019 年出现小幅回落，降至 47.27 元/米³，又在 2023 年达到 113.06 元/米³ 的峰值，这说明浙江省的节水行动取得了良好的成效；能源效率也呈稳定上升的趋势，从 2014 年的 2.13 万元/吨标准煤增长至 2022 年的 2.68 万元/吨标准煤，增幅为 25.82%，这与浙江省能源结构优化、推广节能技术和加强能源管理有关。碳生产率的增长存在一定波动，但整体仍呈上升趋势，从 2014 年的 0.71 万元/吨标准煤增长至 2022 年的 0.84 万元/吨标准煤，这说明浙江省通过积极贯彻低碳发展理念、采用低碳技术等，有效提升了碳效率。综上，浙江省在绿色低碳建设方面取得了显著成效，这不仅有利于经济的可持续发展，也有利于推动生物多样性保护。

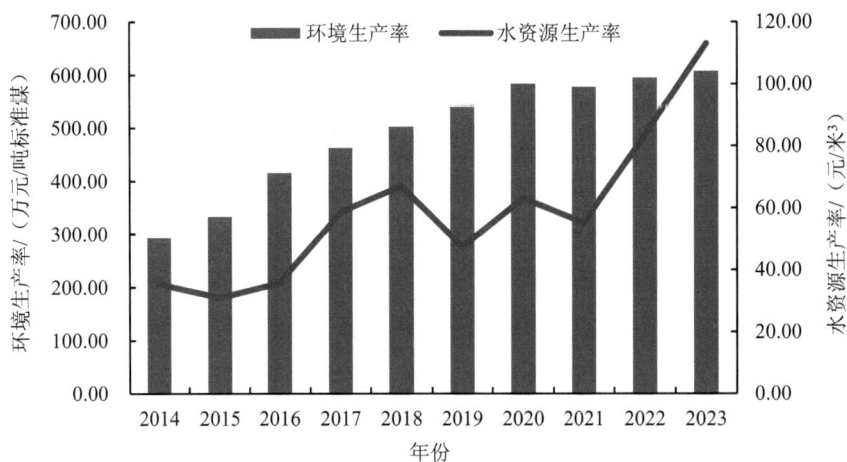

图 8-2 浙江省环境生产率与水资源生产率

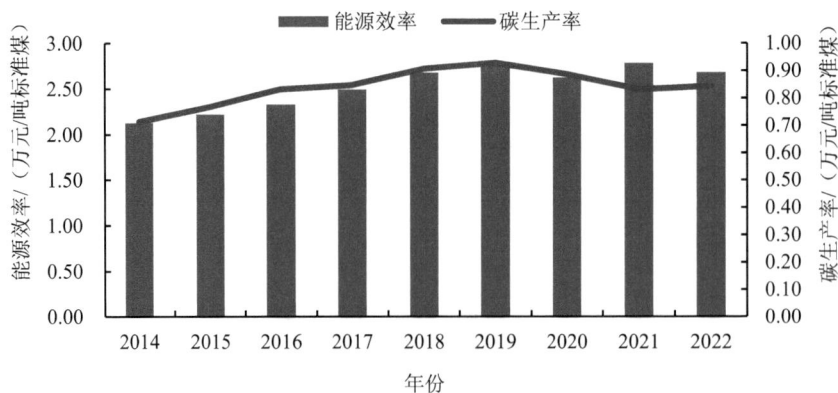

图 8-3 浙江省能源效率与碳生产率

数据来源：图 8-2 和图 8-3 的数据由作者计算所得。

三是生物多样性评价制度已基本建立。浙江省在 2011 年启动生物多样性调查与评价工作，截至 2023 年，全省累计记录了超过 1.2 万种物种，其中 15 种为新发现物种，这不仅彰显了省内生物多样性的丰富性，也体现了评价制度在监测和保护方面的有效性。浙江省不仅重视数据收集和物种记录，还积极实施生态保护措施，如构建生物多样性监测网络、提高自然保护地面积占比、提升森林覆盖率和湿地保护率等。此外，浙江省还发布了全国首个省级生物多样性友好指数，为保护工作提供了量化评估工具，有助于更科学、更系统地推进生物多样性保护工作。通过这些努力，浙江省的生物多样性评价制度已经基本建立，且正在持续推进和完善中。

3. 消费结构绿色转型升级水平得到明显提升

一是绿色低碳产品市场占有率显著提升。2020 年以来，浙江省绿色低碳产品市场占有率显著提升，重点消费领域的绿色转型成效明显，尤其在湖州市，绿色产品市场占有率从 2020 年的 4.8%增加到 2023 年的 13.1%，不仅体现出绿色低碳产品市场的扩张，也反映了消费者对绿色低碳产品的认可和需求[①]。此外，浙江省通过绿色认证推动企业成长，超 80%获证企业获得绿色信贷优惠，促进了绿色产品的市场推广。例如，2023 年浙江省新能源汽车产量超 60 万辆，占全国 6.5%，渗透率达 43%，出口增长 22%，这标志着新能源汽车成为汽车消费市场的重要力量，反映了消费者对绿色交通工具的偏好。这些数据表明，浙江省绿色消费趋势日益明显，绿色消费方式正在成为新的潮流。

二是能源消费结构绿色转型加速。随着"双碳"目标的提出以及产业转型发展，浙江省能源消费结构不断优化，清洁低碳能源越来越受到重视，尤其是风电和光伏发电。总体来看，2019—2023 年，浙江省风力发电量呈现逐年增长的趋势（图 8-4）。从 2019 年的 28.3 亿千瓦·时增长至 2022 年的 90.4 亿千瓦·时，达到近五年的峰值，2023 年略有下降，但仍远高于前几年水平，显示出风力发电的增长潜力。得益于浙江省对风电产业的持续投入和政策支持，截至 2023 年底，浙江省风电装机容量已经达到 584 万千瓦。在光伏发电方面，浙江省光伏产业体系较为完整，涉及上游业务的企业有 6 家、中游企业 190 余家、下游企业 120 余家，配套企业有 40 家，形成了"中间大、两头小"的发展格局。如图 8-5所示，浙江省光伏装机容量呈现稳定的增长趋势。2019 年全省光伏装机容量 1 339 万千瓦，2023 年达到 3 357 万千瓦，增幅约为 150.34%。截至 2023 年底，浙江省内发电总装机为13 077 万千瓦，风光等新能源装机占全省发电总装机比例首次超过 30%。同时，2023 年全省新能源发电量达到 406 亿千瓦时，较 2022 年增长 31%，新能源在保障能源供给中的作用日益显著[②]。

---

① 浙江绿色产品认证获证企业数量居全国第一[EB/OL]．（2023-09-15）[2024-07-21]．https://news.hangzhou.com.cn/zjnews/content/2023/09/15/content_8618863. htm.

② 江新能源发电装机占比首超三成[EB/OL]．（2024-01-12）[2024-07-21]．https://www.gov.cn/lianbo/difang/202401/content_6925732. htm.

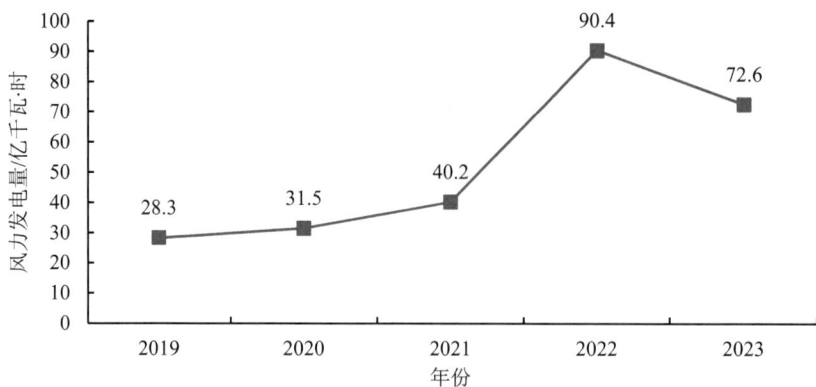

图 8-4   2019—2023 年浙江省风力发电量趋势

数据来源：国网浙江省电力公司。

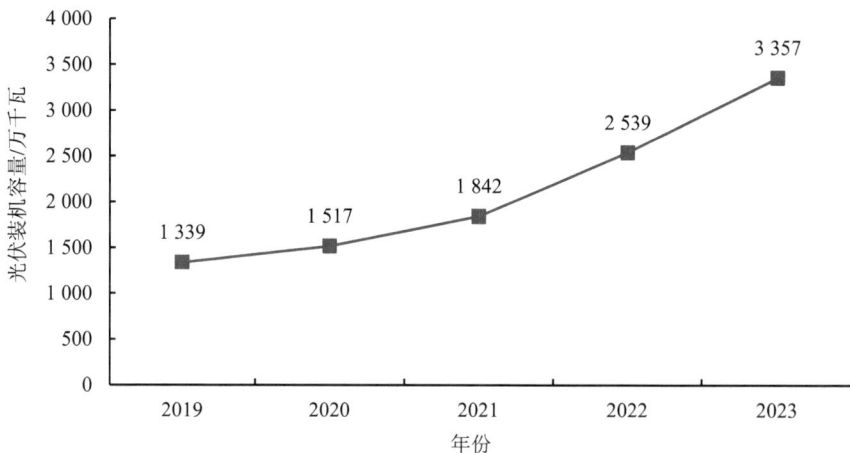

图 8-5   2019—2023 年浙江省光伏装机容量趋势

数据来源：国网浙江省电力公司。

三是居民消费结构绿色化倾向明显。2020 年，浙江省社会消费品零售总额达到 26 630 亿元，比 2015 年增长了 40.8%，这一增长不仅体现在消费总量上，更体现在消费结构的优化上。随着绿色消费观念逐渐深入人心，光盘行动、绿色消费等逐渐成为主流，居民消费结构的绿色化倾向越发明显[①]。例如，2021—2023 年，浙江省新能源汽车的生产和销售量逐年上升（表 8-1），其中，2022 年新能源汽车销量占新车销量比重高达 30.76%[②]。随着居民生活水平的提高和环保意识的增强，越来越多的居民倾向于购买新能源汽车。在

[①] 浙江省发展和改革委员会. 浙江省消费升级"十四五"规划[EB/OL].（2021-05-25）[2024-07-21]. https://fzggw. zj. gov. cn/art/2021/5/25/art_1229123366_2297416. html.

[②] 陈丽莎，尹宏源. 国网浙江电力加快充电桩布局　助力新能源汽车产业发展[EB/OL].（2023-05-24）[2024-07-21]. http://cs. zjol. com. cn/jms/202305/t20230524_25777668. shtml.

绿色物流方面，浙江省通过数字技术推动了行业的共同减碳。例如，菜鸟网络通过构建全链路绿色物流体系，推出了"仓干配减排 5 件套"，包括仓储发货环节的循环包装和原箱发货，运输环节电动车配送，以及末端纸箱回收复用，这些措施显著提升了包装减量和绿色清洁能源的使用比例。

表 8-1　浙江省近三年新能源汽车生产与销售总量

年份	新能源汽车生产量/万辆	新能源汽车销售量/万辆
2021	20.70	20.92
2022	55.93	59.26
2023	63.19	65.80

数据来源：浙江省充换电基础设施年度发展报告。

此外，浙江省还通过生活垃圾回收体系引领低碳生活新风尚。虎哥环境在余杭区通过统一服务标准，提高回收行业从业者的职业认同感，同时通过建立"共富商城"，引导购买山区 26 县和川西 68 县的农副产品，创新了"民帮民"的共同富裕模式。浙江省的绿色消费和绿色产业的发展，不仅提升了居民的生活质量，也为实现"双碳"目标作出了积极贡献。

（二）浙江省加强种质资源和生物遗传资源可持续利用的实践成效

1．种质资源保护和利用体系初步形成

一是成功建立了一批种质资源库。2022 年，浙江省种子管理总站公布了首批省级农作物种质资源库（圃）名单（表 8-2），包括 2 个中期库、13 个资源圃和 1 个原生境保护圃，覆盖水稻等大田作物及茶树、果树等特色作物，共保存约 12 万份种质资源。同年，浙江省首个省级食用菌种质资源库在庆元县建成，拥有"一区一馆三库"，收集了 1 200 多份种质资源和 500 多份活体组织。据《浙江省农作物种质资源调查收集与多样性分析》，2017—2022 年，浙江省对 64 个县（市、区）进行农作物种质资源调查和收集，共获得 3 222 份资源，涉及 49 科 107 属 179 种，并启动首批 3 300 份种质资源精准鉴定评价工作，为种质资源保护和利用奠定了基础。

表 8-2　浙江省首批省级农作物种质资源库（圃）

序号	资源库（圃）名称	建设单位	作物种类
1	浙江省农作物种质资源中期库（富阳）	中国水稻研究所	水稻
2	浙江省农作物种质资源中期库（海宁）	浙江省农业科学院	农作物
3	浙江省茶树种质资源圃（杭州）	中国农业科学院茶叶研究所	茶树
4	浙江省兰花种质资源圃（杭州）	浙江省农业科学院	兰科植物
5	浙江省茶树种质资源圃（丽水）	丽水市农林科学研究院	茶树
6	浙江省中药材种质资源圃（磐安）	磐安县中药产业发展促进中心	中药材
7	浙江省菊花种质资源圃（绍兴）	浙江海丰生物科技股份有限公司	菊科植物
8	浙江省梨种质资源圃（海宁）	浙江省农业科学院	梨

序号	资源库（圃）名称	建设单位	作物种类
9	浙江省葡萄种质资源圃（海宁）	浙江省农业科学院	葡萄
10	浙江省水生蔬菜种质资源圃（金华）	金华市农业科学研究院	水生蔬菜
11	浙江省薯芋类种质资源圃（台州）	台州市农业科学研究院	薯芋类
12	浙江省草莓种质资源圃（杭州）	杭州市农业科学研究院	草莓
13	浙江省食用菌种质资源库（庆元）	庆元县食用菌科研中心	食用菌
14	浙江省柑橘种质资源圃（衢州）	浙江韵泽盈农业科技发展有限公司	柑橘
15	浙江省柑橘种质资源圃（黄岩）	浙江省柑橘研究所	柑橘
16	浙江省云和雪梨原生境保护圃（云和）	云和县农业农村局	云和雪梨

资料来源：浙江省农业农村厅。

　　二是成功建立了一批种质资源保护单位。截至 2023 年，浙江省已建立 64 个涵盖农作物、畜禽、水产的种质资源保护单位，其中水稻中期库的保存量位居世界第三、全国第一，茶树圃的遗传多样性保存量世界第一。2021 年，浙江省公布了首批 43 个省级水产种质资源保护单位，包括苍南县农业农村局等，负责文蛤、黄尾密鲴和河鳗等土著鱼类的保护。例如，三门县等水产养殖区通过建立保护区、增殖放流和环境监测等措施，有效保护了青蟹、缢蛏等种质资源。此外，浙江省还认定了 25 家省级作物种质资源保护单位，如浙江大学等，涉及蚕桑、水稻等多种作物保护（表 8-3）。根据《浙江省现代种业发展"十四五"规划》（浙发改规划〔2021〕256 号），到 2025 年，浙江省将建成省级农作物、畜禽、水产三大核心库，建设种质资源库（场、区、圃）100 个以上，实现应收尽收、应保尽保。

表 8-3　第一批省级作物种质资源保护单位名单

单位名称	保护作物种类	单位名称	保护作物种类
浙江大学	蚕桑	浙江园林植物与花卉研究所	花卉、麻、蔬菜
浙江省农业科学院	水稻、旱粮、蔬菜、果树、食用菌、蚕桑	浙江海丰花卉有限公司	菊花
中国水稻研究所	水稻	浙江韵泽盈农业科技有限公司	柑橘
浙江农林大学	旱粮、蔬菜、花卉、中药材、果树	玉环万得凯文旦观光园有限公司	柑橘（柚类）
中国茶叶研究所	茶树	宁波微萌种业有限公司	蔬菜
宁波市农业科学研究院	水稻、蔬菜、萱草	磐安县中药产业发展促进中心	中药材
台州市农业科学研究院	薯芋类、樱桃、甘蔗	湖州吴兴金农生态农业发展有限公司	蔬菜
衢州市农业林业科学研究院	大豆、蔬菜	庆元县食用菌产业中心	食用菌
温州市农业科学研究院	水稻、旱粮、蔬菜	湖州市农业科技发展中心	蚕桑
嘉兴市农业科学研究院	水稻、蔬菜	绍兴市大禹蚕种制造有限责任公司	蚕桑
丽水市农林科学研究院	茶树	桐乡市蚕业有限公司	蚕桑
金华市农业科学研究院	水稻、蔬菜、旱粮、水生作物、茶树	浙江省原蚕种场	蚕桑
浙江省柑橘研究所	柑橘		

资料来源：浙江省农业农村厅。

　　三是种质资源保护的相关法律法规不断健全。浙江省依据《中华人民共和国种子法》等，出台了《浙江省林草种质资源开放共享管理办法》（浙林绿〔2023〕68 号）、《浙江省农作物种质资源开放共享办法（试行）》（浙农专发〔2022〕1 号）等文件（表 8-4），为种质资源的保护和利用提供了法律保障。同时，结合《浙江省国民经济和社会发展第十四个五年规划和二〇三五年远景目标纲要》（浙政发〔2021〕10 号）等文件，浙江省先后制定了一系列具体的规划和政策，进一步明确了种质资源保护与利用的方向和目标。

表 8-4　2022—2024 年浙江省制定的与种质资源保护和利用有关的法律

序号	法律法规名称	生效日期	发布机构
1	浙江省现代种业发展"十四五"规划	2022 年 1 月 29 日	浙江省发展改革委、省农业农村厅
2	浙江省农作物种质资源开放共享办法（试行）	2022 年 2 月 4 日	浙江省农业农村厅
3	浙江省农业农村厅等 5 部门关于加强种业企业培育的指导意见	2023 年 5 月 1 日	浙江省农业农村厅等 5 部门
4	浙江省林草种质资源开放共享管理办法	2024 年 1 月 21 日	浙江省林业局

资料来源：浙江省农业农村厅、林业局等部门。

2. 生物遗传资源保护和利用能力得到有效提升

　　一是珍稀濒危物种保护成效显著。浙江省对珍稀濒危物种采取了多项保护措施。首先是深入实施濒危物种抢救保护，实施了 37 个濒危物种的抢救保护项目，并建立了 9 个保护基地（表 8-5），如中华凤头燕鸥南麂列岛繁殖地，同时支持江苏、湖南等省份重建朱鹮野外种群，实现了濒危物种数量的增长。其次是健全野生动物收容救护网络，全省共建立 1 个省级、11 个市级陆生野生动物救护中心，年收容救护野生动物达 6 000 余只，野外放归近 4 000 只。再次是强化了野生动物疫源疫病防控，设立了 19 个国家级和 30 个省级监测站，年巡护里程超过 10 万公里。最后是加强了栖息地保护，全省拥有 315 个自然保护地，形成了以国家公园为主体的保护体系，为野生动植物提供了优质的栖息环境。这些措施共同提升了珍稀濒危物种的保护效果。

表 8-5　浙江省主要珍稀濒危野生动植物物种抢救保护成效

物种	保护级别	全国影响力	保护成效
朱鹮	一级	人工繁育种群全国最大	2008 年从陕西省引进 5 对 10 只，2023 年德清县种群数量达 491 只，野外放归、自然繁育种群达 159 只
扬子鳄	一级	全国最大半自然繁育种群	长兴种群数量从最初的 11 条，2023 年繁育种群达 7 000 余条，放归 807 条
华南虎	一级	繁育技术国内领先	2014 年杭州野生动物世界引进华南虎 6 只，已成功繁育成活 12 只
华南梅花鹿	一级	人工繁育和野外放归全国首创	浙江省野生种群数量达 350 多只，人工繁育和野外放归技术全国首创

物种	保护级别	全国影响力	保护成效
中华凤头燕鸥	二级	重要栖息地、繁育地（全球仅有约 200 只）	在象山韭山列岛、定海五峙山列岛实施种群招引与恢复技术，近 2 年年均招引成鸟 97 只、繁育幼鸟近 30 只
百山祖冷杉	一级	全球原生 3 株（浙江特有种）	开展人工辅助促进天然更新，已在原生境自然繁育幼苗 240 多株；利用胚胎技术繁殖的组培苗获得初步成功
普陀鹅耳枥	一级	全球原生 1 株（浙江特有种）	子代育苗 2 万余株，已回归种植 3 800 余株
天目铁木	一级	全球原生 5 株（浙江特有种）	繁育实生苗木 5 500 多株、扦插繁殖苗木 500 多株，已在本省和海南等地开展迁地保护试验
海南黄花梨	二级	温州为国内引种成功的最北缘区域	年育苗 1 万多株，在温州一带种植
天台鹅耳枥	一级	全球原生 280 特有种余株，为浙江特有种	已育苗 1 万多株，回归种植 7 200 株

资料来源：浙江省林业局。

二是生物多样性调查与监测体系逐渐完善。浙江省通过生物多样性基础调查以及借助"浙样生态"平台，精确统计整合数据，全面展示生物多样性及其保护成果。浙江省积极推动野生动植物保护数字化，开发数字监测模块，推广"落地上图"应用和"浙里生物多样友好"微信小程序，提升公众参与度。浙江省全面开展野生动植物资源动态监测，加强县域本底调查，完善监测体系，推动 20 多个县（市）进行相关调查，并探索智能识别监测技术。连续 7 年开展水鸟同步调查，记录了 17.48 万只水鸟，新增 2 个调查区域，并对黑麂、中华斑羚等关键物种进行年度专项调查。在森林生物多样性监测方面，浙江省已建立 30 多个 1 公顷监测样地，为长期监测和研究提供坚实基础。

三是科技创新驱动保护与利用能力提升。浙江省在多个代表性自然保护地构建了动态监测样地体系，推进了 2 000 余处生物多样性长期监测样地建设，各类自然保护地内长期监测样地面积达 1 万亩[①]。例如，丽水市构建了全国首个覆盖全市域的生物多样性智慧监测体系，布设 600 余个监测点位，通过前期采集的大量生物信息，建立了基于 AI 识别的物种自动识别系统。其在白云国家森林公园等区域，集合了实时传输红外相机、鸟类鸣声记录仪、两爬雷达相机、蝴蝶智能监测仪等新型、智能、自动化的监测设备，实现了对植物、哺乳动物、鸟类、两栖爬行动物、昆虫和水生生物等类群的自动化监测。2023 年，丽水市智慧监测体系共监测到鸟类 229 种，达到人工监测结果的 64%，收集到监测数据达 15.7T。

---

① 浙江自然博物院. 浙江自然博物院获浙江省科技进步二等奖[EB/OL]. （2022-07-15）[2024-07-21]. http://ct. zj. gov. cn/art/2022/7/15/art_1229564593_59011088. html.

（三）浙江省推进生物多样性保护与知识传承的实践成效

1．生态优势的生物多样性保护功能逐渐增强

一是生态产品价值转化成效显著。浙江省积极贯彻落实《关于建立健全生态产品价值实现机制的实施意见》（浙委办发〔2021〕43 号），基本建立具有浙江特色的生态产品价值核算体系，有效解决生态产品难度量、难抵押、难交易、难变现等问题。例如，2019 年丽水获批全国首个生态产品价值实现机制试点市。同年，全国首份以村为单位的 GEP 核算报告《遂昌县大田村 GEP 核算报告》出炉。2020 年，浙江省发布全国首部省级 GEP 核算标准《生态系统生产总值（GEP）核算技术规范　陆域生态系统》（DB33/T 2274—2020），为"绿水青山"向"金山银山"转化提供了标准支持。截至 2022 年底，浙江省累计创成 12 个"绿水青山就是金山银山"实践创新基地，数量位居全国第一；各地共成立县级"两山合作社"36 家，开发项目 111 个、累计带动村集体超 1 000 个、村集体累计增收超 5 亿元[①]。通过构建 GEP 核算标准体系、落实自然资源确权登记和生态产品信息普查等措施，浙江省正在不断推进生态产品价值的实现，将生态优势转化为经济优势，为可持续发展提供了坚实的基础。

二是生态文明先行示范行动逐步得到社会认同。2019 年，浙江生态省建设试点率先通过生态环境部验收，成为全国首个建成的生态省。截至 2024 年，浙江省的国家生态文明建设示范区覆盖率达 48.5%，累计创成 49 个，数量位居全国第一；省级生态文明建设示范区覆盖率高达 96%，形成了一批可复制、可推广的生态文明建设优秀案例，基本形成全社会共建共享的良好氛围[②]。例如，下姜村坚持生态优先、绿色发展，从山林覆绿、治污换能、拆危拆旧、大整大治等基础底子着手，主动转变观念，创新发展模式，从"脏乱差"蜕变为"绿富美"，先后建成全国美丽休闲乡村、国家 4A 级景区。此外，通过全要素、全形态、全链条治污，浙江省生态环境公众满意度持续 11 年提升，环境信访总量连续 7 年下降，实现国家污染防治攻坚战成效考核、生态环境公众满意度评价"两个全国第一"。

三是生态经济发展成效显著。浙江省生态经济发展取得了显著成效，为生物多样性保护和可持续利用打下了坚实基础。在绿色工业园区建设方面，全面实施低能耗建筑标准，城镇新建公共建筑和居住建筑设计节能率提升至 75%以上，全面执行绿色建筑标准，这有助于为城市生物多样性提供栖息地[③]。在绿色低碳经济发展方面，2023 年，浙江省数字经济核心产业增加值 9 867 亿元，比上年增长 10.1%，其中规模以上数字经济核心产业制造业增加值增长 8.3%；第三产业增加值占比从 2015 年的 49.8%上升为 2023 年的 56.1%，绿

① 三次转变，成就绿色浙江——"八八战略"实施 20 周年系列综述之五[EB/OL]．（2023-07-01）[2024-07-21]．https://news.hangzhou.com.cn/zjnews/content/2023/07/01/content_8568976.htm?_t=t.

② 浙江省生态环境厅．浙江生态文明建设持续领跑[EB/OL]．（2024-04-24）[2024-07-21]．http://sthjt.zj.gov.cn/art/2024/4/24/art_1201344_58955521.html.

③ 王雯．"浙"里的生物如此多娇　COP15 中国角"浙江日"发布生物多样性保护成果[EB/OL]．（2022-12-12）[2024-07-21]．https://www.mee.gov.cn/ywdt/dfnews/202212/t20221212_1007644.shtml.

色低碳的现代化产业格局初步形成[1]。在循环经济方面，浙江省积极构建循环经济体系，作为全国唯一以整省推进国家农业可持续发展的示范区，已建成 1 050 个现代生态循环农业示范项目。同时，浙江省大力开发绿色农产品和加工品，成功打造 300 个品牌农产品，并将主要农产品的"三品一标"认证率提升至 55%。此外，浙江省 2023 年生态环保产业营业收入达到 2 600 亿元，进一步展示了浙江省在绿色产业发展方面的显著成效[2]。

2．生物多样性友好型城乡建设取得新进展

一是生物多样性友好城市试点顺利开展。磐安县作为全国首个生物多样性友好城市试点，经过三年建设，于 2024 年顺利完成评估。磐安县启动了生物多样性本底调查，与科研机构合作，发现昆虫新种 4 个、浙江新记录物种 5 个、植物新种 13 个，并建立了重点植物数据库。同时，磐安县注重生态资源的可持续利用，优化产业布局，发展休闲旅游、中药材和生物保护型产业，展现磐安特色。通过征集活动、评选比赛和重要节日宣传，持续加大公益宣传，营造全民参与氛围（表 8-6）。截至 2024 年，磐安县已优化 10 个友好单元和推进 9 个体验地建设，形成环大盘山综合体验区，完成 5 大任务和 16 个项目，25 项评价指标持续提升。

表 8-6　磐安县生物多样性友好城市建设成果

成果分类	具体成果	描述
物种监测与数据库构建	发现新物种	昆虫新种 4 个、新记录物种 5 个、植物新种 13 个
	重点植物数据库	以六角莲、七子花、华顶杜鹃等植物为重点
基地建设与特色体验	友好单元优化	友好学校、社区、景区等 10 个友好单元优化提升
	生物多样性体验地建设	推进 9 个生物多样性体验地建设，形成环大盘山综合体验区
	特色体验地验收	优尼家森林动物拟态栖息研究馆入选省级特色体验地验收名单
	研学路线推出	推出生物多样性研学路线，大盘山博物馆开展动植物资源展览
产业融合与生态价值	休闲旅游产业	以花溪村为代表的休闲旅游产业
	中药材产业	以江南药镇养生博览馆为代表的中药材产业
	生物保护型产业	以优尼家为代表的生物保护型产业
宣传引导与氛围营造	友好城市 LOGO 和宣传标语征集	开展相关征集活动
	《自然笔记》评选	中小学生《自然笔记》评选活动
	公益宣传活动	利用国际生物多样性日等载体加大公益宣传力度
	媒体宣传报道	在新华网等省级以上媒体平台宣传报道 20 余篇
	生物多样性专栏	在《磐安报》开设每月二期的生物多样性专栏
	《生多课堂》专栏	在融磐安 App 上推出《生多课堂》专栏

数据来源：整理自磐安县人民政府网。

---

① 浙江省统计局国家统计局浙江调查总队. 2023 年浙江省国民经济和社会发展统计公报[N]. 浙江日报，2024-03-04（8）.

② 温笑寒. 浙江做大做强生态环保产业[N]. 中国环境报，2023-12-26（1）.

二是生物多样性友好乡镇试点已初见成效。自 2021 年 12 月，宁波市龙观乡与生态环境部宣传教育中心合作，启动了全国首个生物多样性友好乡镇试点项目，并形成了"龙观十工法"。该项目在标准体系建设、资源调查、体验载体打造和绿色产业集聚等方面取得显著成果，包括制定 12 个地方标准，发布全国首个乡镇级生物多样性保护文件《生物多样性友好乡镇规划指南》（DJG 330203/T 001）和《生物多样性友好乡镇　基于自然的解决方案实施指南》（DJG 330203/T 002）。此外，龙观乡还发布了《宁波市海曙区龙观乡生物多样性友好行动计划（2024—2026 年）》，成为全国首个乡镇层面的生物多样性保护行动计划。在绿色产业方面，龙观乡实现行政村光伏覆盖率 100%，光伏装机容量达 5 300 千瓦，成为知名的"零碳"乡镇。同时，龙观乡推动农旅融合，通过生物多样性日等节庆活动，提升农家乐游客接待量，2023 年达 11.75 万人次，年度营业收入 888.98 万元，同比增长 6%①。根据《宁波市海曙区龙观乡生物多样性友好乡镇建设第一次评估报告》，龙观乡在 26 项指标中有 14 项满分，总分为 87.5，达到了 5A 级生物多样性友好乡镇标准。

三是生物多样性体验地建设有序推动。浙江省率先在全国探索生物多样性体验地建设，已经成功完成了龙泉、庆元、仙居、海曙等首批 4 个体验地建设，并开展了 15 个在建生物多样性地的培育。2023 年，杭州植物园、杭州西溪国家湿地公园生物多样性体验地、萧山区寺坞岭生物多样性体验地等 15 地入选浙江省第二批生物多样性体验地建设名单。2024 年，奉化云上大堰生物多样性体验地、泰顺乌岩岭生物多样性体验地等 9 地入选浙江省第三批生物多样性体验地建设名单。此外，2024 年，浙江省进一步优化生物多样性友好试点的布局，包括杭州上城区、海盐澉浦镇、开化高田坑村及温州三垟湿地等在内的多个不同社会场景。这些试点项目不仅覆盖了城区、乡镇、乡村、企业、湿地等多种类型，而且展示了浙江省在生物多样性保护方面的广泛性。

3. 保护生物多样性的理念逐渐深入人心

一是生物多样性保护正在逐渐成为公众共识。随着社会的不断进步和环保教育的深入，公众对生物多样性的保护意识逐渐增强。据浙江在线报道，2019—2024 年杭州举办了 1 100 场生物多样性相关活动，组织研学超 200 次，激发了公众参与生物多样性保护的热情。2023 年，杭州市举办了首届"生物多样性观察节"，推出了一系列公众参与活动，如科学家引导的调查、城市萤火虫观察和观鸟活动。同时，杭州还有 4 个案例入选"生物多样性全球 100+典型案例"，涌现出"西湖鸳鸯护卫队"等有影响力的人物和案例，有效提升了公众保护意识。此外，浙江省其他地区也积极举办相关活动，如 2024 年国际生物多样性日浙江主场活动在绍兴举办，通过播放宣传片、发布调查成果和公布优秀案例等②，进一步提升了公众对生物多样性保护的认识和参与度。

---

① 李德龙. "龙观十工法"打通生物多样性友好保护基层实践链路[EB/OL]. （2024-11-15）[2024-07-21]. https://nb.ifeng.com/c/ 8eX3LoM7JQv.
② 浙江省生态环境厅. 2024 年国际生物多样性日浙江主场活动在绍兴举行[EB/OL]. （2024-07-01）[2024-07-21]. http://sthjt.zj.gov. cn/art/2024/7/1/art_1229123475_58956417. html.

二是社会组织助力生物多样性保护网络建设成效初显。社会组织已成为生物多样性保护的重要推动力，其通过公益活动、科普教育和技术支持等方式，为保护工作提供了多样化和专业化的支持，并构建了广泛的保护网络[①]。例如，绍兴市越城区的志愿者积极参与浙东运河的生物多样性保护，通过清理河道垃圾、监测水质和记录生物种类等活动，为生态修复提供了数据支持，有效提升了运河的生物多样性。杭州市西湖区也开展了"守护萤火"行动，组织开展公民科学活动，通过互联网萤火虫目击情报征集、专家志愿者线下调查、萤火虫科普公众活动等，探索了城市居民参与萤火虫保护的实践路径。这些努力使得生物多样性保护工作更加系统和有效。

三是数字技术助力生物多样性保护，拓展参与渠道。浙江省推出的"守护'浙'自然"小程序借助现代信息技术，简化了公众参与生物多样性保护的流程，有效拓宽了参与渠道。小程序提供"物种分布"信息，接入全省生物多样性数据，展示各类生物的分布和基本信息，让公众快速掌握周边生物多样性状况。用户可以通过"随手记"功能上传物种数据，参与在线调查和讨论，为政策制定提供意见。例如，在丽水市的生物多样性调查中，公众参与帮助发现了64种中国新记录种、263种浙江省新记录种，以及全球两栖动物新物种——百山祖角蟾[②]。小程序的AI识别功能和"物种分布"展示，使公众从旁观者变为参与者，共同促进生物多样性保护。

三、浙江省提升生物多样性可持续利用与惠益共享水平的经验启示

（一）创新管理模式，发挥市场的经济调节机制

一是创新生态产品价值实现机制。浙江大胆探索生态产品价值实现机制，将优质生态资源中所蕴含的内在价值转化为显性的经济效益、社会效益和生态效益[③]，推动经济高质量发展。一方面，浙江以"走在前、做示范"的果敢担当，构建具有浙江特色的GEP核算应用体系，使保护生物多样性成为经济发展的内在动力；另一方面，浙江推动建立碳排放权、水权、林权等资源使用权交易市场，如淳安首创特别生态功能区机制，创新探索生态资源资产产权（如水权）交易等，为国家重点功能区推进生态产品价值实现积累了经验。

① 刘海燕，张惠远，冯骥，等. 生物多样性主流化进展与对策[J]. 环境科学研究，2024，37（10）：2110-2117.
② 董浩，王雯，晏利扬. 浙江省生物多样性公众参与网络平台上线[N]. 中国环境报，2021-06-16（1）.
③ 高攀，南光耀，诸培新. 资本循环理论视角下生态产品价值运行机制与实现路径研究[J]. 南京农业大学学报（社会科学版），2022，22（5）：150-158.

二是推进绿色金融改革。浙江省引入绿色金融机制，加强对生态环境保护和修复，实现经济发展和生态保护的"双赢"[①]。各地积极探索金融产品服务创新，如创新推出湖州"绿色园区贷"、衢州"个人碳账户"、台州中小企业"绿色节能贷"等绿色金融产品，推动经济社会可持续发展。同时，浙江省将市场机制与金融工具结合，如安吉农商银行依托竹林碳汇交易平台，创新推出竹林碳汇系列信贷产品，促进了生态价值的实现，为生物多样性保护注入了新动力。此外，银行积极为企业提供更有针对性的金融产品和服务，助力新兴产业发展壮大。如中国农业银行浙江省分行率先布局电动汽车、锂电池、太阳能电池等行业，将金融服务的着力点放在建设现代化产业体系上。

三是利用财税政策调节市场行为。浙江省税务部门积极落实以环境保护税为主、多税种调节为辅的政策体系，利用财税政策调节市场行为，充分发挥绿色税制的正向激励作用[②]。从需求端鼓励绿色消费、遏制高消费，通过优化消费税征收范围和税率，充分发挥其对绿色生产和绿色消费的调节作用。例如，浙江省对节能环保电池和涂料免征消费税，这一政策直接降低了绿色产品的成本，鼓励消费者选择更加环保的产品；杭州杭联热电有限公司因投资数亿元进行环保设备改造，享受了连续三年的环保税减免优惠，并获得了 200 多万元的所得税抵免优惠，实现了经济效益和生态效益的"双赢"。

（二）坚持绿色发展，把生态优势更好地转化为发展优势

一是构建绿色产业体系，推动产业结构优化升级。浙江省加强顶层设计，系统谋划减污降碳协同推进工作，以科学战略引领绿色产业体系的构建。一方面，聚焦钢铁、建材、石化等高耗能行业，加快推动绿色低碳改造，依法依规淘汰落后产能和过剩产能，促进传统产业转型升级[③]。如 2020 年，嘉兴市围绕"退低进高"（腾笼换鸟）、"退散进集"的工作部署，淘汰了落后和过剩产能涉及的企业 215 家。另一方面，浙江大力发展数字经济、智能制造、生命健康、新材料等战略性新兴产业，培育形成一批低碳高效新兴产业集群，推动产业结构向绿色化方向发展。

二是大力发展生态产业，协同推进保护与发展工作。浙江省大力发展生态农业、生态旅游等绿色产业，通过科技创新和模式创新，提高生态产业的附加值和竞争力。浙江省通过推广"稻鱼共生""农光互补"等生态农业模式，优化农业生态系统结构，实现了农业增收与生态保护的双重目标[④]。例如，嵊州市三界镇的飞翼生态园通过发展太空农业、循环农业和休闲农业，成为现代农业综合体和旅游景区的样本。

三是重视绿色财政政策的正向激励作用。浙江省围绕生态系统构建财政奖补政策体系，涉及 11 项政策，采用交界断面水质类别、森林覆盖率、PM$_{2.5}$ 等 30 多项指标，基本

① 寇江泽，尹晓宇，李蕊. 探索生态优先和绿色发展新路子[N]. 人民日报，2024-06-08（7）.
② 沈满洪. 论环境要素市场化配置[J]. 浙江学刊，2024（5）：5-12.
③ 黄鑫. 制造业加快转型升级[N]. 经济日报，2023-02-13（1）.
④ 许雅文，唐豪. 五问浙江乡村振兴[N]. 浙江日报，2021-07-26（5）.

实现了生态保护领域财政政策的全覆盖。同时，浙江省财政部门针对不同地区分类实施差别化的生态环境质量财政奖惩制度，构建与主体功能区布局相适应的财政政策体系[①]。例如，对重点生态功能区实行与出境水水质、森林质量以及空气质量挂钩的财政奖惩制度。此外，浙江省始终坚持生态优先原则，出台一系列保护措施和实施意见，明确规定不得调整生态保护红线。

（三）深化试点示范，推进人与自然和谐共生

一是加强政策支持，为试点示范提供有力保障。浙江省通过制定财政补贴、税收优惠、金融支持等一系列优惠政策，鼓励试点地区加大生态保护力度，从而确保试点工作顺利推进[②]。例如，磐安县政府鼓励金融机构创新金融产品和服务，如绿色债券、绿色基金等，为生物多样性保护项目提供更多的融资渠道；湖州市通过建立"生态绿币"机制、推行湿地碳汇交易等举措，积极构建生态保护绿色金融支持体系，为生物多样性保护工作提供坚实的资金保障。

二是实施绿色考核机制，激发绿色发展活力。浙江省在试点地区探索建立生态优先、绿色发展的考核评价体系，将生态环境质量作为领导干部政绩考核的重要内容，引导各级政府转变发展理念。同时，从 2017 年全面实行领导干部自然资源资产离任审计制度，要求领导干部在任期内对自然资源资产的管理责任进行审计[③]，并且逐步扩大试点范围，探索出一条人与自然和谐共生的可持续发展经验，助力推动全省生态文明建设迈上新台阶。

三是鼓励公众参与，增强公众环境意识。浙江省充分利用公众力量，多措并举提高公众生物多样性保护意识。一方面，浙江省将生物多样性保护融入地方传统文化。例如，杭州市上城区推出生物多样性二十四节气系列体验活动，并在宋韵生活体验点中融入生物多样性、节能低碳、零废弃物等绿色元素，在感受中华优秀传统文化的同时提高公众的生物多样性保护意识。另一方面，浙江省加强宣传教育，提高公众自觉性。围绕生物多样性保护的重点工作，积极传播典型案例、典型人物和先进经验，由政府牵头组织，走进社区、学校等重点场所，开展多样化的宣传教育活动和法律救援宣讲[④]。此外，还打造"志愿浙江"等平台，拓宽公众参与途径，通过推出"守护'浙'自然"小程序，允许公众随时随地参与生物多样性调查等活动。

① 郭尽美，陆海东，沈琛杰，等. 浙江创新打造绿色发展财政奖补机制[N]. 中国财经报，2023-10-19（1）.
② 胡静漪. 细化优惠政策强化金融支持[N]. 浙江日报，2024-05-11（1）.
③ 曾昌礼，刘雷，李江涛，等. 环保考核与企业绿色创新——基于领导干部自然资源资产离任审计试点的准自然实验[J]. 会计研究，2022（3）：107-122.
④ 王世琪，胡静漪. 三次转变，成就绿色浙江[N]. 浙江日报，2023-07-01（1）.

四、浙江省提升生物多样性可持续利用与惠益共享水平的对策建议

（一）加强政策法规体系建设，强化对野生动植物资源利用的监管

一是制定更为严格的法律法规。国家层面需持续推动野生动植物保护法律的修订与完善，确保法律条款的全面性、系统性和权威性，以更高的法律层级和更强的法律约束力，为野生动植物资源保护提供坚实的法律支撑[①]。同时，鼓励并支持浙江省根据本地的生态环境特点、物种分布情况及资源利用现状，制定具有鲜明地方特色的野生动植物保护法规，形成与国家法律法规相互衔接、相互补充的地方立法体系，构建起上下联动、紧密衔接的野生动植物保护法律网络。

二是进一步强化监管机制建设。要明确林业、农业农村、市场监管等相关部门在野生动植物资源保护及利用监管中的具体职责与分工，确保各部门各司其职，形成多部门协同合作的良好格局。同时，充分利用大数据、物联网等现代信息技术手段，建立健全野生动植物资源数字化监管网络，实现对野生动植物的实时监控与动态管理，确保对野生动植物资源利用活动的全方位监管[②]。此外，建立健全违法违规行为的举报奖励机制，鼓励公众积极参与监督，形成全社会共同参与野生动植物资源保护的浓厚氛围。

三是进一步推动社会共治。充分利用各类媒体平台，广泛宣传野生动植物保护的重要意义、法律法规及科学知识，提高公众的法律意识和保护意识。通过制作播出公益广告、开设教育课程、举办科普讲座等形式多样的活动，引导公众树立尊重和爱护自然的生态文明理念[③]。同时，积极培育和支持社会组织、志愿者等公众力量参与野生动植物资源保护及利用监管工作，发挥其在宣传教育、监督举报等方面的积极作用，构建起政府主导、市场调节、社会参与、公众受益的野生动植物保护共治格局。

（二）优化生态补偿机制，提高生态补偿的效果和可持续性

一是探索市场化生态补偿机制。鼓励创新生态产品的产业化经营模式，促进生态产品价值增值。通过开展多部门、宽领域、跨学科的研究，挖掘生态产品的潜在价值[④]；通过深化"两山银行"建设，持续推进生态资源权益交易。同时，强化生态产品市场交易与生态保护补偿的协同发展，推进碳排放权交易、排污权交易等市场机制，构建涵盖更广泛领

---

① 齐月，郝海广，张哲. 协力推进生物多样性保护的策略研究[J]. 环境保护，2023，51（18）：41-44.
② 李风. 为了生物多样性之美[N]. 中国自然资源报，2021-11-22（3）.
③ 石飞. 以法之名守护生物多样性[N]. 法治日报，2022-10-12（4）.
④ 张盛，李宏伟，吕永龙，等. 可持续生态学视角下生态产品价值实现的思路[J]. 中国人口·资源与环境，2024，34（6）：151-160.

域的生态保护补偿市场体系[①]。此外，设立明确的市场交易规则和监管机制，激励企业和个人积极参与生态保护活动，将生态保护的外部性内部化，从而提高生态补偿的效率和可持续性。

二是构建综合性的生态保护补偿考核指标体系。浙江省要通过利用先进的监测技术和数据平台，实时监测和评估区域内的空气质量、水质、土壤质量等关键环境指标。在此基础上，构建一个综合性的生态保护补偿考核指标体系，包括生态质量指数、人居环境质量评价、区域发展绩效评估等多个维度[②]。该考核体系不仅强调生态保护的重要性，而且明确了生态保护与经济发展的协调关系，确保生态保护不能成为经济发展的障碍，而要成为推动经济高质量发展的动力。通过实施该考核体系，浙江省能够更科学地认识经济发展与生态环境保护之间的互促共进关系，在尊重生态环境规律的基础上，合理利用生态环境，推动经济持续健康发展，实现人与自然和谐相处。

三是加大政策透明度和监督检查力度。加大政策宣传力度，通过政府网站、媒体平台等多种渠道发布政策信息，确保居民了解并遵守生态保护法规。同时，建立健全公众监督机制，鼓励居民和社会组织参与生态保护的监督和举报工作，形成全社会共同参与的良好氛围。此外，加大对生态补偿政策实施效果的监督检查力度，建立健全监督检查机制。通过定期或不定期的巡查、抽查等方式，对生态保护项目的实施情况、资金使用情况进行全面监督，确保政策得到有效执行。对于发现的问题和违规行为，应及时进行纠正和处罚，形成有效的震慑作用[③]。

（三）完善生态产品价值评估和交易机制，协同带动生物多样性保护水平提升

一是完善生态产品价值评估核算体系。依托大数据、物联网、云计算等新一代信息技术，建设开放共享的生态产品信息云平台，并完善生态产品价值核算指标体系、具体算法和数据来源等，逐步构建完善的生态产品价值核算标准体系，并加强对评估核算结果的应用。在全省范围内推进 GEP 核算试点，确保核算工作覆盖各个层级和领域，实现核算区县全覆盖，并将生态产品价值核算结果纳入政府决策和绩效考核评价体系，使其成为衡量地区生态保护成效和生态产品价值的重要依据[④]。

二是健全生态产品交易机制。浙江省要完善生态产品交易市场机制建设，通过推出线上线下相结合的交易平台，促进生态产品的流通与交易，推动生态产品价值实现。同时，以市场机制激励企业和个人参与生态保护，推动生态产品的市场化配置。例如，通过碳汇

---

① 张海峰，沈坤荣，梁若冰，等. 生态补偿奖惩机制改革对大气污染治理的优势效应研究[J]. 管理世界，2024，40（6）：114-133.

② 鄢德奎. 生态补偿的制度实践与规范重塑——基于 154 份地方立法文本和规范性文件的实证分析[J]. 法学评论，2024，42（2）：158-171.

③ 张维. 我国生态保护修复监管体系初步建立[N]. 法治日报，2024-06-07（5）.

④ 李禾. 用好 GEP，给绿水青山贴上"价格标签"[N]. 科技日报，2023-03-21（8）.

交易、水权交易、排污权交易等方式，实现生态产品的价值转化和利益共享①。此外，积极探索补偿、税费优惠、抵质押、租赁、基金、信托、股权交易等多元化的交易方式，以满足不同生态产品的交易需求。

三是充分发挥两者的协同带动作用。完善生态产品价值评估和交易机制，加强生态产品价值评估与交易机制之间的衔接和联动，确保评估结果能够顺畅转化为交易价格②。一方面，要建立健全定期沟通、信息共享和联合执法等机制，保障评估与交易工作的协同推进；另一方面，要建立健全生态产品价值评估和交易市场的监管体系，强化对市场主体的监管和约束，并定期反馈评估与交易机制的实施效果，及时调整优化政策措施和工作机制。

---

① 沈满洪. 深化生态文明体制改革：出台背景、框架体系及保障机制[J]. 治理研究，2024，40（5）：16-20，157.
② 沈满洪. 论环境要素市场化配置[J]. 浙江学刊，2024（5）：5-12.

第九章

浙江省加强生物多样性保护能力保障的实践

生物多样性保护是我国生态文明建设的重要内容之一，也是全球共识①。在习近平生态文明思想指引下，浙江省坚持绿色发展，通过数字化管理、科研合作和广泛宣传，有效提升了生物多样性保护水平和公众环保意识。作为中国式现代化的先行者，浙江省在平衡经济增长与生态保护方面树立了典范，"千万工程"、"蚂蚁森林"项目和"蓝色循环"海洋塑料废弃物治理模式获联合国"地球卫士奖"。本章综合分析了浙江省在加强生物多样性保护能力保障方面的实践经验、成效及启示，并提出对策建议，旨在深化实践，推动保护进程，同时为国内外生物多样性保护提供浙江经验和智慧。

一、浙江省加强生物多样性保护能力保障的具体实践

（一）数字赋能浙江省生物多样性调查与监测的实践

1. 持续深化生物多样性调查，全面构建生物多样性"保护网"

一是利用数字技术深化调查。浙江省深入贯彻习近平生态文明思想，先后出台《浙江省生态环境保护"十四五"规划》（浙发改规划〔2021〕204号）、《关于进一步加强生物多样性保护的实施意见》（浙委办发〔2022〕23号）等文件，旨在以数字化改革推动生物多样性保护融入生态文明建设全过程。自2019年起，浙江省投入超1亿元专项资金，启动丽水市、舟山市及27个县的生物多样性调查评估，利用无人机航拍、卫星遥感和移动GIS技术，构建全省生物多样性调查与监管系统。浙江省生态环境厅开发的"浙样生态"平台，整合多部门数据资源，实现生物多样性保护的集中监控和统一调度，上线一个月即归集135万余条数据。浙江省还探索数字技术与生物多样性保护的融合，如磐安县"智慧药园"项目，

---

① 和音. 推动全球生物多样性治理迈上新台阶[N]. 人民日报，2022-12-18（3）.

通过数字化监控药材全周期，结合生态旅游和研学，实现药材保护与利用的"双赢"。

二是构建生物多样性数据库。浙江省相继出台了《浙江省八大水系和近岸海域生态修复与生物多样性保护行动方案（2021—2025 年）》（浙政办发〔2021〕55 号）、《浙江省生物多样性保护战略与行动计划（2023—2035 年)》（浙政办发〔2023〕15 号），旨在加强生态保护与修复，构建生物多样性数据库。浙江省生态环境厅联合多家科研机构，建立了包含物种分布、生境状况和保护现状的数据库，收录了超过 30 000 种生物记录，识别出 100 多种珍稀濒危物种，并为它们制订了保护计划。湖州市完成了全域生物多样性本底调查，建立了生物多样性数据库，并对朱鹮、扬子鳄、安吉小鲵等濒危及特色物种实施了重点保护。吴兴区推出的"生物多样性一网通"平台，整合了 2 400 多种生物的基础信息，创建了可视化的"生物圈"。衢州市自 2019 年起全面启动生物多样性本底调查，截至 2023 年，两区一市三县已基本完成本底调查，记录到 10 643 种生物物种，占浙江总物种数的 82.28%，为生物多样性保护提供了科学依据。

三是动员全社会力量参与调查。为推动社会各界参与生物多样性保护，浙江省相继出台了《关于进一步加强生物多样性保护的实施意见》（浙委办发〔2022〕23 号）、《浙江省水生生物多样性保护实施方案》（浙环函〔2020〕106 号）等文件，旨在动员全社会参与生物多样性调查，实现数据实时更新。例如，丽水市推出的"浙江省生物多样性公众参与网络平台"鼓励公众记录和上传信息，而"浙里生物多样友好"App 则让用户上传物种信息并获取知识，自上线以来，已有超 10 万用户注册，上传超 5 万条信息，其中 30% 被纳入官方数据库。绍兴市与环保 NGO 合作开展"保护湿地，保护生物"项目，动员志愿者、学生和企业参与湿地生态保护与物种调查，提升湿地保护意识。2023 年，绍兴市动员超 5 000 名志愿者参与湿地保护，记录 200 多种湿地植物和 150 多种湿地动物，清除 100 多吨垃圾，有效改善湿地环境。这些措施不仅增强了公众参与度，也为生物多样性保护提供了宝贵的数据支持。

2. 健全生物多样性常态化监测评估体系，提升管理能力

一是运用物联网技术实时监控。浙江省颁布了《浙江省自然资源调查监测体系构建实施方案》（浙自然资厅函〔2021〕179 号）、《浙江省八大水系和近岸海域生态修复与生物多样性保护行动方案（2021—2025 年）》（浙政办发〔2021〕55 号）等文件，旨在实时监测生物多样性状态、预警潜在危机以及优化保护策略。自 2015 年起，浙江省积极应用智能环保和物联网技术，截至 2023 年，已建立覆盖 50 多个重点生态区域的监测网络，实时监控包括金丝猴、朱鹮等在内的 100 多种珍稀濒危物种。西湖生态监测系统通过布设水质传感器、空气质量检测设备和鸟类活动监测器，实时收集水温、pH、溶解氧等数据，评估生态健康状况。钱塘江流域杭州段建立了 8 个水质自动监测站，24 小时监测水质，每 4 小时输出数据，通过 CDMA 无线技术，工作人员可随时调取数据，提高了数据获取的便捷性和时效性，为快速定位污染源和制定污染治理决策提供了支持。这些措施有效提升了浙江省生物多样性保护的科技水平和响应能力。

二是建立生物多样性监测平台。浙江省制定了《浙江省生态环境质量监测点位管理办法》（浙环函〔2021〕221 号）等文件，旨在利用科技手段构建生物多样性智慧监测体系，建立智慧监管和巡查系统。为加强保护力度，浙江省生态环境监测中心联合多家科研机构和保护地管理部门，建立了生物多样性监测平台，整合全省自然保护区和生态监测站点数据，实现信息实时共享①。自 2020 年启动以来，该平台已覆盖全省 18 个国家级和 30 个省级自然保护区，连接超过 100 个监测站点。例如，千岛湖通过"千岛湖智慧生态监控平台"利用物联网技术进行实时监控，并建立了水质水华预测预警系统。同时，淳安全域智治平台"秀水卫士"上线，有效处理了多次水源地和河流预警，以及农村污水处理问题。此外，淳安县还建立了生物监测平台，专注于植物群落和鸟类群落研究，为生物多样性保护提供科学支撑。

三是开展生物多样性评估。为加强生物多样性保护，浙江省出台《关于进一步加强生物多样性保护的实施意见》（浙委办发〔2022〕23 号），明确提出构建生态系统和物种两个层次的生物多样性评估体系，并定期评估发布报告。自 2020 年起，浙江省对舟山、丽水等 29 个区域进行了生物多样性调查评估，布设红外相机 3 300 多台次，发现物种 12 935 种。例如，温州市通过大规模监测，评估沿海湿地等区域的生物多样性，划定生态保护区并限制开发活动。2022 年数据显示，温州物种多样性指数为 0.75，生态修复效果显现，生物种群数量增加。台州市则着重生态网络建设，通过生态廊道提升物种流动性和基因多样性，特别关注濒危物种"台州青蛙"，其种群数量在生态廊道建设后增长约 15%。

3. 强化数字赋能，助力生物多样性保护迈上新台阶

一是加强智能监测设备的投入使用。为完善生态环境监测网络，浙江省颁布《浙江省生态环境监测网络建设方案》（浙政办发〔2016〕155 号）等文件，旨在加强智能监测设备的投入使用，提升生物多样性保护效能。自 2021 年起，浙江省在 10 个生态功能区部署了 200 多台智能监测设备，记录了超过 50 000 次野生动物活动，包括东方白鹳和黑脸琵鹭等濒危物种。宁波市建立了"1+4+X"生物多样性观测网络，包括 1 个研究中心、4 个观测站和 17 个野外观测场，覆盖 10 大生物类群，调查点位超过 200 个。丽水市通过林区的红外监控和声音采集器，实时监测虎豹活动，5 年内种群数量稳定，分布范围扩大了 20%。杭州西溪湿地公园的自动化监测系统实时监控水质、土壤、气象和生物多样性，为保护区和生态功能区管理提供了数百万条数据支持。

二是加强人工智能技术的应用。浙江省通过制定《关于进一步加强生物多样性保护的实施意见》（浙委办发〔2022〕23 号）等文件，强调将生物多样性保护与人工智能技术结合，推动智慧生态系统建设，实现生物多样性保护与经济社会绿色发展良性互动。例如，丽水市运用 AI 技术建立了物种自动识别系统，能识别华东地区 300 余种动物和 1 300 余种昆虫及水生生物。同时，丽水建立了 600 多个监测点的智慧监测体系，2023 年，监测到

---

① 梁秋英，刘慧. 3S 技术与生物多样性研究[J]. 生物学杂志，2007（2）：63-65.

229 种鸟类，相当于人工监测的 64%①。嘉善县在长三角一体化示范区祥符荡部署了 AI"鸟脸识别"系统，实现精准识别和实时监测鸟类。此外，杭州西湖、绍兴湿地等地使用无人机搭载 AI 识别技术监测候鸟迁徙，提高了数据采集效率和准确性，降低了人工巡查成本。

三是加强生物多样性的宣传教育。为科学保护与合理利用生物多样性资源，浙江省相继出台《关于进一步加强生物多样性保护的实施意见》（浙委办发〔2022〕23 号）、《浙江省生态环境厅关于开展浙江省生物多样性体验地建设的通知》（浙环发〔2022〕8 号）等文件，旨在推动公众参与生物多样性保护。浙江省在全国率先建设生物多样性体验地，已建成龙泉、庆元、仙居、海曙 4 个体验地，并培育 15 个体验地。通过 VR 体验区、4D 影院和生态互动游戏等设施，吸引了超过 50 万人次游客，其中 80% 表示对生物多样性有了更深的认识。浙江省还通过微博、微信公众号和抖音等平台广泛传播保护知识，提高公众关注度。杭州市上城区推出二十四节气系列体验活动，西湖区则以"守护萤火"为主题，组织公民科学活动，探索城市居民参与萤火虫调查与保护的路径。这些活动有效提升了公众对生物多样性保护的意识和参与度。

（二）浙江省加强生物多样性保护科研与对外交流的实践

1. 强化科学研究和人才培养，夯实科技赋能生物多样性保护根基

一是加大科研资金投入。浙江省积极落实国家生物多样性保护政策，先后制定《关于进一步加强生物多样性保护的实施意见》（浙委办发〔2022〕23 号）、《浙江省生态环境保护专项资金管理办法》（浙财资环〔2023〕55 号）等文件，旨在加强科研机构建设和资金投入，支持关键科研项目和科研团队，解决监测、评估和恢复生物多样性的技术难题。例如，泰顺县率先实施"一优先五捆绑"改革，每年投入 1 亿元奖励资金，强化生物多样性保护基础。2024 年 3 月 25 日，浙江省财政厅和生态环境厅联合发布 28 660 万元的省级生态环境保护专项资金，重点支持生态环境监测预警、质控研究和大数据实验室等课题项目，为科技赋能生物多样性保护提供了坚实的资金支持②。这些措施有效促进了生物多样性保护工作的科学化和系统化。

二是实施积极的人才新政。浙江省积极落实《关于进一步加强生物多样性保护的意见》（中办发〔2021〕53 号）等文件要求，制订了《浙江省生物多样性保护战略与行动计划（2023—2035 年）》（浙环发〔2023〕10 号）等文件，旨在构建专业人才梯队，将生物资源转化为发展基础。例如，泰顺县建立了以生物多样性为主攻方向的省级博士后工作站，组建了"1 名博士后+6 名硕士"的研究团队，实施精准科研路径，打造高端科研平台，助力生态文明建设和绿色发展。庆元县则通过实施人才科技新政和生态工业政策等 23 条

① 丽水市生物多样性保护进展及智慧监测体系建设成果发布[EB/OL].（2024-03-29）[2024-07-21]. http://www.zj. xinhuanet. com/20240329/893c84afac9a4a9ebeee83bc869e1a76/c. html.

② 浙江省生态环境监测中心. 浙江省生态环境监测中心省级重点实验室 2024 年度开放基金申报指南[EB/OL].（2024-07-11）[2024-07-21]. https://www. zjemc. org. cn/gzdt/tzgg/202407/t20240711_31386. shtml.

措施，健全创新激励和保障机制，鼓励人才回乡创业就业。浙江省通过积极的人才引进政策，吸引国内外杰出科学家和青年才俊，完善人才服务体系，为生态人才创新创业提供政策支持，有效推动了生物多样性保护和生态保护工作的专业化和科学化。

三是促进科研成果的转化与示范应用。为深化创新驱动发展战略，强化生物多样性保护科技支撑，浙江省印发《浙江省科技创新发展"十四五"规划》（浙政发〔2021〕17 号）、《关于进一步加强生物多样性保护的实施意见》（浙委办发〔2022〕23 号）等文件，旨在加强生物多样性保护的科技支撑，加快科技成果的转化应用，建设高水平创新型省份和科技强省。例如，2024 年，浙江省生态环境科研和成果推广项目验收会通过了 63 项成果，展现了科技成果在生物多样性保护中的实践价值。浙江省还鼓励企业参与科技创新，通过产学研合作，将科研成果转化为产业优势，促进经济绿色发展。此外，通过科普教育和提升公众参与度，增强了社会对生物多样性保护的认识，营造了支持保护工作的良好氛围。这些措施有效提升了科技成果转化效率，为生物多样性保护提供了坚实的科技基础。

2. 促进国内外合作交流，构建生物多样性保护新格局

一是实施国际接轨的战略规划。浙江省积极履行生物多样性保护国际公约协议规定的义务，实施与国际接轨的战略规划，先后颁布了《浙江省生物多样性保护战略与行动计划（2023—2035 年）》（浙环发〔2023〕10 号）等文件，旨在实现经济社会发展与生物多样性保护的统筹部署，与《昆蒙框架》相衔接，确保地方政策与全球保护目标的一致性。在 COP16 的"生物多样性保护与可持续利用实践案例分享"主题边会上，浙江省代表分享了基于人与自然和谐共生理念的生物多样性友好品牌建设的做法及成效。此外，浙江省通过参与国际论坛和会议，如 COP15，积极交流地方层面的保护经验，并吸收国际先进的保护理念。此外，磐安县开展了全国首个生物多样性友好城市试点，颁布了《磐安县生物多样性友好城市建设试点实施方案》（磐政〔2022〕12 号）等文件。这些地方政策与《生物多样性公约》等国际框架对标，确保了地方政策与全球保护目标的一致性。

二是构建跨区域生态治理合作网络。浙江省坚持生态优先、绿色发展，先后制定了《浙江省八大水系和近岸海域生态修复与生物多样性保护行动方案（2021—2025 年）》（浙政办发〔2021〕55 号）等文件，旨在推动生态环境综合治理和持续改善。例如，在省林业局指导下，德清县以下渚湖国家湿地公园为平台，与长三角地区湿地建立合作联盟，共同推进湿地修复、监管、科创和碳汇等工作，获得国家和省级层面的认可。联盟积极保护迁徙、濒危及特有物种栖息地，治理水环境，打造长三角湿地生态带。通过人工干预和自然恢复，联盟提升了水体自净能力，构建了完整的水生生态链，促进水生态系统循环[①]。此外，联盟还实施了濒危动物野外适应性训练项目，建立了超过 500 亩的训练基地，支持动物保护和恢复。

三是搭建国际合作桥梁。浙江省相继出台了《关于进一步加强生物多样性保护的实施

---

① 李宁，李增元. 从碎片化到一体化：跨区域生态治理转型研究[J]. 湖湘论坛，2022，35（3）：96-106.

意见》（浙委办发〔2022〕23 号）等文件，旨在加强生物多样性保护国际合作，共谋全球生态文明。例如，湖州市与生态环境部对外合作与交流中心及南京环境科学研究所建立了战略伙伴关系，并共同成立了生物多样性保护研究（湖州）中心。湖州市还引领成立了环太湖《昆蒙框架》实施联盟，成为全球首个响应《昆蒙框架》（CBD/COP/15/L.25）的城市。在国际舞台上，湖州市代表中国城市参加了第六届联合国环境大会，并在边会上发表主旨演讲，与联合国环境规划署、《生物多样性公约》秘书处等建立了常态化交流机制，推动国际知识中心绿色发展基地落户湖州。这些行动不仅展现了浙江在全球生物多样性保护中的积极作用，也为全球生态文明建设贡献了浙江的力量。

3．加强风险防控，提升生物技术环境安全管理水平

一是优化防控管理体系。浙江省高度重视外来入侵物种管理，制定了《浙江省外来入侵水生动物普查实施方案》（浙农科发〔2021〕29 号）、《浙江省生态环境保护"十四五"规划》（浙发改规划〔2021〕204 号）等政策文件，明确防控外来物种入侵的目标、任务和责任分工，构建起了外来物种入侵的防控协调机制和管理体系。例如，浙江省针对外来入侵水生动物的普查工作采取了一种系统化的管理方法。以八大水系为主线，构建了防控协调管理体系，以省农业农村厅牵头、省水产技术推广总站具体组织实施、各级渔业主管部门按职责组织开展本辖区内的普查工作。普查重点包括齐氏罗非鱼、豹纹翼甲鲶、鳄雀鳝、福寿螺、红耳彩龟、牛蛙等 6 个入侵种和克氏原螯虾等其他需要关注的外来品种。通过多级联动、职责明确的普查机制，浙江省有效地监测和管理外来入侵水生动物，保护了本地水生生物多样性和生态安全。

二是实施源头控制与精准化防治策略。浙江省注重从源头上控制有害生物和外来入侵物种的扩散，相继出台了《关于抓紧抓实森林灾害防控工作》（杭总林长令〔2022〕2 号）、《浙江省林业局关于调整浙江省应施检疫的森林植物及其产品名单和检疫要求的通知》（浙林绿〔2023〕61 号）等文件，强调加强产地检疫和疫点除治，降低物种入侵风险。例如，遂昌县通过集中除治和即现即清方式清理枯死松树，使用环保药剂防治媒介昆虫，对古松树和大松树进行打孔注药保护，防治面积达 10 万亩次，完成注药 15 万瓶。同时，遂昌县加强检疫执法，严格执行疫区管理制度，严打违法处理松科植物及其制品行为，并根据松林资源和疫情分布，将松林区域划分为不同等级疫区，实施分类管理。杭州市将松材线虫病防控纳入"美丽林水　护航亚运"行动。亚运期间，对亚运会场馆周边等重点区域开展健康森林巡查，累计巡查近 1 万人次、9.56 万公里，确保枯死松树动态清零。这些措施有效提升了浙江省森林灾害防控能力，保护了生态安全。

三是强化应急预案与生物安全防治培训。浙江省出台《浙江省林业发展"十四五"规划》（浙发改规划〔2021〕136 号）等文件，着力提升生物安全防治和应急预案管理能力。例如，2024 年，永康市举办了林业有害生物防治业务培训班，吸引了 120 余名森防站长和业务骨干参与。培训内容覆盖除治质量、监测预报和"数字森防"应用，旨在提高参训人员的业务技能。培训班结合理论学习与实地观摩，如无人机调运疫木和疫木就地除害技术

展示，以及国家林草装备科技创新园和林相改造项目参观，强化实践操作能力。永康市自然资源和规划局联合市综合行政执法局在杜山头村木材市场开展林草生物灾害防控宣传，强化企业守法意识，规范木材市场，有效阻断有害生物入侵。永康市还通过林业有害生物防治监管"一件事"整合资源，建立疫木检疫执法长效机制，坚决防控松材线虫病，营造全民参与的良好氛围。这些措施有效提升了生物技术环境安全管理水平，增强了生物多样性保护能力。

（三）浙江省加强生物多样性宣传与保护的实践

1. 深化生物多样性宣传教育，增强生物多样性保护意识

一是丰富生态科普研学活动。浙江省致力于将生态文明教育融入学校教学，先后制定《关于推进中小学生研学旅行的实施意见》（浙教基〔2018〕67号）、《关于在全省中小学校深入开展生态文明教育活动的通知》（浙教办函〔2022〕59号）、《关于公布浙江省中小学生研学实践教育基地名单（第三批）的通知》（浙教办函〔2022〕298号）等文件，引导中小学生树立生态文明理念。例如，温州市启动"万名青少年进森林"活动，通过自然教育让青少年深入了解自然，培养绿色发展理念。丽水市景宁中学生物馆研学基地推出"青山绿水，生态畲乡"课程，包括生物工艺标本制作、生物小课题研究等，以互动形式增强学生对生物保护的认识。德清珍珠研学基地依托欧诗漫珍珠博物院和小山漾珍珠生态养殖基地，自2018年以来已接待约8万人次，开发了珍珠及蚌类文化展示、生态养殖展示等研学课程。这些措施有效推动了生态文明教育的实践，为学生提供了丰富的生态知识学习机会。

二是充分发挥数字化平台宣传作用。浙江省先后制定了《浙江省数字化改革总体方案》（浙委改发〔2021〕2号）、《浙江省数字基础设施发展"十四五"规划》（浙发改高技〔2021〕99号）等文件，旨在构建智能化公共数据平台，推动省域治理现代化。例如，"守护'浙'自然"平台鼓励公众参与生物多样性调查，既支持保护工作，又提升公众意识。全国首个省级自然生态环境管理应用系统"浙样生态"提供新物种介绍等科普内容，激发公众兴趣。湖州市发布生物多样性全景图和碳管家平台，通过科普讲座提高公众认知。浙江省还计划开发生物多样性知识平台，整合多源信息，服务管理机构和公众，进一步促进生物多样性保护工作。这些措施体现了浙江省在数字化改革中对生物多样性保护的重视。

三是深入推进生物多样性体验地建设。浙江省制定《关于开展浙江省生物多样性体验地建设的通知》（浙环发〔2022〕17号）等文件，旨在提高公众保护生物多样性的自觉性和参与度，推进生态文明建设。例如，丽水市遂昌县九龙山国家级自然保护区和龙洋乡等地建立了生物多样性体验地，通过开设自然科教馆，打造科普研学、周边产品研发、课程开发的产业链，提升公众保护意识。嘉兴市嘉善县碧云花园生物多样性体验地则将生物多样性保护与生态休闲旅游相结合，实践绿水青山就是金山银山理念，强化公众对生物多样性保护的认识。

2. 倡导生物多样性保护全民行动，凝聚全民共识

一是激励公众组织和个人参与宣教活动。为全面贯彻国家《"美丽中国，我是行动者"提升公民生态文明意识行动计划（2021—2025 年）》（环宣教〔2021〕19 号）等文件精神，浙江省制定《浙江省生态环境保护法治宣传教育第八个五年规划（2021—2025 年）》（浙环发〔2021〕191 号）等文件，旨在推动各级党委政府、企事业单位、社会组织及公众自觉参与生物多样性保护。浙江省通过政府购买服务等措施，鼓励公众参与生物多样性保护的宣传教育、咨询和法律援助活动，同时指导公众正确处理误捕、受伤或受困的珍稀濒危野生动物。在"国际生物多样性日"期间，宁波市北仑区举办了"和棘螈做朋友"主题活动，杭州市上城区则结合二十四节气推出系列体验活动，创新宣传方式。温州生态环境公益讲师开展"你我与生物多样性"公益课堂，普及相关法律知识，有效提升了公众的保护意识和参与度。

二是拓宽生物多样性保护公众监督渠道。为深入贯彻《生态保护红线生态环境监督办法（试行）》（国环规生态〔2022〕2 号）等文件精神，浙江省制定《"十四五"生态保护监管规划》（环生态〔2022〕15 号）、《浙江省生态环境保护条例》（浙政办发〔2022〕70 号）等文件，旨在提高公众参与度和监督力度，共同推进生态保护工作。浙江省积极推动公众参与生物多样性保护，鼓励举报滥捕滥伐、非法交易和环境污染等违法行为。例如，衢州颁布《衢州市非法猎捕陆生野生动物违法行为举报奖励办法（试行）》（衢自然资规〔2023〕120 号），加强公开举报电话、邮箱、网址等渠道的宣传，鼓励群众积极举报涉野生动物违法行为。嘉兴市海盐县成立生态监督小组，与专业机构合作，参与生物多样性调查和保护地巡查，加强信息公开。此外，浙江省建立健全生物多样性公益诉讼机制，强化公众参与生物多样性保护的司法保障。

三是创新生态补偿机制吸引公众参与保护工作。为深入贯彻国家《关于深化生态保护补偿制度改革的实施意见》（中办发〔2021〕50 号）等文件精神，浙江省制定《关于深化省内流域横向生态保护补偿机制的实施意见》（浙财资环〔2022〕55 号）等文件，旨在通过生态补偿激励机制激发公众参与生物多样性保护工作的积极性。例如，温州市洞头区实施"蓝色海湾整治行动"，遵循"谁修复，谁受益"原则，吸引民企参与，实现了从政府主导到社会资本共同参与的转变，增强了海洋生物多样性保护力量。杭州市余杭区北湖草荡湿地通过生态补偿机制，激励公众参与湿地保护和鸟类观察，提升环保意识。衢州市开化县推行多元化生态补偿，如农田地役权改革，限制损害生物多样性行为，提高公众环保意识。

二、浙江省加强生物多样性保护能力保障的实践成效

（一）数字赋能浙江省生物多样性调查与监测的实践成效

1. 生物多样性本底调查编目和重点遗传资源普查有序推进

一是全面摸清生物多样性家底。2020 年以来，浙江省生态环境厅对 29 个重点区域进行了生物多样性调查评估，累计发现新物种 15 种，记录物种达 1.2 万余种，展现了浙江的生物多样性。调查涉及 700 多个网格、1.17 万条样线和 1 600 多个样方，布设了 3 300 多台次红外相机。结果显示，共记录 12 935 种生物，包括高等植物 5 897 种、陆生动物 4 619 种、大型真菌 1 631 种和水生生物 788 种①。其中，丽水市全域野生动植物资源本底调查中，发现国家重点保护和珍稀濒危物种，以及中国新记录种 64 种、浙江省新记录种 263 种②。截至 2023 年 8 月，嘉兴市完成全市域生物多样性本底调查，记录 4 465 种不同生物物种，包括陆生高等植物 1 248 种、鸟类 302 种、两栖爬行动物 35 种、哺乳动物 20 种、陆生昆虫 1 138 种、水生生物 1 432 种和大型真菌 290 种。嘉兴市还发现了多个珍稀濒危物种，包括国家重点保护动植物 62 种、珍稀濒危物种 67 种③。其中，中华仙鹟、林夜鹰等鸟类为浙江省新记录种，棉凫、白腹毛脚燕等 10 余种鸟类在嘉兴首次被记录，进一步丰富了生物多样性数据。

二是建立健全生物资源编目数据库。浙江省注重生物资源数据库建设，通过数字技术实现生物资源信息数字化。浙江省已建立包含物种基本信息、生态位和遗传资源价值的生物资源编目数据库，为科研、教育和政策制定提供信息支持。据中国科学院植物科学数据中心数据，浙江省基于《浙江植物志》（新编）整理出 212 科 1 469 属 4 430 种种子植物，其中野生植物 190 科 1 085 属 3 347 种④。该数据库不仅记录了物种的数量和分类，还包括物种的生态位和地理分布等重要信息。此外，海曙区四明山区域生物多样性本底调查建立了物种名录和数据库，并绘制了保护电子地图。2022 年，该项目发现 742 种动植物，包括 4 种国家一级保护动植物和 21 种国家二级保护动植物⑤。

三是重点遗传资源得到有效保护。浙江省利用大数据、云计算和物联网等技术，强化

---

① 浙江省摸清重点区域生物物种数量[EB/OL].（2024-05-18）[2024-07-21]. https://s.cyol.com/articles/2024-05/18/content_lbBog2tL. html.

② 号外！号外！这里发现全球新物种，世界两栖动物家族又添新成员[EB/OL].（2022-01-19）[2024-07-21]. https://www.thepaper.cn/newsDetail_forward_10861766.

③ 嘉兴发布生物多样性"家底"[EB/OL].（2024-05-22）[2024-07-21]. https://www.jiaxing.gov.cn/art/2024/5/22/art_1578777_59641167. html.

④ 丁炳扬，金孝锋，张永水，等. 浙江野生种子植物的分布格局与区系分区[J]. 生物多样性，2023，31（4）：48-61.

⑤ "生物多样性"点亮生态文明[EB/OL].（2022-11-23）[2024-07-21]. https://www.haishu. gov. cn/art/2022/11/23/art_1229099891_58972275. html.

了对传统农业、生态环境和遗传资源的保护与管理。通过就地和迁地保护措施，有效保护了重点遗传资源，防止了资源流失和灭绝风险。截至 2023 年，浙江省已收集保存 14 万余份农作物种质资源和 2.5 万份林木种质资源①。同时，全面保护名录内畜禽遗传资源，并积极培育优新良种，国家授权植物新品种数居全国前列。浙江省建立了"农作物遗传资源保护平台"，整合了 60 多种农作物和 500 多个地方品种的遗传资源信息，提升了实时监控和管理能力。同时，温州市农业部门建立了"数字水稻基因库"，结合物联网技术进行田间监测，实时掌握水稻生长和遗传多样性，收录超过 20 个地方品种，保护了本地特有水稻基因，提升了产量和抗逆性。在珍稀濒危物种遗传资源普查中，浙江省运用高通量测序和生物信息学分析，鉴定了 500 多个珍稀濒危物种的遗传资源，为科学保护与合理利用奠定了基础。

2．生物多样性常态化监测水平得到全面提升

一是监测网络覆盖广泛，监测范围显著扩大。浙江省构建了覆盖全省的生物多样性监测网络，从自然保护区和重要生态功能区扩展至森林、湿地、海洋等多样生态系统。监测对象广泛，包括鸟类、两栖动物、昆虫和植物等，全面掌握生物多样性变化，为保护措施提供数据支持。浙江省强化监测站点管理，定期维护更新设备，确保数据连续可靠。例如，丽水市建立了 20 个智慧监测样区和 600 多个监测点位，实现自动化监测②。宁波市依托研究中心和观测站点，构建"1+4+X"观测网络，实现监测、保护、预警、科研、体验和产业一体化，基本覆盖重要生态系统和物种栖息地的生态监测。

二是监测数据有效利用水平和监测成效显著提升。浙江省建立了全面的生物多样性监测网络，覆盖野生动植物物种分布、生态环境质量和生态系统健康。政府与科研机构合作，推进数据收集、分析和应用。开发的监测数据管理系统整合了不同监测点的数据，记录物种分布、种群动态及环境和人类活动影响，为生物多样性管理提供科学依据。例如，2019 年以来，温州市实施了海洋生物监测计划，连续三年的监测表明，温州市近海生物种群稳定增长，海洋生物种类增多，生态环境质量显著提升。基于此，温州市实施渔业资源恢复措施，如延长禁渔期，使得鱼类种群数量年均增长超 10%。浙江省还建立了数据共享平台，实现监测数据跨部门和地区共享，支持政策制定和评估。平台已与多个政府部门和科研机构共享数据，提供超万次查询服务，支持 30 多项保护政策。

3．生物多样性智治能力显著提升

一是智慧化监测水平不断提升。浙江省在全国率先建立了生物多样性智慧监测体系，运用物联网、大数据和人工智能等技术，实现了生物多样性的自动化、全天候监测，提高了监测效率和准确性。在多个自然保护区和重要生态功能区，浙江省设立了自动化监测站

---

① 聚焦 COP15 | COP15 中国角浙江日举行生物多样性保护成果发布会[EB/OL].（2022-12-14）[2024-07-21]. http://sthjt. zj. gov. cn/art/2022/12/14/art_1201344_58937194. html.

② 丽水市生物多样性保护进展及智慧监测体系建设成果发布[EB/OL].（2024-03-29）[2024-07-21]. http://www. zj. xinhuanet. com/20240329/893c84afac9a4a9ebeee83bc869e1a76/c. html.

点，利用远程感知技术进行 24 小时不间断监测，覆盖野生动植物及其栖息环境。例如，在丽水市，智慧监测设备已替代传统人工监测，通过雷达相机和蝴蝶相机等设备，在国内首次应用于生物多样性监测，收集了丰富的生物信息，建立了图片库、声音库和基因库，实现了对华东地区大中型哺乳动物、鸟类、两栖爬行动物的图像和声音识别，以及昆虫和水生生物的 DNA 识别，哺乳动物和鸟类识别准确率超过 85%[①]。宁波市建立了"1+4+X"全域生物多样性观测网络，包括 1 个研究中心、4 个观测站和多个野外观测场，通过智能化升级，提升了监测效率。宁波市拥有 2 183 种野生植物、546 种陆生野生动物和 1 115 种海洋生物，依托观测网络，开展了全域监测评估、科研人才培养和生物多样性可持续利用，实现了从监测到产业的一体化模式。

二是数字监管体系逐渐成熟。浙江省整合遥感监测、大数据分析、物联网和人工智能等数字技术，构建了全方位、多层次的数字监管体系，实现了生态环境的动态监控和监测数据的实时查看、联网共享。例如，在"绿盾行动"中，浙江省运用卫星遥感和无人机技术，对生态保护区进行 24 小时动态监测，有效发现并制止非法建设、采矿和伐木等破坏生态行为。2019 年，浙江省通过数字化监控技术，发现并处理的非法采矿和违规建设行为数量同比增长 30%。2023 年 11 月，系统监测到沿江地区非法捕捞迹象，迅速将数据共享给相关部门，促进了联合执法行动，提高了保护效率。浙江省的数字监管系统不仅实现了生物多样性的全方位监管，还促进了监测数据的共享与交流，提升了保护工作的协同性和效率。

三是公众参与生物多样性保护意识大幅提升。浙江省通过多种方式积极促进公众参与，并取得了显著成效。例如，2019 年启动的"绿色浙江行动计划"涵盖了生物多样性保护教育和公众参与项目，通过生态旅游和志愿活动等方式，成功吸引了大量公众关注湿地和珍稀物种保护。浙江省还利用数字化手段，如建立生物多样性体验地、发布 IP 形象和出版调查丛书，提高公众保护意识[②]。网络平台和社交媒体等数字化渠道广泛传播保护知识，营造了积极的社会氛围。移动应用和在线平台覆盖全省 80%中小学，有效提升青少年保护意识。这些渠道累计用户超 100 万，其中 30%积极参与保护活动。自 2023 年以来，浙江省举办 50 余场保护主题活动，吸引 10 万公众参与，通过网络直播影响超 500 万人，显著提升了公众关注度和参与度。

（二）浙江省加强生物多样性保护科研与对外交流的实践成效

1. 生物多样性保护科技支撑能力不断夯实

一是遥感与地理信息技术得到综合应用。浙江省在生物多样性保护领域取得显著进展，其中"3S"技术的全方位建立与应用成为关键驱动力，为科学决策奠定了坚实的数据基础。例如，浙江省自然资源部门利用遥感和 GIS 技术，在绍兴市上虞区和安吉县开展生

---

① 丽水市生物多样性智慧监测体系成功入选国家和省级优秀案例[EB/OL].（2024-05-31）[2024-07-21]. https://www.lishui. gov. cn/art/2024/5/31/art_1229506346_57360903. html.

② 张龙江，李海东，马伟波，等. 以生态文明示范建设推进生物多样性主流化[J]. 环境保护，2022，50（15）：39-41.

物多样性调查监测试点。通过技术融合，形成了一套区域生物多样性调查监测的通用方法。安吉县作为省内首个完成野生动物资源本底调查的县，项目历时 3 年，覆盖 1 886 平方公里，布设样线 1 040 条，调查里程超 2 000 公里，收集有效照片 19.7 万张①。同时，浙江省还将海洋生物多样性指数纳入生态预警监测体系，通过 340 个监测站位进行常态化监测。评估显示，全省海域的海洋生物多样性总体水平中等偏上，且趋势向好。

二是生物多样性数字化监测领跑全国。浙江省积极响应国家"摸清家底、掌握动态"的号召，通过现代科技手段建立了国内领先的数字监测系统，推动生物多样性数字化监测走在前列。例如，2023 年丽水市建立了 20 个智慧监测样区，实现了对植物、哺乳动物、鸟类、两栖爬行动物、昆虫和水生生物等主要生物类群的自动化监测。通过 600 余个监测点位，收集了 15.7 TB 的监测数据，极大提升了监测广度和数据丰富性，提高了监测效率，并为生物多样性保护提供了数据支持②。同时，余杭区利用数字化手段完成了森林、草地、湿地生态系统外来入侵物种普查。截至 2023 年 12 月，共发现外来入侵物种 13 种，发生面积 2.3 万亩，其中加拿大一枝黄花数量最多，约占 30%，为余杭区外来入侵物种防控提供了科学依据③。

三是 AI 物种识别系统显成效。浙江省积极推进数字赋能和科技创新，不断提升生物多样性治理效能④。例如，丽水市利用 AI 技术，开发了一套物种自动识别系统，有效增强了监测和管理能力。该系统能识别华东地区 30 多种大中型哺乳动物、100 多种鸟类、70 多种两栖爬行动物的图像和声音，还能精准识别 800 多种昆虫和 500 多种水生生物的 DNA。特别在丽水市生物多样性智慧监测体系中，AI 鸟鸣自动识别系统发挥了关键作用，成功鉴定出竹啄木鸟的鸣声，经专家确认，为浙江省鸟类新记录种。这一发现不仅丰富了浙江省的生物多样性记录，也证明了 AI 技术在生物多样性保护中的潜力。

2. 国内外生物多样性合作交流进一步加强

一是利用全球环境基金助力生物多样性保护实现突破。浙江省深入贯彻习近平生态文明思想，持续加大对生物多样性保护的资金投入，并成功利用全球环境基金助力生物多样性系统治理。例如，宁波市利用全球环境基金赠款，推进生物多样性保护工作，在 2024 年 COP16 大会上分享了保护经验，并与全球环境基金合作实施了多个项目，如宁波杭州湾湿地公园项目和宁波市建筑节能及可再生能源项目，累计获得赠款 1 981 万美元⑤。这些项目

---

① 何莹，沈斐然，钱昌华. 保护生物多样性维护生态安全[J]. 浙江林业，2021（12）：24-25.

② 丽水市生物多样性保护进展及智慧监测体系建设成果发布[EB/OL].（2024-03-29）[2024-07-21]. http://www. zj. xinhuanet. com/20240329/893c84afac9a4a9ebeee83bc869e1a76/c. html.

③ 卢佶，刘诚，侯志颖，等. 浙江省余杭区林湿生态系统外来入侵物种现状及防控策略[J]. 林业世界，2024，13（4）：261-269.

④ 郎文荣. 为推进人与自然和谐共生贡献浙江经验——浙江省生物多样性保护工作实践[J]. 环境保护，2023，51（7）：46-47.

⑤ 20 年来　额度最高！全球环境基金赠款支持　宁波生物多样性保护[EB/OL].（2024-05-17）[2024-07-21]. http://epaper. cnnb. com. cn/nbrb/pc/content/202405/17/content_153630. html.

不仅提升了宁波的生物多样性保护水平，还使其生物多样性友好指数位居全省第二。截至2024年，宁波市已记录野生植物2 183种、陆生脊椎动物546种、海洋生物1 115种，生物多样性保护成效显著①。

二是国际影响力进一步提升。在生物多样性保护领域，浙江省深化国际合作，展示其在该领域的成就和贡献，为全球提供"浙江经验"。例如，在COP15第一阶段会议上，浙江省的"千岛湖水基金"等5个项目入选"生物多样性100+"案例，彰显了浙江在生物多样性保护方面的决心和行动。在COP15第二阶段会议上，浙江省在蒙特利尔举办的"浙江日"活动吸引了超过100万在线观众，成功将浙江的保护故事传播至全球。通过城市峰会、自然峰会等论坛和边会，浙江省全面展示了其在生物多样性保护的政策创新和实践经验，赢得了国际社会的广泛关注。

三是跨区域协作成效进一步提升。《2023年度长三角生态绿色一体化发展示范区生态环境质量报告》显示，浙江省在推动长三角生态绿色一体化发展示范区建设中取得了显著成效，区域合作进一步深化，实现突破性进展。截至2023年，示范区地表水优Ⅲ类断面比例从2019年的75%显著提升至96.2%（图9-1），空气质量指数优良率也从78.4%稳步上升至84.1%。2023年，示范区生态质量指数（EQI）达到47.20，生态质量评价类别为三类，表明生态功能基本完善②。重点跨界水体"一河三湖"（太浦河、淀山湖、元荡、汾湖）的水环境质量已提前达到或优于2025年目标，展现了长三角区域生态环境联保共治的实质性成果，标志着跨区域协作机制的完善与强化③。

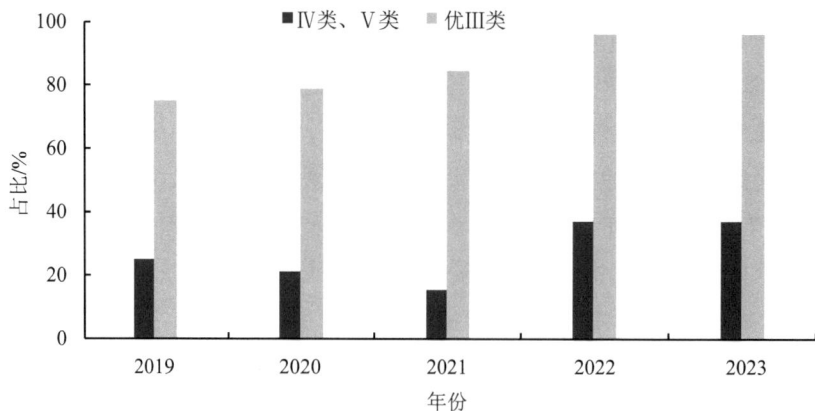

图9-1 2019—2023年长三角生态绿色一体化发展示范区地表水水质类别变化趋势

数据来源：2019—2022年数据来自上海市生态环境局《长三角生态绿色一体化发展示范区生态环境质量报告（2022年）》（https://sthj.sh.gov.cn/hbzhywpt6023/hbzhywpt6200/hbzhywpt6176/20230602/6d3245647a8f4e48b3e73b49219a8e05.html）；2023年数据来自江苏省生态环境厅《2023年度长三角生态绿色一体化发展示范区生态环境质量报告》（https://www.jiangsu.gov.cn/art/2024/6/7/art_90954_11293 933.html）。

---

① 冯瑄，刘金鑫，陈晓众. 宁波的春天"不寂静"[N]. 宁波日报，2024-05-17（10）.
② 浙江省促进长三角生态绿色一体化发展示范区高质量发展条例[N]. 浙江日报，2024-04-17（8）.
③ 王汉超，巨云鹏. "一张图"，牵引区域一体化制度创新[N]. 人民日报，2023-09-04（1）.

3．生物技术环境安全监管能力明显提升

一是外来物种入侵防控效果显著。随着国际贸易和旅游业的蓬勃发展，生物入侵现象在我国日益严重，已成为威胁生物多样性和生态环境的重要因素之一[①]。为此，浙江省积极实施"国门绿盾"等专项行动，特别针对跨境电商寄递的"异宠"进行综合治理，以加强外来入侵物种的口岸防控。通过科学监测植物疫情和外来物种，2022 年宁波海关在货物贸易渠道截获有害生物超过 1.25 万次，非贸易渠道截获植物疫情及外来物种 253 种次。这些行动在口岸外来物种入侵防控方面取得了显著成效，有效维护了省内生物多样性和生态安全，为保护生态环境提供了坚实的保障。

二是多部门协同治理成效显著。浙江省通过省、市、县三级政府及多部门的紧密合作，结合先进的信息化技术和"3S"技术，成功完成了对外来入侵物种的全面调查。2023 年，在多部门的通力协作和信息化技术的支持下，浙江省识别出 88 种外来入侵物种，其中 38 种被确定为重点监管对象。这些物种包括 28 个国家重点普查外来入侵物种和 10 个省级重点普查物种。信息化和"3S"技术的运用，不仅加快了数据收集与处理的速度，还实现了对入侵物种生态特征、分布及危害程度的精准分析。这为及时发现入侵物种和进行风险评估提供了强有力的支持，显著提升了浙江省在生物技术环境安全监管方面的能力。

三是生物安全培训显成效，生态防线更牢固。浙江省通过加强应急预案和生物安全防治培训，有效提升了生物技术环境安全管理水平。浙江省"数字森防"系统的使用覆盖率超过 90%，增强了全省生物安全防治的实战能力，为生态文明建设打下坚实基础。以永康市为例，林业有害生物防治培训班的举办使林业有害生物防治效率提高了 30%。此外，衢州市公安机关在生物多样性保护方面也取得了显著成效，构建了"专业+机制+大数据"的生态警务模式，并加强了对民警的生物多样性培训。培训内容覆盖野生动植物保护法律法规、生态系统监测技术及案件办理流程等。这些措施使得衢州市生态环境资源案件破案率提升了 25%，并形成了群防群治的良好氛围，有效保护了生态环境。

（三）浙江省加强生物多样性宣传与保护的实践成效

1．公众生物多样性保护意识得到明显提升

一是环境教育普及率稳步上升。自 2003 年启动生态省建设战略以来，浙江省将"绿色系列创建"和"环境教育普及率"等指标纳入对地市政府的年度考核体系。截至 2022 年，浙江省环境保护宣传教育普及率超过 90%，中小学环境教育普及率达到 100%。在生物多样性保护方面，浙江省积极将自然教育融入学校教育体系，通过丰富多样的生态研学活动，增强学生对自然环境的认识和保护意识，已公布 76 家省级中小学生研学实践教育基地[②]。2019—2023 年，杭州举办了 1 100 场生物多样性相关活动，组织研学超过

[①] 万方浩，郭建英，王德辉. 中国外来入侵生物的危害与管理对策[J]. 生物多样性，2002（1）：119-125.

[②] 浙江省教育厅办公室　浙江省文化和旅游厅办公室关于公布浙江省中小学生研学实践教育基地名单（第三批）的通知[EB/OL].（2023-02-07）[2024-07-21]. https://jyt.zj.gov.cn/art/2023/2/7/art_1532973_58939373.html.

200 次①。此外，浙江省已建成 35 个国家生态文明建设示范县（市、区）和 10 个国家"绿水青山就是金山银山"实践创新基地，数量居全国首位，这些基地的建设为推广生物多样性保护和提升公众环保意识提供了有力支撑。

二是线上平台活动宣传影响力不断扩大。浙江省通过组织各类宣传活动和加大媒体宣传力度，积极营造全民参与的浓厚氛围，以激发更多人参与生物多样性保护工作。2020 年，浙江省生态环境厅通报了生物多样性保护工作情况，主流媒体与新媒体平台上的总阅读量超过 150 万次，显示出公众对生物多样性保护的高度关注。COP15 中国角"浙江日"活动通过多个直播平台同步直播，吸引了 100 余万人在线观看。杭州市上城区推出的生物多样性二十四节气系列体验活动，依托社会载体，引导公众观察和体验大自然的共生，传承城市生态文化，线上推文点击量超过 2 万次。支付宝"蚂蚁森林"线上活动在 6 年间，动员超过 6.5 亿人践行低碳生活、关注自然生态保护，守护 1 600 多种野生动植物，荣获联合国地球卫士奖，生物多样性保护正逐渐成为全民共识和行动。

三是生物多样性体验地社会影响逐渐扩大。截至 2024 年，浙江省共建立了 13 个国家湿地公园，包括 2 处国际重要湿地、3 处国家重要湿地和 87 处省级重要湿地②。此外，新增了 9 个省级生物多样性体验地，全省已建成 28 个省级体验地，如杭州植物园和宁波海洋生物多样性体验地。宁波市在生物多样性保护方面贡献突出，建立了 8 家市级体验地，为 4 300 余人提供了沉浸式体验。丽水市创新发布了《丽水市生物多样性体验地建设与评定导则》，建成了全国首批体验地，如龙泉住龙、庆元坑里，并带动项目投资 80 余亿元，如云和梯田项目投资约 5.2 亿元，缙云县千鹦鸟舍吸引社会资本投入近 1 亿元③。浙江省积极推动生物多样性保护与经济高质量发展相结合，2022 年累计接待游客近 350 万人次，带动收入 4.9 亿元，实现了生态惠民和生态富民的"双赢"目标。

2. 生物多样性共建共治共享体系逐步建立

一是政府主导的生物多样性社会行动体系逐步建立。浙江省积极构建政府主导的生物多样性社会行动体系和长效机制，旨在培育生物多样性友好型消费和生活方式，提升社会各界的保护意识和参与度。例如，在推动生物多样性友好消费和生活方式方面，浙江全域开展"无废城市"建设，11 个设区市均列入国家"无废城市名单"，有效减少对生物多样性的损害④。同时，依托生态产品品牌体系激励公众参与保护，如"丽水山耕""安吉白茶"等公共区域品牌战略，西湖龙井茶以 82.64 亿元的品牌价值连续五年位居中国茶叶区域公

---

① 16000 余种物种！《杭州的生物多样性保护》白皮书发布[EB/OL].（2024-04-23）[2024-07-21]. https://hzxcw. hangzhou. com. cn/dtxx/content/2024/05/23/content_9686939. html.

② 浙江省林业局. 第二处世界级！浙江新增 1 处国际重要湿地[EB/OL].（2023-02-02）[2024-07-21]. http://lyj. zj. gov. cn/art/2023/2/2/art_1276365_59045241. html.

③ 丽水市自然资源和规划局. 浙江省瓯江源头区域山水林田湖草沙一体化保护和修复工程专刊 7[EB/OL].（2024-04-24）[2024-07-21]. http://zrzyj. lishui. gov. cn/art/2024/4/24/art_1229223777_58585309. html.

④ 生态环境部办公厅. 关于发布"十四五"时期"无废城市"建设名单的通知[EB/OL].（2024-04-25）[2024-07-21]. https://www. mee. gov. cn/xxgk2018/xxgk/xxgk06/202204/t20220425_975920. html.

用品牌榜首^①。在生物多样性友好试点城市建设方面，全省推进了磐安生物多样性友好城市、象山县海上生物多样性保护实践地等 7 个可持续利用试点市、县，探索生物多样性体验地建设的先行之路。磐安县作为全省首个试点县，完成了 5 大重点任务、16 个重点项目，实现了 25 项友好城市评价指标的持续提升^②。2024 年，浙江进一步布局了杭州上城友好城区、海盐澉浦友好乡镇等生物多样性友好试点，深化保护理念。

二是生物多样性现代化治理体系基本建立。自 2010 年以来，浙江省共制（修）订了 37 部与生物多样性相关的法规规章，并在 2022 年发布了《关于进一步加强生物多样性保护的实施意见》（浙委办发〔2022〕30 号），首次在地方层面系统性地落实生物多样性保护工作。浙江省还率先在国内开展生物多样性本底调查，自 2019 年以来，调查评估范围从 29 个重点区域扩展至 80 余个区域，累计记录物种超过 1.2 万种，并发现了 15 种新物种^③。在智慧监测体系建设方面，丽水市完成了试点建设，2023 年在全市范围内建立了 20 个生物多样性智慧监测样区，布设 600 余个监测点位，收集了 15.7TB 的监测数据。宁波市则构建了生物多样性长期监测体系，在观测站周边设立了 17 个观测场，针对植物、鸟类、昆虫等 10 大类生物类群开展监测，调查点位超过 200 个，为生物多样性保护提供了有力的数据支持。

三是推动生物多样性全民共享。浙江省致力于公正和公平地分享遗传资源、数字化序列信息及相关传统知识所产生的惠益。为此，浙江省加强了种质资源库和保种场等迁地保护设施的建设，已收集保存农作物种质资源超过 14 万份、林木种质资源 2.5 万份^④。同时，浙江省在水域生态环境方面取得了显著成效，已创建省级美丽河湖 11 条，城乡亲水圈覆盖率超过 90%，生态环境质量公众满意度连续七年提升（图 9-2），环境信访数量连续六年下降，公众在生物多样性保护中的幸福感和获得感不断增强。此外，浙江各地积极整合典型案例成果，推动公民共享机制落地。杭州市有 4 个案例入选"生物多样性全球 100+典型案例"，涌现出"西湖鸳鸯护卫队"等有影响力的典型人物和生动事例^⑤。宁波市整合生物多样性本底调查、监测等工作成果，编制《山海比邻，和谐共生——宁波市生物多样性保护》，实现了生物多样性成果的全面共享。

① 今日平说丨且将新火试新茶[EB/OL].（2024-03-20）[2024-07-21]. https://news. hangzhou. com. cn/zjnews/content/2024-03/20/ content_8704233. htm.

② 金华市生态环境局. 评估通过！全省首个生物多样性友好城市建设试点[EB/OL].（2024-04-25）[2024-07-21]. http://sthjj. jinhua. gov. cn/art/2024/4/25/art_1229697941_59006149. html.

③ 郎文荣. 为推进人与自然和谐共生贡献浙江经验——浙江省生物多样性保护工作实践[J]. 环境保护，2023，51（7）：46-47.

④ 郎文荣. 地方生物多样性保护的浙江经验[J]. 世界环境，2022（6）：54-55.

⑤ 李健，卓然. 非政府组织参与全球生物多样性保护机制——基于"生物多样性100⁺全球典型案例"的混合研究[J]. 公共行政评论，2023，16（5）：106-124，198.

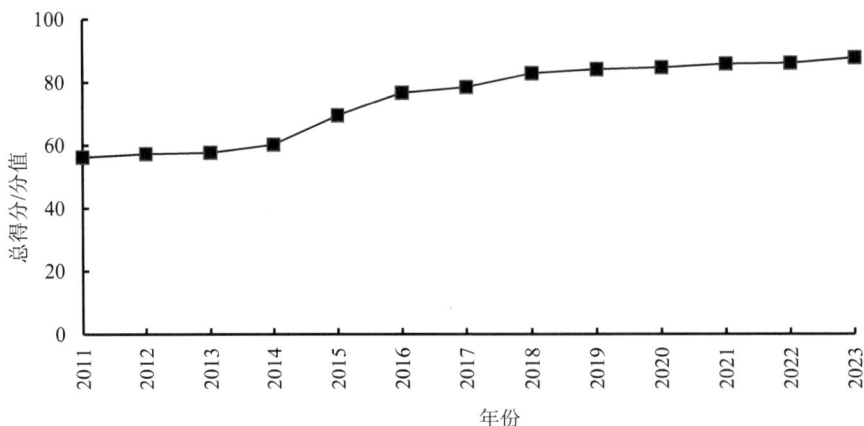

图 9-2 2011—2023 年浙江省全省生态环境满意度总得分变化情况

数据来源：浙江省 2011—2023 年生态环境满意度总得分数据来自浙江省生态环境厅公布的每年度《浙江省生态环境状况公报》（http://sthjt.zj.gov.cn/col/col1201912/）。

三、浙江省加强生物多样性保护能力保障的经验启示

（一）坚持数字赋能，提升生物多样性治理效能

一是利用数字技术，实现精准高效治理。浙江省高度重视数字技术在生物多样性保护中的应用，积极利用大数据、云计算、物联网等现代信息技术，构建了完善的生态监测系统，以实时跟踪生物多样性的变化，提高保护工作的精准性和效率。例如，丽水市作为全国首个建立生物多样性智慧监测体系的城市，依据技术标准统一规范了监测体系建设和评价标准，并制定了相应的地方标准。通过建立智慧监测样区，丽水市实现了对植物、哺乳动物、鸟类等生物类群的自动化监测，确保了全面、实时、动态的监测。浙江省生态环境厅推出的"浙样生态"应用整合了 135 万余条数据，实现了生物多样性保护工作的集中监控和统一调度，使决策更科学、精准、高效[1]。此外，淳安县千岛湖生态系统监测平台的建设，通过与高校合作，建立了生态学科教学和生物多样性研究基地，并启用了国内湖泊首个全域护水智治体系"秀水卫士"，全面监测监控千岛湖生态系统，探索创新生物多样性保护模式[2]。

二是推动数据共享，形成治理合力。浙江省在推进生物多样性治理中，致力于打破数据壁垒，促进信息共享，以此提升治理效率并增强公众的责任感和参与度[3]。浙江省建立

---

① 关于进一步加强生物多样性保护的意见[N]. 人民日报，2021-10-20（3）.
② 张蕾. 推动变革，让生物多样性走上复苏之路[N]. 光明日报，2022-12-03（9）.
③ 杨明，周桔，曾艳，等. 我国生物多样性保护的主要进展及工作建议[J]. 中国科学院院刊，2021，36（4）：399-408.

了统一的数据管理平台，集中存储、管理并共享生物多样性保护数据，提供查询、分析和可视化工具，为决策提供数据支撑。此外，浙江省积极促进跨部门和跨区域合作，与周边省份及国际机构建立伙伴关系，共享保护经验，联合开展研究和监测活动，形成保护合力[①]。同时，浙江省鼓励社会各界参与生物多样性保护，通过数据共享和信息公开，提高公众对保护重要性的认识，引导他们参与保护行动，深化生态保护实践，推动社会共治。

三是强化智能分析，提升治理效能。浙江省积极采用智能分析工具，结合人工智能和大数据分析技术，深入分析生态环境数据。这种智能化处理使得浙江省能够快速识别生物多样性保护中的问题，优化决策过程，并强化政策执行。例如，丽水市建立了基于 AI 的物种自动识别系统，能够识别华东地区常见的大中型哺乳动物、鸟类、两栖爬行动物以及昆虫、水生生物等的图像和声音，提高了物种识别的准确率和效率，为保护工作提供了精准数据支持。同时，浙江省利用智能分析技术进行生物多样性保护的预警和预测，通过对历史和实时数据的分析，及时发现变化趋势和规律，预测未来问题和风险，为及时采取保护措施提供支持。智能分析技术还帮助浙江省科学配置保护资源和决策支持，通过对保护成效的评估分析，合理规划保护行动，提高保护工作的针对性和实效性。

（二）坚持科技驱动，夯实生物多样性保护根基

一是加大科研投入与团队建设，强化科技支撑。科技是推动生物多样性保护的关键力量[②]。浙江省通过顶层设计，出台了一系列政策和规定，显著增加了对生物多样性保护的科研资金投入，确保了实质性支持。这些政策不仅资助了关键科研项目，还促进了科研团队的建立，集中力量攻克生物多样性监测、评估和恢复的技术难题。浙江省在科研投入上展现了前瞻性和执行力，通过设立专项奖励资金和生态环境保护资金，激发了科研机构的创新活力。同时，浙江省注重科研成果的转化，支持生态环境监测预警和质控研究，提高了科研成果的应用效率和价值。

二是促进科研成果转化与应用，加强国际合作与交流。浙江省积极推动生物多样性保护科研成果的产业化应用，通过产学研合作，将科研成果转化为产业优势。例如，浙江省生态环境科研和成果推广项目验收会通过了一批成果，展示了科技成果在实际保护工作中的应用潜力。此外，浙江省还加强国内外合作，构建生物多样性保护的新格局。通过实施与国际接轨的战略规划、建立跨区域生态治理合作网络和搭建国际合作平台，浙江省不仅引进了先进的保护理念和技术，还提高了保护措施的科学性和有效性。这些合作交流不仅推动了全球生物多样性保护的共识和行动，也为浙江省的保护工作注入了新活力。

三是构建智慧监测体系，引领生物多样性保护新潮流。生物多样性监测是掌握生物多样性维持机制、丧失原因及其对生态系统服务影响的关键[③]。浙江省通过遥感技术和 GIS

① 竺效，邱涛韬. 区域环保督察的功能定位及制度完善[J]. 治理研究，2022，38（1）：26-37，125.
② 张晓华. 科技力，生物多样性的保护力[N]. 光明日报，2024-06-06（16）.
③ 吴慧，徐学红，冯晓娟，等. 全球视角下的中国生物多样性监测进展与展望[J]. 生物多样性，2022，30（10）：196-210.

系统，实现了对广大区域的快速高效监测，提升了监测精度和效率，为科学决策提供了支持。浙江省还建立了国内先进的数字监测系统，自动化监测主要生物类群，增强了监测的广度和深度，提高了数据的准确性和时效性，为保护措施提供了科学依据。此外，浙江省开发应用基于人工智能的物种识别系统，提高了识别准确性和效率，为监测评估提供了全面可靠的数据，有效保护了珍稀濒危物种①。

（三）坚持全民参与，有效推动生物多样性共治共享

一是发挥政府先行引领作用，建立多主体参与机制。浙江省政府根据全球生物多样性变化趋势和中国生物多样性保护进展，依据《昆蒙框架》修订发布了《浙江省生物多样性保护战略与行动计划（2023—2035 年）》，为保护工作提供了指导和政策支持。2022 年，浙江省发布了全国首个省级生物多样性友好指数，通过量化指标客观评估保护成效，并计划根据实际情况进行指数的迭代完善②。浙江省利用先进的数智技术，建立了"浙样生态"应用场景平台和生物多样性调查平台，拓宽了科普渠道，增强了公众对生物多样性重要性的认识。此外，浙江省结合政府引导和市场机制，在生态补偿中发挥引导作用，同时通过善水基金等模式吸引社会资本参与，构建了长效的生态保护机制。

二是坚定不移强化教育和宣传，培养公众的生物多样性保护意识。浙江省积极推广生物多样性保护理念，通过发布宣传片和解读《浙江省生态环境保护条例》，将保护意识普及到基层公众。同时，浙江省将生物多样性教育纳入校园课程，通过专家授课、户外探索和环保实践，培养学生的生态保护意识。此外，浙江省举办多样化的生态文化活动，如观鸟邀请赛、摄影赛等以生态文化为主题的宣传活动，激发公众对生物多样性的兴趣。此外，浙江省倡导公众采取绿色生活方式，如低碳出行和减少塑料使用，以实际行动支持生物多样性保护。这些措施共同提升了公众的环保意识和参与度。

三是融合生态产业多元化发展，提升公众的惠益共享水平。浙江省依托其山区、海岛等地区的生物多样性资源，发展高品质生态产品和特色产业，如生态旅游、现代农业和生态服务，推动生物多样性的友好利用，拓宽绿色共富路径。浙江省打造以生物多样性为主题的旅游目的地，促进保护与可持续利用的协调发展。例如，丽水市凭借百山祖国家公园等生态景点，发展特色旅游。同时，浙江省推动"生物多样性+农业"模式，如德清县的生态养殖和龙观乡的白芍、中蜂养殖基地，激发社会各界参与保护的积极性。上述做法不仅促进了生物多样性保护，也为当地经济发展注入了新活力。

---

① 李凤. 为了生物多样性之美[N]. 中国自然资源报，2021-11-22（3）.
② 窦瀚洋. 摸清生物家底形成保护共识[N]. 人民日报，2024-08-27（14）.

四、浙江省加强生物多样性保护能力保障的对策建议

（一）完善组织架构和协调机制，建立更高层次的生物多样性保护协调机构

一是优化组织结构。为强化生物多样性保护，浙江省应成立省级生物多样性保护委员会，由省委、省政府主要领导担任负责人，作为全省生物多样性保护工作的最高决策机构①。委员会将汇聚生态环境、自然资源、农业农村、林草、水利、海关等部门及高校、科研院所的智慧，确保决策的科学性和全面性。其职责包括制定全省生物多样性保护战略、政策和重大决策，以及协调跨部门、跨地区的保护问题。下设专项工作组，如调查监测、保护地与生态修复、政策法规与标准、执法监督与应急等，各司其职，协同合作，形成保护合力。同时，建立工作责任制和考核机制，将保护工作纳入政府绩效考核，确保任务落实。在市、县两级，设立生物多样性保护办公室或指定部门负责具体工作，加强基层人员培训，提升业务能力，并鼓励基层创新保护模式，实现上下联动、层层推进的工作机制。

二是建立协调机制。为强化生物多样性保护，浙江省需建立高效的跨部门协调机制，加强生态环境、自然资源、农业农村、林草、水利等部门的协作②。通过定期会商、信息共享和联合执法，明确各部门职责，形成工作合力。省级生物多样性保护委员会及其工作组将作为沟通协作的重要平台，推动保护工作全面展开。同时，浙江省将加强与周边省份及国际机构的合作，共同应对保护挑战，如与江西、安徽等省建立合作机制，共同开展调查监测、保护地修复、执法监督等工作。此外，浙江省将推动生物多样性保护与经济社会发展、科技创新、文化传承的融合创新，支持科研机构进行科学研究和技术创新，促进保护与生态旅游、康养运动等产业的融合，探索生物多样性保护与生态补偿、碳交易等市场机制的结合，推动可持续发展。例如，依托磐安生物多样性友好城市等试点项目，探索产业融合模式，加强与科研机构合作，提升保护工作的科技化、智能化水平。

三是强化制度保障。为强化生物多样性保护，浙江省需制定和修订相关地方法规，如《浙江省生物多样性保护条例》等，确保法律支持③。这涉及海洋环境、野生动植物保护、自然保护地管理、湿地保护、病虫害防治和种质资源管理等领域的法规更新。同时，完善生物多样性保护的标准体系，包括调查、监测、评估、保护和恢复的技术标准和规范④。浙江省应加强政策法规宣传，提升公众认知和遵守度，建立执法监督机制，确保法规有效执行。加强执法队伍建设，严厉打击非法捕猎、贩卖野生动物和破坏自然保护地等行为，

① 邓建胜. 山高林深处护多样物种[N]. 人民日报，2024-07-30（15）.
② 杨哲，杜辉. 协同治理视域下生物入侵防治的法理阐释与进路优化[J]. 干旱区资源与环境，2024，38（10）：1-9.
③ 郎文荣. 地方生物多样性保护的浙江经验[J]. 世界环境，2022（6）：54-55.
④ 黄润秋. 深入学习贯彻全国生态环境保护大会精神以美丽中国建设全面推进人与自然和谐共生的现代化——在2024年全国生态环境保护工作会议上的工作报告[J]. 环境保护，2024，52（Z1）：14-24.

提高执法效率和精准度，推动跨部门联合执法。此外，浙江省应建立自然保护地生态保护补偿制度，对因保护受损的地区和群体给予合理补偿，完善生态环境损害赔偿制度，对破坏行为追责赔偿，激励各地参与保护的积极性。

（二）强化科研与技术支持，加大对生物多样性保护的科研投入

一是构建多元化的科研投入体系。为保障科研工作的连续性和高效性，浙江省应构建多元化的科研投入体系。首先，需要加大政府财政投入力度，提高资金使用效率，通过建立绩效支付合同机制、推广基于自然的绿色基础设施应用以及完善生态系统服务核算等方式，优化资金分配和效益。其次，发展市场化的生态保护与修复资金机制，拓展生态产品价值实现途径，包括生态资源指标交易、产权流转、生态保护修复及价值提升，以及生态产业化经营。同时，推动金融机构加强生物多样性风险管理，激励公益慈善资金参与保护工作。最后，鼓励社会资本、社会组织和国际机构参与科研投入，形成政府主导、多方参与的投入格局。这些措施将共同促进科研投入的多元化和科研工作的高效性。

二是优化科研资源配置与协同创新。为解决科研资源分散和重复建设问题，浙江省需整合优化现有科研资源。首先，加强生物多样性基础研究，包括编目、志书和植被图的编研，以及研究生物多样性的起源、演化和地理分布。其次，关注生物多样性与生态系统功能和服务的关系，及其对全球变暖的适应性。同时，深化生物多样性与生态安全的研究，并构建研究平台。此外，整合科研力量，促进跨学科合作，提高保护效率。积极参与国际科学计划，通过合作应对全球挑战。最后，整合生物资源库，建立数据共享机制，推动大数据环境下的科研突破[①]。这些措施将提升浙江省在生物多样性保护领域的科研能力和国际影响力。

三是强化科研团队建设与人才培养。人才和创新是推动生物多样性保护的关键。浙江省应深化基础与应用科学研究，促进科研成果的实际应用，并利用科研机构的教育优势，加强生物多样性教育和学术交流。同时，深化科研与教育融合，培养专业人才，优化人才选拔和管理，构建高素质团队。打破数据壁垒，整合生物资源库和博物馆资源，建立数据共享平台，以大数据推动科研突破。积极参与国际科研计划，贡献中国智慧和中国方案，支持全球生物多样性保护。加强科技基础设施建设，合理配置科研设备，完善资源库、样本库和数据中心，推动科研数据管理和共享，以提升科研效率和成果转化[②]。

（三）加强宣传教育和社会参与，持续提高公众对生物多样性的认识

一是持续创新和深化生物多样性宣传教育。浙江省应进一步巩固和完善现有的生物多样性保护教育基地等资源，并深入挖掘各地生态保护资源。在此基础上，由政府牵头，联

---

① 程郁，叶兴庆，宁夏，等. 中国实现种业科技自立自强面临的主要"卡点"与政策思路[J]. 中国农村经济，2022（8）：35-51.
② 王伟，李俊生. 中国生物多样性就地保护成效与展望[J]. 生物多样性，2021，29（2）：133-149.

合教育机构、科研单位、环保组织和媒体，建立生物多样性教育联盟，负责制定教育战略，协调资源，推动教育实施[①]。同时，选择学校、社区和企业作为试点，实施示范项目，并总结经验，形成可推广的模式。利用现代信息技术，如 VR、AR 和游戏化学习，在公共场所建立互动式教育平台。此外，深化生物多样性友好城市试点政策，推广友好生活方式，与商家合作推出友好产品，并通过媒体和社交网络加大宣传力度。

二是着力健全公众参与监管生物多样性保护机制。公众参与是生物多样性监管的关键环节。首先，应根据公众需求和满意度适时更新生物多样性体验地建设，完善参与机制，注重功能多样性和活动组织，让公众参与活动策划、宣传、组织和评价，提升体验地的生态和社会价值。其次，通过座谈会、听证会等形式，畅通公众参与渠道，加强信息公开，接受监督[②]。最后，为公民科学项目提供资金和技术支持，建立数据共享平台，鼓励公众参与监测和研究，增强生物多样性保护的公众参与度和有效性。这些措施将优化公众参与路径，促进生物多样性保护工作。

三是引导公众参与治理体系建设。公众是生物多样性治理的关键参与者，政府需加强引导，构建共治共享的治理格局。首先，政府应建立和完善法律法规体系，确保公众有效参与，通过严格的环境标准和监管政策，以及定期检查、风险评估等手段，保障公众在立法全过程中的参与权，确保保护措施得到有效执行[③]。其次，要发挥社会组织的作用，推动环保组织参与保护工作的规范化、制度化建设，并鼓励依法参与保护活动的主观能动性，同时引导公益慈善基金会支持保护工作。最后，加强智慧治理体系，鼓励企事业单位、高校和科研院所加强合作，共建生物多样性相关学科和实验室，培养专业人才，共同推进生物多样性保护[④]。

① 刘海燕，张惠远，冯骥，等. 生物多样性主流化进展与对策[J]. 环境科学研究，2024，37（10）：2110-2117.
② 潘碧灵. 推进生物多样性保护与经济社会高质量发展协调统一[N]. 人民政协报，2021-11-26（3）.
③ 李海棠，周冯琦. 公众参与野生动物保护法治的困境和出路[J]. 中国人口·资源与环境，2022，32（5）：156-164.
④ 王昌海，谢梦玲. 以国家公园为主体的自然保护地治理：历程、挑战以及体系优化[J]. 中国农村经济，2023（5）：139-162.

第四篇

总结与展望篇

本篇在前三篇的基础上对浙江省生物多样性保护工作进行总结和展望。

习近平主席在联合国生物多样性峰会上的讲话中强调:"生物多样性既是可持续发展基础,也是目标和手段。我们要以自然之道,养万物之生,从保护自然中寻找发展机遇,实现生态环境保护和经济高质量发展'双赢'。"[①]浙江省作为全国首个生态省、首个生态文明先行示范区,理所应当成为生物多样性保护工作的示范地。浙江省不负众望,在遗传多样性保护、物种多样性保护和生态系统多样性保护等方面均作出了积极探索。在政策法律法规、保护实践和科学研究等方面也做了创新性探索:以循序渐进的方法推进生物多样性保护、以法律制度体系转型推进生物多样性保护、以全面务实保护实践推进生物多样性保护、以特色理论研究创新推进生物多样性保护。形成了一系列的宝贵经验:以习近平生态文明思想和习近平法治思想为指导,科学推进保护工作;以政府为主导,公众广泛参与,形成多中心共同治理的格局;坚持山水林田湖草海滩一体化保护和系统保护的方法,构建全方位的现代化管理体系,持续提升生态系统质量和稳定性。

---

① 习近平在联合国生物多样性峰会上的讲话[N]. 人民日报,2020-10-01(3).

　　浙江省被中央赋予"重要窗口"的神圣使命，新时期进一步推进生物多样性保护工作必须"百尺竿头，更进一步"。在战略思路上，必须坚持不懈推进生物多样性保护的主流化，坚持不懈应对全球生物多样性丧失威胁，坚持不懈促进生物多样性的价值全面实现。在主要任务上，加强就地保护监管和协同治理、加快推动可持续利用与惠益共享和坚实推进生物多样性治理能力现代化。在法制保障上，坚持全体动员，构筑生物多样性保护社会行动体系；坚持全面保护，完善省级生物多样性保护协调机制；坚持治理导向，构建生物多样性现代化治理体系。

第十章

浙江省生物多样性保护工作总结

生物多样性是维护生态平衡的重要因素，加强生物多样性保护是浙江生态文明建设的重要内容。作为全国首个生态文明先行示范区和共同富裕示范区，浙江省积极响应国家生态战略规划，率先贯彻国家生物多样性保护决策部署、落实《昆蒙框架》、推进生物多样性保护主流化，生物多样性保护成果显著。本章主要从重大举措、主要成效和基本经验等方面总结浙江省生物多样性保护工作成就，为推进人与自然和谐共生的中国式现代化贡献浙江经验。

一、浙江省生物多样性保护的重大举措

（一）以循序渐进的方法推进生物多样性保护

1. 先行先试：成立自然保护区

一是较早成立自然保护区。浙江省一直重视生态保护，在全国率先成立自然保护区，为生物多样性保护工作奠定基础。1956 年天目山被林业部划为森林禁伐区之一。1985 年浙江省就成立了龙塘山省级自然保护区，1998 年晋升为清凉峰国家级自然保护区。之后不断增设自然保护区，2024 年，浙江省共有 11 个国家级自然保护区、18 个省级自然保护区。自然保护区涉及自然生态系统、野生生物类和自然遗迹类三大类别 5 种类型自然保护区，基本覆盖了浙江省生物多样性敏感及其重要生境保护地区。

二是积极推进生态省建设与生物多样性保护相结合。浙江省注重生态建设，在全国率先进行生态省建设，有利于生物多样性保护工作的推进。2003 年浙江发布《浙江生态省建设规划纲要》。2020 年，森林覆盖率从 1952 年的 39.7%上升至 61.2%（含灌木林），累计建成国家生态文明建设示范市 1 个，国家生态文明建设示范县（市、区）24 个，国家"绿水青山就是金山银山"实践创新基地 8 个，总数位居全国第一；省级生态文明建设示范市

7 个，省级生态文明建设示范县（市、区）61 个，"千万工程"获联合国地球卫士奖。

三是积极加入生物多样性保护国际网络。浙江省在生物多样性保护方面的积极行动，标志着其在国际保护网络中的重要角色。1999 年，清凉峰国家级自然保护区成功加入世界生物圈保护区网络，这是浙江省在全球生物多样性保护行列中的一个里程碑。这一举措不仅提升了保护区的国际知名度和影响力，还为其未来的保护与发展提供了新的动力。浙江省通过这一国际平台，能够更有效地提升生物多样性保护和生态系统服务功能。这不仅有助于保护区域内丰富的生物资源，还能推动可持续发展。未来，浙江省将继续发挥其在生物多样性保护方面的优势，分享中国的智慧和解决方案，参与全球生物多样性保护合作与交流。浙江省在生物多样性保护方面的坚持努力不仅有助于自身生态环境的改善，也为全球生物多样性保护贡献了中国力量，展现了中国在国际生态治理中的积极姿态。

2. 重点突破：建立自然保护地体系

一是从点到面形成自然保护地体系。1999 年浙江省清凉峰国家级自然保护区加入世界生物圈保护区网络，标志着浙江省在国际生物多样性保护领域迈出了重要一步。2007 年浙江省发布《浙江省生物多样性保护行动计划》，明确了生物多样性保护的战略目标和具体措施，成为自然保护地建设的政策基础。2016 年浙江省政府通过《浙江省生态文明建设总体方案》，强调了自然保护地体系的建立与完善，提出扩大自然保护区的覆盖面。2021 年浙江省出台《浙江省自然保护地体系建设实施方案》，明确了构建多层次、广覆盖的自然保护地体系的具体目标和实施步骤。

二是分类与标准化形成重点建设体系。浙江省根据生态类型和生物多样性的重要性，将自然保护地分为国家级、省级和地方级三个层次。国家级自然保护区是保护生态系统和生物多样性的核心，如清凉峰国家级自然保护区。省级自然保护区主要针对地方重要的生态资源和生物多样性。浙江省设立的 43 个省级自然保护区，既涵盖了丰富的森林、湿地、海洋等生态类型，又针对地方特色生物的保护，形成了多样化的保护网络。地方级自然保护区由地方政府设立，主要用于保护特定区域的生态环境和地方性物种。这些保护区的数量较多，覆盖了地方特有的生态系统，能够有效促进社区参与和地方治理。在分类的基础上，浙江省制定了相应的保护标准，以确保各级自然保护区的有效管理和生态功能的实现。主要有生态评估标准、管理与监测标准、生态补偿标准等。通过分类与标准化的实施，浙江省自然保护地体系形成生物多样性保护重点建设体系[①]。

三是科技支持和监测形成有效保护措施。在生物多样性保护中，浙江省通过建立科学的监测体系和加强科研支持，形成了有效的保护措施。首先是建立生物多样性监测体系。该体系主要包括数据采集与分析、监测指标体系和信息共享平台，旨在对自然保护区内的生态变化和物种动态进行持续跟踪。其次是加强科研支持。通过科研项目资助、产学研合作和技术创新加强生物多样性保护。包括设立重大攻关项目，联合开展生态修复项目，鼓

---

① 黄承梁，潘家华，高世楫. 实现高质量发展与生态安全的良性互动——以习近平经济思想与习近平生态文明思想推动绿色发展[J]. 经济研究，2024（10）：4-18.

励科研团队开发新技术等。最后，科学数据驱动的保护措施，主要包括科学决策支持、动态调整保护策略评估与反馈机制。

3．全面保护：发布战略与行动计划

2023 年，浙江省生态环境厅会同省发展改革委、省自然资源厅、省农业农村厅、省林业局联合印发了《浙江省生物多样性保护战略与行动计划（2023—2035 年）》，标志着浙江在生物多样性保护方面的进一步加强，尤其是在《生物多样性公约》第十五次缔约方大会（COP15）达成《昆蒙框架》后，该计划成为全国首个省级战略与行动计划。一是文件提出了明确的生物多样性保护目标。力求到 2035 年，浙江省的生物多样性整体状况显著改善，生态系统服务功能提升，重要生态区域得到有效保护。强调遵循"保护优先、自然恢复"的原则，统筹兼顾生态保护与经济社会发展，形成生态文明与可持续发展的良性互动①。二是文件明确构建多层次、广覆盖的自然保护地体系。包括国家级、省级及地方级自然保护区，结合重要湿地、森林及海洋生态系统的保护。通过优化自然保护地布局，增强保护成果，提升生态系统的自我修复能力。三是文件强调科技支持和生物多样性监测的重要性，倡导建立生物多样性监测网络，推动数据采集、共享与应用，利用现代科技手段提高监测的科学性和精准性。通过动态监测与评估，及时调整保护策略，确保措施的有效落实。

（二）以法律制度体系转型推进生物多样性保护

一是法律规制的末端治理向预防性保护转型。浙江省在生物多样性保护中，转变了传统的末端治理模式，逐步建立以预防性保护为主的法律规制体系。通过全面深化污染防治攻坚，浙江省积极实施清新空气行动和"五水共治"计划，有效改善了空气和水质量。例如，治理河流 2.6 万多公里，修复生态缓冲带 1 000 公里，使"牛奶河"变为"清水河"。这样的变化不仅提升了生物栖息环境，公众满意度也从 68.5%提升至 90.9%。浙江省通过创新机制，如固体废物多元处置体系、农业面源污染防控等，强化了对新污染物的管理，以减少化肥和农药的使用。同时针对病死猪处理及废弃物回收等领域，浙江省建立了完善的法律制度。这种预防性法律规制的转型，不仅增强了生态环境的韧性，也促进了生态文明的可持续发展。

二是相关立法的地方保护政策向区域协调保护转型。在生物多样性保护方面，浙江省将地方保护立法转化为区域协同立法。通过区域协同法治的相关立法，推动地方政策的有效实施。浙江省启动了多级试点，形成了市、县、乡镇及企业多元化的试点体系。通过试点，地方政府能够结合实际情况探索差异化政策，如金华市磐安县作为全国首个生物多样性友好城市试点，成功完成了为期三年的建设，并通过了评估。

---

① 刘静暖，孙媛媛，杨扬. 中国土地原生态承载力变化趋势分析[J]. 当代经济研究，2014（3）：49-54.

三是制度体系的命令型控制保护向引导激励型保护转型。浙江省在生物多样性保护政策制度方面经历了从命令型控制向引导激励型的重大转型。过去，政策主要依靠行政命令，如实施"三线一单"和"蓝天碧水"等行动计划。自新安江流域跨界生态补偿实施以来，浙江省逐步强调通过市场机制和政策引导，激励社会各界积极参与生物多样性保护[①]。这一转型旨在建立一个更加灵活、高效和可持续的保护框架，结合财政补贴、税收优惠和生态补偿等多种政策工具，形成政府、市场与公众的良性互动。浙江还探索生物多样性保护银行支持模式。开化农商银行成为国内首家加入全球生物多样性金融伙伴关系的地方法人银行，创新出与生物多样性保护相匹配的金融产品和服务，促进绿色金融的可持续发展。通过这些措施，浙江省不仅提升了生态保护的政策效能，还为生态文明建设提供了有效的支持和借鉴。

（三）以全面务实保护实践推进生物多样性保护

一是从陆海空多层次保护实践全力应对生物多样性丧失威胁。在陆地生物多样性保护方面，浙江省采取了严格的生态空间管理、多功能复合利用、国家公园建设和生态修复等多方面措施。通过生态保护红线的实施，优化土地使用和开发，确保生态安全边界不被突破；建立国家公园体系进行生物栖息地修复工作，如百山祖国家公园的动物救助和栖息地修复；推动了生物监测平台建设、迁地保护基地以及野生动物救助中心，以强化生态保护体系，确保生物多样性得到有效维护。在海洋生物多样性保护方面，浙江省采取构建海洋自然保护地体系、海洋牧场示范区建设及科研创新和法规建设等措施，实施科学规划与合理布局，推进红树林种植与保护，修复海岛和滨海湿地生态系统，为海洋生物提供了更多的栖息空间，同时加强湿地和海岛的生态修复，提升生态功能，以确保海洋生物多样性得到有效保护与恢复。

二是从保护理念制度管理等多方位提升生物多样性可持续性。首先，在理念上，强调生态优先和绿色发展，通过加强生态空间管控、恢复生态系统、推动绿色产业等措施，确保生物多样性与经济发展协同进步。其次，在制度管理上，浙江加强法律法规建设，建立了跨部门协作机制和行业规范，推动企业采用清洁生产技术，并鼓励农业科技创新和生态产业发展。最后，通过强化监测与执法，确保生物多样性保护政策落地，提升资源利用效率和生态保护能力。

三是从绿色产业发展和生态价值实现等多渠道推进生物多样性保护。首先，推动绿色产业的发展，将生态保护与经济发展有机结合。例如，绿色农业、绿色建筑和清洁能源等产业的兴起，促进了经济转型升级，同时降低了生产过程中对环境的负面影响。其次，推动绿色消费，鼓励公众和企业选择环保、低碳的消费产品和服务，从源头上减少对生物多样性的破坏。最后，在全国率先探索生态产品价值实现机制，让生物多样性保护产生经济

---

① 祁毓，杨春飞，陈诗一. 绿色转型发展中的财政激励与协同治理——来自"山水工程"试点的证据[J]. 经济研究，2024（10）：132-150.

效益，从而激励当地政府、企业、民众等进行生物多样性保护。这种实践做法为生物多样性保护提供了更多的渠道。

（四）以特色理论研究创新推进生物多样性保护

一是制度管理创新：跨部门协作与监管强化。浙江省积极探索生物多样性保护制度建设。为了有效保护生物多样性，浙江省建立了野生动植物保护工作联席会议制度，实施跨部门的协作与联动执法。这一制度的建立有效打破了部门之间的信息壁垒，提高了生态保护的协同效率。例如，通过联合执法，浙江能够及时查处非法捕猎、非法交易野生动植物等违法行为，有力打击了破坏生物多样性的行为。同时，省内多个地区还建立了生物多样性监测和数据共享平台，利用现代科技手段进行物种监控，确保各类保护措施能够得到实时跟踪与评估。

二是技术创新与产业融合：推动生态产业发展与可持续利用。浙江省在生物多样性保护的实践中注重技术创新与生态产业的结合。首先，积极应用数字化技术，如遥感技术、无人机航拍、AI 识别系统等手段，加强生物多样性的调查与监测。丽水市就利用智能监测平台，对区域内的物种进行全方位的监测，收集和分析生物多样性数据，以便更好地制定保护措施。这些技术手段提高了生物多样性保护的精确性和时效性，为生态管理提供了数据支持和决策依据。其次，浙江省推动生态产业的发展，将生物多样性保护与经济发展相结合。通过建设"两山合作社"等生态产业平台，浙江整合了山地、湿地等生态资源，并通过绿色低碳产业的推动实现了生态保护与经济增长的"双赢"[①]。这种模式不仅推动了资源的可持续利用，也提高了当地居民的环保意识和参与度，形成了资源、产业、环保的良性循环。

三是研究创新与保护结合。浙江省在生物多样性保护中展现了科研创新与应用相结合的成功实践。首先，浙江大学在胚胎培养技术方面取得突破，成功培育出百山祖冷杉幼苗，为濒危物种保护提供了新途径。同时，利用红外相机等先进技术进行动态监测，建立生物多样性调查评估体系，为长期监测和科学研究提供了重要数据支持。其次，在生物多样性可持续利用方面，浙江省探索保护与利用的平衡点。例如，在磐安县开展生物多样性友好城市试点建设，通过多方参与合力推进生物多样性友好城市建设，并带动中药材产业发展，有效增加农民收入。这一模式在国际会议上展示并获得认可，为其他地区提供了可借鉴的经验。综上所述，浙江省通过科研创新不断攻克关键技术难题，在生物多样性保护和可持续利用方面取得显著成果。科学研究成果得以应用于实践，并有效推动了当地生态文明建设的进程。这种紧密结合科研创新与应用的模式为浙江省在生物多样性领域树立了良好示范，并对全国乃至全球的生物多样性保护工作具有重要意义。

---

① 伏润民，缪小林. 中国生态功能区财政转移支付制度体系重构——基于拓展的能值模型衡量的生态外溢价值[J]. 经济研究，2015（3）：47-61.

二、浙江省生物多样性保护的主要成效

（一）建立省、市、县全方位的生物多样性保护政策法律体系

省级层面专门立法专章规定生物多样性保护情况报告制度。省级层面出台了《浙江省生态环境保护条例》，明确要求加强野生生物及其遗传资源的保护，并对珍稀濒危物种实行重点保护。除了《浙江省生态环境保护条例》外，浙江省还制定实施《浙江省陆生野生动物保护条例》《浙江省森林管理条例》《浙江省湿地保护条例》等多项法规，涵盖了从陆生野生动物到湿地保护的各个领域。浙江省还制定实施《浙江省极小种群野生植物拯救保护工程》和《浙江省珍稀濒危野生动植物抢救保护工程行动方案》，加强了对濒危物种的保护措施。在设区市层面，根据本地的实际情况，出台了许多与生物多样性保护相关的法规。例如，《台州市野生动物保护专项法治宣传行动实施方案》（台自然资规明电〔2020〕3 号）、《湖州市全面加强生物多样性保护工作行动方案（2023—2025 年）》等。部分地区还建立了"林长+检察长+森林警长"机制，增强了野生动物保护的协作性。杭州市、丽水市、宁波市等地发布了古树名木保护管理办法，制定了清晰的保护对象、保护要求及责任主体清单。此外，杭州市还发布了关于加强城市古树名木保护的行动计划，推动文物和古树名木的保护资源库建设。

在县级层面出台了生态保护方面的地方性法规，如《淳安特别生态功能区保护条例》。在集体林权改革方面出台文件，在不改变土地权属的前提下，创新探索"统一管理、分类补偿"模式，大幅降低林区生产作业强度，不断改善野生物种栖息环境。该项改革举措在去年 COP15 第一阶段会议被评为"生物多样性 100+全球特别推荐案例"。

浙江省出台了《浙江省人民政府办公厅关于加强生态保护红线监管的实施意见》（浙政办发〔2022〕70 号）、《浙江省水生生物多样性保护实施方案》（浙环函〔2020〕106 号）、《浙江省八大水系和近岸海域生态修复与生物多样性保护行动方案（2021—2025 年）》（浙政办发〔2021〕55 号）、《浙江省中央重点生态保护修复治理资金管理办法实施细则》（浙财资环〔2022〕19 号）、《浙江省生态保护监管行动计划（2024—2028 年）》等规定，成为全国首个"三线一单"（生态保护红线、环境质量底线、资源利用上线和生态环境准入清单）省、市、县三级全覆盖的省份。

（二）形成遗传、物种和生态系统全方位生物多样性保护成效

一是遗传多样性保护成效明显。生物多样性包括生物种类的多样性、基因（遗传）的多样性和生态系统的多样性。对于浙江来说，生物多样性保护有着客观基础——森林覆盖率位居全国前列，近海与海岸湿地是鸟类迁徙的重要栖息地和中转站。浙江 2019 年以来在重点区域开展的生物多样性调查评估，发现全省陆生野生脊椎动物分布有 790 种，约占

全国总数的 30%；高等植物有 5 500 余种，在我国东南植物区系中占有重要地位。

二是物种多样性逐渐增加。浙江省森林覆盖率超过 60%，依山傍海的优美生态环境造就了浙江的生物多样性。浙江重点区域现有生物物种 12 935 种，其中高等植物 5 897 种，中国特有种 1 340 种，国家重点保护野生动物 152 种，其中陆生野生脊椎动物分布 790 多种，约占全国总数的 27%[①]。厚实的生物多样性"家底"，是生态涵养的回报，更是绿色发展的馈赠。据统计，清凉峰国家级自然保护区内共有高等植物 2 452 种，脊椎动物 355 种，昆虫 2 567 种[②]。根据 2021 年新修订的《国家重点保护野生动植物名录》，保护区内现存国家一级保护野生植物 5 种，国家二级保护野生植物 46 种；国家一级保护野生动物 15 种，国家二级保护野生动物 57 种。野生动植物物种增加。截至 2023 年，浙江省新发现、新记录野生动植物 294 种，近 300 种；其中，安吉县新记录植物 629 个，湖州市新记录 508 个。

三是生态系统多样性稳定。浙江省省域生态环境状况等级为优，生态环境状况总体稳定。2023 年《浙江省生态环境公报》显示，全省生态环境质量总体保持高位稳定，全省生态质量类型为一类，全省辐射环境质量总体向好。2023 年浙江全省创成国家生态文明建设示范区 7 个，"绿水青山就是金山银山"实践创新基地 2 个，分别累计创成 49 个、14 个，数量均位居全国第一；创成省级生态文明建设示范区 8 个，累计创成 97 个。

（三）完成了高质量、多元化、可落地的生物多样性保护研究成果

一是产出了一批生物多样性保护标志性成果。浙江省在生物多样性研究领域取得了一批标志性成果，这些成果不仅在学术界有重要影响，也对生物多样性保护和可持续发展产生了积极作用。以下是一些具有代表性的成果。①物种发现与保护：浙江省在生物多样性研究中发现了许多新物种，其中包括植物、昆虫、鸟类等。这些新物种的发现为当地生态系统的保护提供了更全面的基础数据，也丰富了该地区的生物多样性资源。②生态系统功能研究：浙江省开展了大量关于各类生态系统功能的研究，如湿地功能评估、森林碳储量测算等。这些研究成果为相关政策制定和自然资源管理提供了科学依据[③]。③生态修复与重建：针对受到人类活动影响较大的生态系统，浙江省进行了一系列生态修复和重建实践，并总结出一套有效的方法和技术。这些实践经验不仅带动当地环境改善，也为其他地区提供了借鉴。

二是生物多样性研究向多元化方向发展。浙江省生物多样性研究呈现出明显的多元化发展趋势，在主题、合作方式以及参与机构上都表现出丰富性和包容性。这种趋势有助于

---

① 浙江省摸清重点区域生物物种数量[EB/OL].（2024-05-18）[2024-07-21]. https://s.cyol.com/articles/2024/05/18/content_lbBog2tL. html.

② 肖凉文，等. 浙江多地入选联合国"生物多样性魅力城市"，数量全国最多：多彩生物，与你我比邻而居[N]. 潮新闻，2024-12-24.

③ 王伟，高吉喜. 我国以国家公园为主体的自然保护地体系建设进展与展望[J]. 环境科学研究，2024，37（10）：2100-2109.

推动生物多样性研究走向更加综合、深入和创新的方向，为解决当下复杂而紧迫的环境问题提供了重要思路和支撑。①多样性研究主题：浙江省生物多样性研究在主题上呈现出多元化的趋势。除了传统的物种保护和生态系统功能方面的研究，还涉及生物多样性与人类活动的关系、生物多样性对社会经济发展的影响等更为综合和复杂的议题。让研究不再局限于单一领域，而是向更广泛、更深入的方向延伸，有助于全面理解和应对生物多样性问题。②多领域合作：随着生物多样性研究领域的扩大，浙江省在该领域展开研究时也与其他相关领域进行了更紧密的合作。例如，在区域立法和体制机制改革方面，更加依赖法律、政策等专业知识支持；在生态服务价值核算和自然保护地管理方面更加依靠经济学、环境科学等跨学科合作支撑。这种跨领域合作不仅能够促进研究成果的质量和深度，还能为解决复杂环境问题提供更全面的视角。③多元化参与机构：除高校之外，社会各界力量也积极参与到生物多样性研究中来。政府部门可以提供政策支持和资源保障；研究院可以提供专业技术支持；企业可以提供实践场景和应用需求。不同类型的机构共同参与，形成了一个多元化、协同发展的格局，有利于整合资源、优势互补，推动生物多样性研究向更广泛、更深入的方向拓展。

三是研究与应用结合更加紧密。浙江省在生物多样性保护方面展现了科研创新与应用相结合的成功实践。首先，通过科研创新，浙江省不断探索新技术应用于生物多样性保护。例如，利用胚胎技术繁殖濒危物种如百山祖冷杉，成功建立野外种群恢复基地，为该物种的保护提供了可持续性解决方案。其次，在新物种发现方面，科研调查不仅增加了对当地生物多样性的认识，也为未来的保护工作提供了重要数据支持。如安吉县三年调查记录了大量野生及栽培高等植物数据，并填补了相关领域的空白。最后，科研创新促进了生物多样性保护技术的应用与推广。通过科研创新研发新型调查工具和监测手段，把"3S"技术应用到生物多样性保护当中，为生物多样性报告提供坚实的基础[①]。

（四）生物多样性保护声誉明显增强

浙江省美丽浙江建设领导小组生态文明示范创建办公室委托省统计局民生民意调查中心在全省范围开展连续的全省生态环境公众满意度调查。2023 年度全省生态环境公众满意度调查结果表明，2023 年全省生态环境公众满意度总得分为 87.76，比上年提高 1.74，连续 12 年提升。浙江省以"推动绿色发展"和"加强系统治理"为双轮驱动，深入打好污染防治攻坚战，着力推动经济社会绿色低碳全面转型，在对标"两个先行"中着力推动生态文明建设先行示范，为建设新时代美丽浙江提供坚实保障。

2021—2023 年，浙江省生态环境公众满意度得分逐年提升（图 10-1），从 2011 年的 56.19 上升到 2023 年的 87.76，得分上升了 31.57%。这反映了公众对生态环境保护工作的认可和满意度不断提高。这一趋势与浙江省在生物多样性保护、生态修复工程以及环境质

---

① 赵婧. 科学监测评估提升保护成效[N]. 中国自然资源报，2023-12-22（5）.

量提升等方面的努力和成效密切相关，进一步证明了相关政策措施的有效性和公众支持的增加。

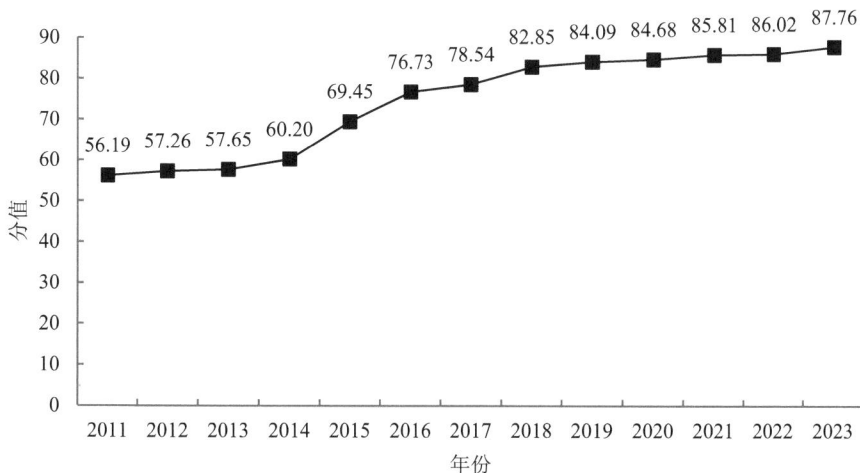

图 10-1　2011—2023 年浙江省生态环境满意度总得分变化情况

　　浙江省生态环境公众满意度的提升是多方面因素共同作用的结果。首先，在思想和理念方面，浙江省坚持以习近平生态文明思想和习近平法治思想为指导，科学推进生态环境保护工作。其次，在政府层面，浙江省强化了对生态环境保护工作的监管。严格执行生态红线制度，确保关键生态区域不受破坏。同时，政府还加大了生态环境与自然资源等领域的执法力度，严厉打击破坏环境资源的违法行为，确保生态环境保护工作取得实效。最后，公众参与也是生态环境满意度提升的重要因素。以政府为主导，广泛动员公众参与生态环境保护工作。通过多种渠道宣传生态文明理念，提高公众的环保意识和参与热情。政府还鼓励公众参与生态保护项目，如植树造林、湿地恢复等，使得生态保护成为全社会的共同责任和行动。

　　政府的强有力领导、科学的保护措施、公众的广泛参与以及成功经验的推广，都是推动满意度提升的关键因素。这些努力不仅改善了生态环境质量，也增强了公众对政府生态保护工作的信心和支持，为未来的生态文明建设奠定了坚实基础。

（五）为全球生物多样性治理贡献浙江智慧

　　第一，积极贯彻国家和有关国际组织文件精神。《中国生物多样性保护战略与行动计划（2023—2030 年）》出台后，在浙江省委、省政府领导下，各部门积极协作推进生物多样性协同治理下，深入推进落地实施，细化各项政策措施，加强跟踪调查评估，强化对地方的指导，共同加强生物多样性保护，为全球生物多样性治理作出中国贡献。浙江省出台《浙江省生物多样性保护战略与行动计划（2023—2035 年）》等系列文件，以习近平生态文明思想为指导，大力实施生物多样性保护重大工程等一系列措施，减少对生物多样性的威胁，加强生物资源可持续利用与惠益分享，统筹生物多样性保护与经济社会发展，推进生物多样性治理体系和治理能力现代化，确保重要生态系统、生物物种和遗传资源得到全面保护，有效推动《关于进一步加强生物多样性保护的意见》落实及《昆蒙框架》执行，以高品质生态环境支撑高质量发展，加快推进人与自然和谐共生的现代化。

第二，作出生物多样性协调治理行动表率。深化重点自然保护区域和优先保护区的保护和监管行动，协同推进降碳、减污、扩绿、增长，协同推动绿色低碳发展。一是优先保护区域的识别与管理。浙江省通过科学评估和数据分析，确定了若干优先保护区域。这些区域通常具有高生物多样性、生态系统服务功能强或生态脆弱性高等特征。在确定这些优先保护区域后，浙江省实施了一系列针对性的保护和监管措施。例如，建立自然保护区和生态红线区，在优先保护区域内，设立自然保护区、森林公园、湿地公园等多种形式的保护地。再如，实施严格的土地利用监管。在这些区域内，严格控制土地的开发利用，禁止或限制可能破坏生态环境的活动。例如，限制工业开发，禁止乱砍滥伐和乱捕滥猎。二是协同推进降碳、减污、扩绿、增长。浙江省在提升生物多样性保护效能的同时，也注重与其他环境治理目标的协同推进，实现了多重目标的平衡发展。在降碳方面，通过发展可再生能源、提高能源利用效率和推广低碳技术等措施，浙江省在降低温室气体排放方面取得了显著成效。这不仅有助于缓解全球气候变化，也对本地生态系统的稳定性和生物多样性的保护产生了积极影响。在减污方面，浙江省大力推进污染防治行动计划，尤其是在工业排放和农业面源污染的控制上，采取了严格的管控措施。通过污染物排放总量控制和清洁生产技术的推广，有效减少了对环境和生物多样性的污染威胁。在扩绿方面，注重增加绿色植被覆盖率，浙江省通过大规模的植树造林和生态修复工程，显著提高了森林覆盖率和植被质量，2023年森林覆盖率稳定在61.3%以上，这不仅改善了区域生态环境，还为多种野生动植物提供了良好的栖息地。在经济增长方面，浙江深入发展绿色低碳循环经济。大力发展生态旅游、绿色农业和可再生能源产业等生态产业，浙江省实现了经济效益和生态效益的"双赢"。优美的自然环境和丰富的生物多样性也吸引了大量游客和投资，带动了地方经济的发展。三是公众参与和教育。浙江省深刻认识到广大公众是生态保护的实践者和受益者，其参与和支持是实现生物多样性主流化目标的关键。因此，在政策制定和实施过程中，注重公众参与和生态文明教育。通过设立生态保护志愿者组织，开展环保宣传活动，构建利益共享机制，激励公众积极参与到生物多样性保护行动中①，尤其是农村居民对生态保护的责任感和保护意识。公众的积极参与既增强了保护措施的执行力，也提高了人们的环保意识。在学校和社区中开展多种形式的环保教育和培训活动。通过科普讲座、自然体验活动和环保课程等形式，使人们更好地了解和珍惜身边的自然资源，更进一步提升了公众对生物多样性保护的认识与重视。

第三，积极打造生物多样性可持续利用的示范样板，以高水平生物多样性保护提升经

---

① 杨兴柱，吴瀚，殷程强，等. 旅游地多元主体参与治理过程、机制与模式——以千岛湖为例[J]. 经济地理，2022，42（1）：199-210.

济社会发展新效能。一是打造生态旅游保护生物多样性示范样本。浙江省安吉县以竹海闻名，通过保护当地竹林生态系统，发展生态旅游。每年吸引大量游客前来体验自然之美，带动了当地酒店、餐饮和交通等服务业的发展，成为生态保护与经济发展的典范。二是打造有机农业和绿色产业助力生物多样性保护样本。浙江省德清县通过发展有机农业和绿色产业，不仅保护了当地的生物多样性，还提高了农产品的附加值，增加了农民收入，实现生物多样性保护与可持续发展的良性循环。例如，当地的有机茶叶和有机稻米等产品因其高品质和绿色认证，深受市场欢迎。浙江省的实践经验展示了生态保护与经济发展"双赢"的广阔前景，为其他地区提供了有益的借鉴。通过科学的保护管理、协同的环境治理、创新的技术应用和广泛的公众参与，浙江省在生物多样性协同治理方面成为全国的表率。

第四，浙江省深度参与全球生态治理，为全球生物多样性治理贡献浙江智慧、中国经验。首先，为全球生物多样性治理贡献浙江智慧、中国经验。浙江省积极参与国际生态保护组织和会议，通过多边合作和国际交流，分享生物多样性保护的成功经验。浙江省通过组织和参与国际生态论坛，与世界各国共同探讨生物多样性保护的最佳实践，并积极推广绿色发展理念。浙江省与联合国环境规划署、世界自然保护联盟等国际组织紧密合作，共同开展生物多样性保护项目。通过举办国际性生态保护论坛和会议，例如连续三届举办环球中国环境专家协会（PACE），邀请全球生态专家、学者和政策制定者，共同探讨生态保护和可持续发展的前沿课题。其次，引领示范共建地球生命共同体。在浙江省内建立国际生态合作区，与其他国家和地区合作，共同开展生物多样性保护和生态修复项目。浙江省通过分享在生态农业、生态旅游、可再生能源等领域的成功经验，帮助其他地区发展绿色经济，减少对自然资源的过度依赖，从而推广绿色模式。最后，为未来一段时间的全球生物多样性治理擘画新蓝图，以实现人与自然和谐共生的 2050 年愿景，提出 2030 年之前须采取紧急行动，遏制和扭转生物多样性丧失的趋势，使自然走上恢复与可持续发展之路。

三、浙江省生物多样性保护的基本经验

（一）在理念上坚持习近平生态文明思想与习近平法治思想

生物多样性保护是一项系统全面的工作，既涉及人类经济活动，更涉及社会治理。生物多样性保护是人与自然和谐共生实现的重要组成部分。习近平生态文明思想和习近平法治思想是实现人与自然和谐共生的重要指引。

一是坚持习近平生态文明思想。浙江省在生物多样性保护中，始终贯彻"创新、协调、绿色、开放、共享"的新发展理念，将生态文明建设作为各项工作的核心理念。特别是在绿色发展方面，浙江省深刻理解并落实"绿水青山就是金山银山"理念，通过发展生态经济，将丰富的自然资源转化为经济优势。丽水市通过打造"丽水山耕""丽水山居""丽水

山泉"等品牌,成功将生态价值转化为经济效益①。这些品牌不仅提升了当地农产品的附加值,还带动了旅游业的发展,为当地居民创造了更多就业机会和收入来源。其次,浙江省积极推动生态文明先行示范行动,深化"五水共治""五气共治""五废共治"等生态保护行动,加强水资源管理和城镇环境治理,有效促进了生物多样性的保护与修复。浙江省在生物多样性保护过程中,注重统筹规划,将生态保护纳入国民经济发展五年规划,确保各项保护措施有序推进。例如,通过组建专项工作组、设定年度任务目标等方式,实现了生物多样性保护工作的全覆盖。这种系统性、全方位的推进方式,确保了生态保护工作的持续性和有效性。

二是坚持保护优先绿色发展。在习近平生态文明思想指导下,浙江省注重科学性,结合实际情况,制定并实施了一系列科学的保护措施。通过科学评估和数据分析,浙江省确定了若干优先保护区域,并在这些区域内实施严格的保护措施。通过扩建国家动植物园,健全野生动物救护容纳体系,加大对重要物种的迁地保育,有效落实迁地保护体系。浙江省建立了多个自然保护区和生态红线区,确保了关键生态系统和物种栖息地的有效保护。大力推动生态修复工程,包括森林植被恢复、湿地修复和河流治理等项目,为多种野生动植物提供了良好的栖息环境,促进了生物多样性的恢复和提升。通过发展生态旅游,将生态保护与经济发展有机结合。例如,磐安、景宁等地建立了7个生物多样性保护实践基地试点,通过生态旅游吸引游客,带动了地方经济发展。同时,这些生态旅游项目也增加了公众对生物多样性保护的认知和支持。

三是坚持习近平法治思想。生态文明建设纳入制度化、法治化轨道。浙江省在生物多样性保护过程中,建立健全了相关的地方性法规、政府规章和跨部门协同的执法联动机制,确保各项保护措施的落实。浙江省通过制定和完善生物多样性保护的相关法律法规,为保护工作提供了坚实的法律保障。《浙江省生态环境保护条例》明确了各级政府和相关部门在生物多样性保护中的职责和任务。浙江省建立了健全的环境监管和执法机制,确保各项保护措施的有效执行。生态环境部门对生态敏感区域进行常态化巡查和监测,严厉打击破坏生态环境的违法行为,保障生物多样性保护工作的顺利开展。同时,通过建立生态补偿机制,浙江省有效调动了各方参与生态保护的积极性。例如,丽水市首创生态价值实现机制,通过对生态产品进行市场化运作,使得生态保护和经济发展相互促进。

(二)在行动上坚持以政府为主导、多部门协同、公众广泛参与的多中心共同治理

生物多样性保护是一项系统工程,涉及多主体、多部门、多领域。多中心治理②是指多个组织体制共同参与治理公共事务、提供公共服务,特别强调参与者的互动过程和能动

---

① 阮春生. 丽水山耕:赋能农业,激活青山[N]. 丽水日报,2024-12-20.
② 孔繁斌. 多中心治理诠释——基于承认政治的视角[J]. 南京大学学报(哲学·人文科学·社会科学),2007(6):31-37.

创立治理规则、治理形态；在自发和自主基础上，形成具有独立性但相互制约的治理模式。这一模式有助于各界组织广泛参与，协力完成生物多样性保护工作。

浙江省深刻认识到生物保护工作不是依靠政府单打独斗而是政府、企业及居民和社会组织三方面发力，通过建立协同行动，形成政府主导、企业协同、公众参与的治理结构的多元共治格局。在生态保护推进过程中，各主体既各司其职又相互协同，既相互支持又相互监督，从而形成政府主导、多部门协同、公众参与的多元共治格局。

第一，政府主导生态保护工作。一是浙江省政府明确生物多样性保护指导理念和思想，深入贯彻习近平生态文明思想，明晰省级统筹、三级联动、协同高效的体系化推进原则，以数智技术推动经济社会全面绿色转型。二是政府带头制定保护行动规划，明确行动方案。浙江省按照国家战略部署，制定了海洋自然地保护体系、外来物种防控体系、野生动植物救护体系等，不断完善生物就地和迁地保护体系，强化生物保护执法监督力度，构建起目标明确、分工合理、措施有力、衔接有序的综合治理体系。三是健全生物保护工作和制度机制，浙江省政府发布《浙江省生物多样性保护战略与行动计划（2023—2035年）》，将生物多样性保护纳入经济社会发展中长期规划，融入美丽浙江规划纲要，为生物多样性新工作谋篇布局。

第二，企业示范带动生态保护，强化行业可持续管理。企业秉持"绿色、低碳、可持续发展"的发展理念，在生态保护方面持续发力。例如，建工集团牵头联合众多合作企业共同参与保护钱塘江流域绿色公益计划，通过科学保护、实地示范以促进水环境的提升和水源地的长效保护；威立雅集团实现了生产污染零排放和低排放，致力于解决海洋塑料污染问题；百威集团高度重视可持续发展目标，通过技术创新，大幅提高水资源利用率，并帮助运营所在地提高水质和水量。

第三，公众积极参与生态保护进程，大力倡导生活绿色低碳转型。随着绿色低碳理念深入人心，大众对于可持续发展的追求越来越高，逐渐形成绿色低碳生活方式，倡导可持续性消费，降低了一次性用品使用频率，减少白色污染，促进绿色低碳循环与生物多样性保护。同时，公众在生物多样性保护进程中承担着监督政府和企业的责任。

（三）在方法上坚持山水林田湖草海滩一体化保护和系统治理

生物多样性是生态系统稳定的重要特征。生态多样性保护与生态系统治理并行。生态系统本身及其演化都具有整体性、系统性特征。山水林田湖草海滩都是生态系统的组成部分，它们之间是相互联系、相互影响的整体。山水林田湖草海滩一体化保护和系统治理深刻揭示了生态系统的整体性、系统性及其内在发展规律，为全方位加强生物多样性保护提供了方法论指导。

第一，综合治理与一体化保护。浙江省始终坚持人与自然和谐共生的理念，围绕山水林田湖草海滩各要素，开展一系列生态环境修复整治工程。在土地综合治理方面，浙江省在农用地整治、村庄整治和低效用地整治等方面开展了系统性治理。通过高效整合资源，提高土地利用效率，减少环境压力。例如，嘉兴市新塍镇积极探索高产量示范区，着力推行"多田套盒"，提升农业生产效率和土地利用率。生态修复与经济发展一体化，采用植被恢复、生态重建等措施，使得被破坏的矿山地区重新焕发生机。这些措施不仅改善了矿山地区的生态环境，还为当地居民创造了新的经济机会。海洋综合生态治理和保护一体化，通过修复海洋生态系统，保护海洋生物多样性。例如，温州市"洞头蓝色海湾整治行动"的做法被《中国生态修复典型案例集》收录。洞头主要做了两方面的突破。一是体制机制创新。洞头创新"上级专项奖励+地方政府自筹+社会资本参与"模式，吸引社会资本参与"蓝色海湾"整治行动项目，通过高水平生态环境保护，不断塑造高质量发展的新动能和新优势[1]。2023年，"洞头诸湾·共富海上花园"EOD项目取得国开行授信23亿元，成为全国首个海洋环境综合治理类EOD项目。二是生态赋能海洋经济发展。洞头划定海洋生态红线区635.7平方公里，分区分类制定了管控措施。依托可开发滩涂、沙滩、渔港等13类海洋资源，不断完善海洋产品生态价值实现机制，给传统渔业也带来了更多机遇。此外，温州市苍南红树林修复项目共修复红树林宜林生境45公顷、种植红树林350亩，苍南打造红树林"北进桥头堡"的做法被自然资源部评为2023年海洋生态保护修复十大典型案例，擦亮"中国北缘最大的海湾红树林生态湿地"金名片。再如，浙江玉环市废弃矿山修复取得显著成果。玉环市玉城街道后蛟村北面山废弃矿山生态修复项目，通过采用边坡整治和生态重建，有效地消除地质灾害隐患，改善生态环境。

第二，系统性生态修复。浙江省在山水林田湖草的系统性治理中，注重从整体上提升生态环境质量。实施山水林田湖草一体化修复。在钱塘江源头区域开展了山水林田湖草修复工程。通过综合整治千岛湖全流域，进一步改善水质，提高生物多样性。例如，千岛湖水质的改善不仅保护了当地的生态环境，还促进了生态旅游的发展。浙江省识别国土空间脆弱区域，重点对矿山、土地、流域等一带进行修复，提升生态区域韧性空间；通过建设城市花园群和海岛公园带，提升人居环境质量，强化山水林田湖草系统性治理，打造人与自然和谐共生的国土空间。

第三，系统化综合治理。通过统筹协调，推进涉及农田、水体、森林、矿山等多要素的保护工作，构建了从山顶到海洋的综合保护治理格局。这种系统性的治理工程，不仅增加了自然生态系统的功能，还增强了生态系统的韧性[2]。浙江省以淳安生态功能区为统揽，开展钱塘江源头区域山水林田湖草修复工程，以问题为导向，统筹山水林田湖草系统性治理，实施千岛湖全流域整治，使得千岛湖水质进一步改善，生物多样性逐步提高。

综上所述，浙江省在生物多样性保护方面实施了四大举措：强化生物多样性的调查和监测、重视生物多样性保护战略计划、大力实施空间生态修复工程和构建生物多样性保护的地方规范体系。浙江省生物多样性保护工作取得了明显成效，表现为物种有序增加、环

---

① 温州市生态环境局. 洞头：蓝湾行动进行时海上花园谱新篇[N]. 浙江日报，2023-04-24.

② 张文国. 生物多样性治理谁是"主角"？目标和路径是什么？怎样"切入"和采取行动？解决问题的关键在哪里？[N]. 中国环境报，2024-08-01.

境质量显著改善、生物多样性声誉明显增加并为全球生物多样性治理贡献浙江智慧。同时总结生物多样性保护经验：在理念指导上，深入践行习近平生态文明思想和习近平法治思想，将绿色发展理念与法治保障紧密结合，为生物多样性保护提供坚实的思想基础和法律支撑；在行动实施上，构建以政府为主导、多部门紧密协作、社会公众广泛参与的多中心协同治理模式，形成保护合力；在方法策略上，坚持山水林田湖草海滩生命共同体的系统观念，实施一体化保护和系统治理，促进生态系统整体性和稳定性，实现生物多样性可持续保护与发展。

第十一章

浙江省生物多样性保护工作展望

作为习近平生态文明思想的重要萌发地、全国首个生态省，浙江省具备建立生物多样性保护示范区的坚实基础和特色优势。加强生物多样性保护，是浙江省深入践行绿水青山就是金山银山理念、持续推动"八八战略"走深走实的重要举措，是高质量发展建设共同富裕示范区的必然要求，也是推进生态文明建设先行示范的现实需要，有利于通过浙江实践为全国建立健全生物多样性保护机制提供省域范例，为习近平生态文明思想提供具有浙江特色的丰富素材和实践案例。本章从战略思想、主要任务和机制保障等方面进行展望。

一、浙江省生物多样性保护战略思路

（一）坚持不懈地推进生物多样性保护的主流化

生物多样性直接关系到人类生活的品质，我国一直高度重视生物多样性保护工作，将生物多样性保护融入生态文明建设进程中。浙江省积极响应国家战略，"用最严格制度最严密法治保护生态环境""开展大规模国土绿化行动"[①]，形成绿色发展方式和绿色生活方式，全面推进生物多样性保护工作。政策推进和发展规划两手抓，实现生物多样性主流化。浙江省构建多方主体参与的生物多样性治理体制机制，充分发挥政府的主导作用，将生物多样性保护纳入浙江省生态治理体系，联合企业共同行动，深化全社会共同参与的生物多样性保护行动框架，推动将生物多样性保护落实到各行各业生产和公众生活的实践中。

1. 发挥政府主导作用

强化生物保护顶层设计，全方位推进生物多样性保护[②]。在政府层面，全面布局未来

---

① 习近平. 论坚持人与自然和谐共生[M]. 北京：中央文献出版社，2022：12-13.

② 新时期推进生物多样性保护的目标与关键行动[EB/OL]. （2024-04-19）[2024-07-21]. https://www.mee.gov.cn/zcwj/zcjd/202404/ t20240419_1071180. shtml.

一段时间内的目标任务，将生物多样性保护纳入国民经济和社会发展战略规划，深度融入自然资源等部门规划，成立浙江省生物多样性保护专项工作小组，优化重点生态区域的可持续管理，通过严格保护措施避免生物多样性丧失，不断完善生物多样性保护规划体系，为各地生物多样性保护行动提供有效指引。在部门层面，深入实施部门协同行动。在各经济部门生物多样性保护行动初步联动基础上，改善与加强部门联合行动、联合执法等环节。农业、渔业、林业经济部门将生物多样性保护纳入发展政策，围绕目标导向，政府部门出台相关政策落实各部门主体责任，完善生物多样性保护法律法规，落实政府行动目标与各部门保持一致。充分发挥金融部门的惠益作用。加大生物多样性保护资金投入力度，完善生物多样性财税制度，开发生物多样性保护基金等市场金融交易机制，增加资金投入带来经济和生态双重效益。稳步推进生物多样性保护专项立法。创新实施生态红线保护制度，建立健全省级生物多样性保护协调机制及生态补偿制度，生物多样性保护与可持续利用法规体系基本完善，政策措施持续优化。

2. 鼓励企事业单位协同行动

随着生物多样性保护的主流化，国家生态环境监管逐渐加强，企业在生物多样性保护上的违规成本势必增加。因此，企业在自身运营中，加强生物多样性保护的综合性考虑、企业合规建设与自觉守法。

一是将生物多样性保护纳入企业决策方案。评估衡量企业各生产环节对生物多样性产生的影响，设定针对性、可量化的目标导向，成立生物多样性保护行动专项小组，围绕生物多样性保护目标，开展能效创新引领行动，深化工业、建筑、能源等重点领域节能环保，促进企业绿色转型升级①。

二是创新生物多样性量化管理模式。应用自然资本核算方法评估清洁能源生物多样性保护价值，并将评估结果纳入企业社会责任评价指标，有助于展示企业对生物多样性保护行动的贡献。企业内部的协调管理机制直接关系保护生物多样性的执行能力，减少与生物多样性和生物安全相关的行动风险，实现在原材料开采、生产、产品供应及使用处置等整个链条的可持续性。

三是深化企业社会责任，积极开展公益行动。企业携手消费者保护生物多样性，积极举办生物多样性保护公益活动，创办环境保护生态基金，加强生物多样性宣传教育，让生物多样性保护工作透过品牌影响力，进入大众视野，共同为生物多样性保护行动献力。

四是构建生物多样性保护生态圈。企业与政府部门及供应链合作伙伴积极合作，汇集社会资源和力量，赋能上游合作伙伴，帮助其升级环保设备、节水改造、采用清洁能源，促进自身可持续发展和实现生物多样性保护生态圈。

3. 促进公众广泛参与

一是加强宣传教育。提高公众生物多样性保护意识，提升社会参与的积极性。开展生

---

① 薛达元，张渊媛. 中国生物多样性保护成效与展望[J]. 环境保护，2019，47（17）：38-42.

物多样性保护科学知识、保护法规、保护案例宣传普及，加强公众对生物多样性保护的价值认识，引导公众生物多样性友好型消费和绿色生活方式转型，激励全社会共同参与行动。将生物多样性保护纳入中学教育，保护从娃娃抓起。将生物多样性报告纳入社区活动，保护从基层做起。将生物多样性保护作为省市重点研究课题，保护从学者做起。将生物多样性纳入政府工作，保护要进行顶层设计。

二是倡导全政府全社会参与生物多样性保护。人是生物多样性保护的"主角"，人人参与形成了全政府全社会的架构①。"全政府全社会方法"作为重要实施原则在《昆蒙框架》中得到了优先推荐。2024 年国际生物多样性日的主题是"生物多样性 你我共参与"，由此说明政府部门、地方社区、学校、研究机构、社会组织、工商企业和公民个体等全社会主体，都是生物多样性治理进程中不可或缺的重要力量。为实现《昆蒙框架》的目标，特别是 23 个行动目标的努力和行动，不能只是某一缔约方或国家主管部门的"独角戏"，而是全政府全社会的共同责任，是地球生命共同休的"大合唱"。

三是强化政策引导。完善违法活动举报机制、畅通举报渠道，提升生物多样性损害行为的监控力度。将生物多样性保护作为政府考核内容，"建立科学合理的考核评价体系"②，把生物多样性保护与经济发展看作同等重要。强化信息公开机制，定期发布生物多样性状况公报，保障公众知情权，编制生物多样性保护全民行动方案，以公众支持倒逼企业生产经营活动的变革转型，提升生物多样性保护的实际效益。

（二）坚持不懈地应对全球生物多样性丧失威胁

生物多样丧失是全球共同面临的重大威胁，作为陆地面积排名第三、生态多样性丰富的国家，中国在应对全球生物多样丧失威胁方面承担着重要任务和责任。浙江省作为我国重要窗口和先行区，未来从以下几个方面积极应对全球生物多样性丧失威胁。

1. 推进山水林田湖草一体化治理

统筹推进山水林田湖草一体化治理，进一步优化海陆保护体系。在统筹划定生态保护红线、永久基本农田、城市开发边界三条控制线的基础上，将生物多样性保护作为自然空间规划与治理的重要内容。着力推进陆地水域及海域的有效保护和管理。通过自然保护地建设提升生物多样性。未来进一步加强自然保护地空间规划，综合调控自然生态空间与城市经济发展之间的关系③。基于自然资源核算优化土地利用结构，合理配置土地资源；采用基于自然资源的综合管理办法，综合规划生物栖息地、湿地保护系统、海岸带系统等自然保护区利用；建立生境栖息地保护网络，为生物多样性保留发展空间。

---

① 张文国. 生物多样性治理谁是"主角"？目标和路径是什么？怎样"切入"和采取行动？解决问题的关键在哪里？[N]. 中国环境报，2024-08-01.

② 习近平. 论坚持人与自然和谐共生[M]. 北京：中央文献出版社，2022：22.

③ 黄承梁，潘家华，高世楫. 实现高质量发展与生态安全的良性互动——以习近平经济思想与习近平生态文明思想推动绿色发展[J]. 经济研究，2024，59（10）：4-18.

2．加强生态功能重点区域修复保护

顶层设计生物多样性保护政策。针对短板着重发力，构建重点生态功能区配套政策体系，形成政策合力，增强生态系统的连通性、完整性。协调生态环境保护与经济发展的关系。充分发挥浙江省生态资源优势，加快打通"绿水青山"向"金山银山"转化路径，打造生态产业化和产业生态化格局，通过准入负面清单倒逼地方探索绿色产业发展路径，鼓励和支持绿色能源与生态发展的共赢模式。完善生态功能重要区域配套政策体系。加强中央和地方政策协同，紧紧抓住"人、地、产、钱"等关键要素，因地制宜出台自然资源政策；通过实施差异化绩效考核，在生态功能重点区域[①]，将生态产品价值、生态空间规模质量、生态保护红线等纳入考核指标，强化生命周期监管，完善权责对等的绩效考核机制。

3．严控生态敏感区用途改变

科学划定生态敏感区、脆弱区域保护红线，严格限制开发用地建设项目，禁止大规模城镇化和工业化活动，分类管控生态保护红线区域，将自然保护区核心区域、风景名胜区域核心景区、湿地公园等列为一类管控区域；同时促进当地产业环境友好型升级，调整优化产业结构，合理利用自然资源，保护生物多样性。根据生态环境敏感区存在的问题，制定相关应对战略，逐步推进实施，积极探索生态环境敏感区保护的新模式，加快实施海岸带保护与修复工程，守住自然生态安全边界，打造生态安全保护屏障，持续提升自然生态系统质量。

4．强化生物物种保护网络

充分发挥政府的主导作用，将生物多样性纳入浙江省政府生态治理体系，构建全社会共同参与的生物多样性保护行动框架，推动将生物多样性保护落实到各行各业生产和公众生活的实践中。一方面，深入推进自然保护地体系建设，优化就地保护网络。浙江省对接中国"四带三区"生态安全格局，构建自然保护地、生态功能区协同管理机制，整合交叉重叠及相邻的生物栖息地、湿地公园等各类自然保护地基础上，扩增保护区域20%，80%以上野生动植物及其栖息地得到有效保护。另一方面，优化生态保护网络空间布局。实行差异化野生物种管理办法，初步建立野生物种可持续管理制度体系；加强跨界联动，推广产业生态化、生态产业化，在经济发展过程中考虑生物多样性保护需求，确保生态系统的健康及生物资源的可持续利用。

5．严控外来物种及有害生物入侵

实施多项举措严控外来入侵物种及有害生物。首先，加强外来入侵物种监测预警。深入推进外来入侵物种普查，充分利用数字化、信息化技术，依托国土空间平台建立外来生物物种联动监测网络。针对重大危害入侵物种和重点保护区，做好风险防控、综合治理，全面完成外来入侵物种编目，并加大对水稻等粮油作物的主要病虫害监测与防控力度，主要农作物重大病虫害危害损失率控制在 5%以内。其次，加快政策制度建设，完善治理体

---

① 刘静暖，孙媛媛，杨扬. 中国土地原生态承载力变化趋势分析[J]. 当代经济研究，2014（3）：49-54.

系。建立生态风险监测机制、多部门联合防控机制①，完善经济赔偿和责任追究等机制建设，进一步完善生态安全相关法律法规，提高外来物种入侵工作系统的科学性。最后，加强宣传教育，提高公众认知度。加强对检验检疫、物流等行业从业人员的教育培训，进一步提升生物资源的保护能力。通过电视、网络、电影等新媒体向社会公众及青少年群体科普外来入侵物种识别、危害以及防治处理等相关知识，加强全民生物安全教育。

（三）坚持不懈地促进生物多样性的价值全面实现

生物多样性价值全面实现既是生物多样性保护的要求，更是生物多样性保护的手段。未来从以下几个方面推进生物多样性价值转化和实现。

1. 推进生态产品价值实现

浙江省持续完善 GEP 核算标准体系，建立健全生态产品价值实现机制，深化 GDP 和 GEP 协同增长的双评估、双考核制度，协同宏观经济调控、自然资源产权管理等部门形成部门合力，进一步优化 GEP 工作模式，将核算结果纳入生物多样性保护综合决策的主流化程序，推进核算结果在政府绩效考核评价、生态保护补偿及生态产品保值增值等方面的应用，将生态效益纳入经济社会评价体系，构建绿色发展新格局。

打造具有浙江特色的生态产业示范地，以生态优势助力城市经济社会发展。浙江省深入挖掘生态资源禀赋，构建生态产业体系。一方面，浙江省依托当地丰富的自然资源，积极推进农文旅融合发展，发挥山区县、海岛县等生物资源优势，加快推进全域生态旅游，建设一批融合地方特色的生态产业示范地，进一步增强生物多样性保护内生动力。另一方面，积极探索特色小镇发展新模式，打造产业共富带。以茶、笋竹、丝绸等特色产业为基础，将产业特色村、镇串点成线，细分产业赛道，打造现代技术集成园区、优势特色产业引领区、农业创新创业孵化区，创建地方特色产业示范样板。

2. 强化生物多样性的保险价值

生物多样性保险可以为自然灾害、意外事故及危险物种入侵等自然风险提供支持保障，确保受损生态系统的恢复，推动相关责任主体积极参与生态系统治理，提升生物多样性保护工作的效率，促进生物多样性的可持续利用②。

浙江省不断完善生物多样性保险保障，进一步强化生物多样性保护工作的保险价值。一是创建集生境风险评估与自然恢复力于一体的生物多样性保护规划框架。通过生态系统的结构和功能指标，评估生态系统的自然恢复力，有效地整合生境风险考虑，以优化规划过程和结果，制定差异化管理行动和全面的保护与恢复规划，进而改善生物多样性保护的成果和成本效益的潜力。二是厚植绿色生态优势，充分发挥物物协同互利优势，融合生物

---

① 魏辅文，平晓鸽，胡义波，等. 中国生物多样性保护取得的主要成绩、面临的挑战与对策建议[J]. 中国科学院院刊，2021，36（4）：375-383.
② 张辰. 澜湄国家生物多样性保护合作成效评估与机制建设优化[J]. 东南亚纵横，2024（4）：76-90.

多样性保护和乡村振兴发展目标，注重生物多样性在农业、社会经济等领域的价值提升[①]。三是强化品牌建设，建设生物多样性全产业链，推进"生物多样性+种植业""生物多样性+生态经济"等发展模式，打造林药蜂、蜂糖李等产地龙头产品品牌，培育壮大森林康养等环境友好型产业，畅通上下游产业链，开展特许经营活动等促进价值转化，提升生物多样性保护的社会经济效益，对推进高质量共同富裕示范区建设以及山区 26 县跨越式发展具有重要的现实意义。四是提升生物资源利用率，注重挖掘优秀物种基因类型，淘汰抗性差、品质弱的品种，增强改良品种耐抗性和产量，扩大优质种质资源库，高投入以实现土地高效利用。

3．促进传统知识传承发展

一是注重传统知识对生物多样性保护与乡村振兴的价值。中华传统文化在生物保护、物种、群落、生态系统乃至景观的建成中都发挥着重要作用，对社会科技进步和生态文明发展具有重要作用。要充分运用传统选育农业资源、生物资源可持续利用等传统技术和生产生活方式，提高生物资源利用水平，促进生物多样性保护惠益周边地区。定期开展生物多样性相关的传统知识调查，制定并公布省级生物多样性知识目录清单，开展传统知识数字化、影像化记录研究，传承保护生态文化与传统知识[②]。

二是实现生态文化创新性发展。首先，认真落实党中央关于创新文化与创新生态建设的精神，制定相关战略引导促进创新文化与创新生态建设，通过科技创新资金支持和科研奖励制度激励科研创新新动能释放。其次，坚持以文化人，促进生态文学繁荣发展。通过定期举办生态文学论坛，鼓励成立更多生态文学创作基地，探索成立生态文学工作协调机制，促进生态文学作品创造性转化。联合相关工作部门，积极推进美丽浙江实践行动，做好《公民生态环境行为规范》的宣传推广工作，引导公民主动践行生态保护环境责任，倡导简约适度、绿色低碳的生活理念和消费方式。

三是促进传统文化传承发展。一方面，加大中华优秀传统文化传承的政策扶持力度。把党的二十大报告、《关于实施中华优秀传统文化传承发展工程的意见》《中华优秀传统文化传承发展工程"十四五"重点项目规划》中关于文化传承的重要精神和具体内容切实落到实处，完善协调机制，形成工作合力，推动形成党委统一领导、党政群协同推进、有关部门各负其责、全社会共同参与的文化建设格局。同时，政府积极举办生物多样性友好体验活动，联合各类院校积极开展"探索生物多样性"等系列研学活动，活化优秀农耕、中医药等传统知识，完善师承教育模式并给予政策支持，进一步促进生态文化的传承与发展。另一方面，摸清文化家底方面。在新科技支持下依托众多非物质文化遗产资源，打造集生物资源展示、历史文化展示、互动教育、科普体验于一体的生物多样性传统知识智能体验基地。政府积极举办生物多样性友好体验活动，联合各类院校积极开展"探索生物多样性"等系列研学活动，进一步促进生态文化的传承与发展，为中华优秀传统文化的传承与发展

---

① 李晓琼，董战峰，葛察忠，等. 生物多样性保护的金融政策创新研究[J]. 环境保护，2022，50（8）：28-31.
② 吴兆录. 传统文化与生物多样性保护[J]. 金融博览，2022（7）：22-24.

提供社会支持。

二、浙江省生物多样性保护未来主要任务

（一）加强就地保护监管与协同治理

1. 强化就地保护

一是严守生态红线进行生态空间保护。进一步强化生态空间保护，特别是对重要生态功能区、物种栖息地的保护。在实践中，浙江省将扩大以国家公园为主体的自然保护地范围和严格管控，特别是在山脉、湿地、海洋等关键生态区域设立生态红线区域。通过建立生态保护红线制度，确保重要物种栖息地和生态功能区不受外界干扰。同时，加强对生态恢复和修复项目的实施，确保生态系统能够得到有效恢复，保持物种的多样性和生态的稳定性。

二是开展栖息地修复和生态廊道建设。为了实现物种的就地保护，浙江省将进一步推进生态廊道建设，促进物种栖息地的连通性。通过建设绿色生态廊道，确保动物和植物物种能够自由迁徙，减少人为隔离带来的生态碎片化问题。特别是浙江省沿海及山区的生态廊道项目，将成为生物多样性保护的重要基础设施。这些廊道不仅能为物种提供安全的迁徙通道，还可以通过有效连接不同的保护区，提高整体生态系统的韧性。

三是生态补偿机制。浙江省还将加强对本地生态环境保护的激励措施，推动地方政府和社区参与生态保护。在生物多样性保护中，地方政府、企业、社区和农民将成为主要保护力量。建立全面的综合生态补偿机制，将生态保护行为与市场机制链接，将生态保护的责任与奖励体系挂钩。对于可以进入市场的保护行为，通过创新机制进行市场化；对于维护生态功能的社区和企业，可以通过财政补助、税收减免等形式进行补偿，激励他们投入更多的资源和精力到生态保护中。不仅能促进地方政府和社会组织积极参与，也有助于保障生物多样性的长期可持续保护。

2. 加强跨部门合作与管理协调

一是加强部门间协作。生物多样性保护是系统工程，依赖跨领域、跨部门的合作。浙江省未来将在生态环境保护中加强政府各职能部门之间的协作，尤其是农业农村、林草、渔业、生态环境等部门的密切配合。例如，农业农村部门将与生态环境部门合作，共同推进生态农业、减少农药使用、保护湿地等项目；林草部门将与水利部门协作，确保水土流失的防治与森林资源保护有机结合。浙江省可以进一步优化现有的跨部门合作机制[①]，确保每一项保护措施都能落实到位。

---

① 伏润民，缪小林. 中国生态功能区财政转移支付制度体系重构——基于拓展的能值模型衡量的生态外溢价值[J]. 经济研究，2015, 50（3）：47-61.

二是跨区域协作。加强生物多样性保护的跨区域合作。[①]在一些重要物种的保护方面，浙江省继续与邻近省份建立协作机制，形成区域性的生物多样性保护网络。例如，在长江流域、钱塘江等跨省水系的生态保护中，浙江省与江苏、安徽、上海等省（市）共同设立流域治理合作机制，协同推进水生物种的保护与湿地生态系统修复。通过跨区域的协作，可以有效避免各地保护措施的割裂性问题，形成系统化的生态保护效果。

三是智慧治理与监控平台建设。继续推进数字化技术的应用，通过建立更加智能的生态监控平台来加强生物多样性保护的治理效率。未来，浙江省依托大数据、人工智能和物联网等技术，建设统一的生态保护信息平台，实时监测生态环境状况。这些监控系统不仅可以快速检测生态破坏事件，还能及时响应，减少生态破坏的发生。例如，通过人工智能对野生动物的行为进行智能分析，及时发现濒危物种的生存状况，为保护措施提供科学依据。

3. 强化法律法规作用

一是健全法律法规。浙江省将进一步完善地方性生物多样性保护法规，明确各级政府、企业、社会组织在生物多样性保护中的职责。未来，浙江省可出台更为严格的《浙江省生物多样性保护条例》，加大对破坏生态环境行为的处罚力度，特别是在生态保护区内的非法捕猎、滥伐森林等行为，将受到更为严格的法律约束[②]。同时，浙江省还将在全省范围内推行生态环境的法治宣传和教育，提升公众对生物多样性保护法律的认知和遵守。

二是强化执法力度。浙江省将加大对自然保护区、生态功能区等重点区域的执法力度，确保所有生态保护项目落实到位。浙江省将强化对各类生态违法行为的查处力度，特别是非法侵占生态空间、偷猎、非法贸易等行为。同时，通过"生态警察"等专业执法队伍的建设，提升生态环境违法案件的查处效率，确保生物多样性保护法律的严格执行。

三是建立激励与约束机制。除了法律约束，浙江省还将进一步健全生态环境的激励机制。政府将通过奖励机制鼓励那些在生态保护中表现突出的个人或单位。例如，在生态农业、生态旅游等领域，浙江省可以提供税收减免、财政补贴等激励措施；对于违反生态保护法律法规的企业和个人，严格执法和公正司法，确保每个生态保护项目的实施都能得到有效保障。

（二）加快推动可持续利用与惠益共享

1. 打造生物多样性信息化平台

一是建立智慧监测体系。打造生物多样性信息化平台，必须以系统性、科学性为前提。在完成全省陆域生物多样性本底调查编目和重点遗传资源普查的基础上，利用人工智能、大数据和物联网技术，构建集数据采集、智能分析、预警预报于一体的生物多样性智慧监测体系。针对植物、动物、微生物等各类生物的编目和生态系统的监测。通过整合多源数

---

① 祁毓，杨春飞，陈诗一. 绿色转型发展中的财政激励与协同治理——来自"山水工程"试点的证据[J]. 经济研究，2024，59（10）：132-150.
② 秦鹏，向往. 生物多样性保护视域下野生动物致害补偿制度的立法完善[J]. 中国软科学，2023（4）：201-212.

据（如遥感影像、卫星数据、实地调查数据等），形成高分辨率的生物多样性数据库。全面摸清生物资源的现状、分布及动态变化趋势。通过自动化传感器、无人机等设备，实现对生态敏感区和关键生境的实时监测；利用人工智能模型，对物种分布、栖息地变化和生态风险进行智能分析与预测。

二是设立定期评估制度，强化动态监测和科学决策[①]。设立每五年一次的全省生物多样性状况综合评估制度，对生物多样性总体状况、生态系统服务功能、主要威胁因素等进行全面审视。评估工作与智慧监测体系深度结合，充分利用平台的实时监测数据和分析结果，提高评估的准确性和效率。评估制度注重公众参与和透明度，定期发布生物多样性报告，向社会公众和利益相关方披露生物多样性保护的成效与问题，增强社会的生态保护意识。

三是打造全省统一的信息平台。加强部门协作，明确数据标准和管理规范，推动政府、科研机构、社会组织之间的协同合作。通过统一的信息平台，打破数据孤岛，构建全省范围内的生物多样性管理网络，形成跨部门、跨区域、跨领域的保护合力。

2. 建设高水平生物多样性保护专家库

一是通过政策引导、科研资助等手段吸引国内外优秀人才加入专家库，同时通过联合培养机制加强后备人才队伍建设，打造覆盖广泛领域的专业团队。根据不同阶段的生物多样性保护需求，定期引入新领域的专家。与省内外高校、科研院所和企业合作，通过跨领域、跨机构的协作机制，促进知识共享和技术交流。促进科研成果向实际成果的高效转化，进一步提升生物技术环境安全监管能力，强化风险防控能力，加强生物安全保障体系。

二是推动科研成果向实际应用高效转化。通过专家库提供技术支撑，结合数字化监管技术，全面提升基因工程、微生物应用等技术的环境安全评估能力，保障技术应用的安全性。加强对技术转化的政策支持，通过设立专项资金、简化技术转化审批流程，推动科研成果快速进入生产和应用环节，从而解决科研成果转化过程中的"最后一公里"问题[②]。重点推进生物质能源、环保替代资源、新型药品研发等领域的技术产业化。

三是提升生物资源科技成果的应用水平。通过专家技术支持，推广基于生物多样性的农业模式，如生态种植与养殖、绿色病虫害防控等，提高农业生产效率与生态效益，从而推动农业与生态技术融合。发展基于生物资源的可持续技术，如利用微生物研发环境修复技术、开发工业用高性能生物催化剂等，推动绿色工业技术升级，从而加强生物技术在工业与环保领域的应用。针对浙江特色生物资源，结合精准医学和生物制药技术，开发新型药物和健康产品，为公众提供更优质的健康服务，从而强化生物资源在医疗与健康领域的创新。

---

① 赵新全，徐世晓，赵亮，等. 三江源国家公园生物多样性保护创新及实践[J]. 中国科学院院刊，2023，38（12）：1833-1844.
② 祁毓，杨春飞，陈诗一. 绿色转型发展中的财政激励与协同治理——来自"山水工程"试点的证据[J]. 经济研究，2024，59（10）：132-150.

3. 创新保护体制机制

一是挖掘生物多样性经济价值。建立"近自然城市绿地"和"自然友好农田"体系，通过生态有机产品认证、生态旅游等挖掘其潜在生物多样性价值[①]，探索建立 OECMs 的认证和保障体系，以支持我国"30-30 目标"的实现[②]。将生态旅游与生物多样性保护结合起来，通过基础设施完善带动生物多样性价值提升。

二是规范生物多样性经营活动。通过技术创新和产业升级[③]，发展包括野生生物资源人工繁育与利用、生物质能源转化、农作物与森林草原病虫害绿色防控等在内的绿色产业。通过生物质能源技术的研发与应用，推动农业废弃物资源化利用；通过引进低环境负荷的病虫害防控技术，减少化学农药的使用，提高农业生产的绿色化水平。在山区、库区等生物多样性资源丰富但经济基础相对薄弱的地区，通过推广生态循环农业模式、发展基于生物多样性的绿色种植与养殖技术，提升农业的可持续性。推动生态补偿机制与乡村经济振兴深度结合，在确保保护优先的基础上，为当地居民创造更多绿色产业和就业机会。制定自然保护地控制区经营性项目特许经营管理办法，明确经营活动的范围、条件和准入门槛。通过科学规划，鼓励原住居民参与特许经营活动，如在保护地周边适当区域开展自然教育、生态旅游和康养服务等低环境影响的经济活动，提升原住居民创造稳定收入的同时，还能增强他们对保护工作的认同感和参与度，形成"保护—利用—发展"的良性循环。

三是建设多元化投融资体制机制，加大生物多样性保护投入力度；拓展浙江生物多样性保护的影响力和示范效应，让生物多样性保护成为全民行动。围绕生物遗传资源的保护与合理利用，建立完善的获取与惠益分享机制，确保生物多样性的可持续利用与社会的共同福祉相协调，实现人与自然和谐共生的美好愿景，高质量建成美丽中国先行示范区。

（三）坚实推进生物多样性治理能力现代化

1. 强化生态优先的政策理念

一是浙江省继续强化生态优先的发展理念，将生态保护放在经济社会发展的首要位置。进一步推动绿水青山就是金山银山的理念，明确生态系统的多功能性，促进生态保护与经济发展之间的有机结合。浙江省可以通过加强生态空间的管控与保护，推行"生态红线"制度，避免对生态系统过度开发，确保生物多样性不被破坏。

二是加强绿色产业的转型升级。在现有基础上进一步推动绿色产业的发展。发展低碳技术和绿色能源，推动绿色农业转型，提高农业生产的资源利用效率并减少对环境的负面影响。同时，促进生态产品价值的转化，推动绿色消费，鼓励消费者和企业共同参与绿色产品和服务的推广。这些举措不仅有助于减缓环境压力，还能够为经济发展提供新的

---

① 吴英迪，蒙吉军. 中国自然资源生态服务重要性评价与空间格局分析[J]. 自然资源学报，2022，37（1）：17-33.

② 吕植. 中国生物多样性保护与"30-30 目标"[J]. 人民论坛·学术前言，2022（4）：24-34.

③ 王镝，章扬. 企业数字化转型、策略性绿色创新与企业环境表现[J]. 经济研究，2024，59（10）：113-131.

增长点[①]。

三是推动公众参与生态文明建设。加强公众环保意识的培养与提升，推广生物多样性保护的理念。通过组织各类宣传活动、生态体验教育基地的建设等形式，增强公众的环境保护意识，激发全社会对生物多样性保护的积极参与。例如，可以利用数字平台进行生物多样性知识的普及，提高市民参与度，使生态保护成为全民行动。

2. 健全生态保护法制与治理机制

一是完善生物多样性保护法律法规。进一步完善与生物多样性保护相关的法律法规，强化地方性法规的制定和实施。例如，可以完善《浙江省生物多样性保护条例》，明确保护责任和行为规范，设立具体的罚则，加强对破坏生物多样性的违法行为的打击力度。加强执法部门和业务部门之间的协作，确保法律的执行力度和广度。

二是构建跨部门合作机制。生物多样性保护涉及多个领域和部门，通过跨部门的协作形成协同治理的局面，农业农村、林草业、渔业等部门联合开展跨领域的生态保护工作，通过资源整合与信息共享，提高工作效率。通过政府部门之间，政府与企业、社会团队之间的联合执法、联合调查等方式，增强保护行动的统一性和连贯性，切实打击破坏生态环境和非法捕猎等行为。

三是完善生态补偿机制与绿色激励政策。建立健全生态补偿机制，奖励生态保护成果和绿色发展的地方。可以通过财政补助、税收优惠等手段，对地方政府、企业及社区进行激励，鼓励他们采用绿色生产方式，推动资源的高效利用和生物多样性的保护。大力支持生态保护相关企业和项目，帮助它们降低成本，提高可持续发展的能力。

3. 推动科技创新与智能监测

一是加强数字技术在生态监测中的应用。继续加强数字化技术在生物多样性保护中的应用，尤其是在生物多样性监测领域。可以依托无人机、卫星遥感、人工智能等先进技术，全面提升生态监测的准确性与实时性[②]。例如，丽水市已经通过 AI 技术和大数据分析，对区域内的物种进行实时监控，浙江省可以进一步扩大智能监测网络的覆盖范围，提升监测精度，为生态保护提供精准的数据支持。

二是构建全省生物多样性监测平台。建立更加完善的生物多样性监测平台，整合全省各个自然保护区、生态保护点的数据，形成一个省级生物多样性数据库。借助物联网技术，建立实时数据传输与分析系统，实时监测生物种群变化及生态环境状态，从而及时调整保护措施。通过数据共享平台，鼓励公众和科研机构参与数据采集和保护行动。

三是推动生态大数据的应用与决策支持。加强生态大数据平台的建设，将生态环境、物种分布、生态修复等数据进行整合，推动智能化、精准化的生态治理。通过数据分析预测生态变化趋势，为生物多样性保护决策提供科学依据。例如，通过大数据预测物种的栖

① 李晓琼，董战峰，葛察忠，等. 生物多样性保护的金融政策创新研究[J]. 环境保护，2022，50（8）：28-31.

② Fisherj C，Irvine K N，Bicknell J E，等. 感知生物多样性、感知声环境、感知自然度和安全感强化了新热带界城市蓝绿空间的恢复力质量和福祉效益[J]. 城市规划学，2022（1）：125-126.

息地变化和迁徙路径，提前采取保护措施，减少生态灾害的发生。同时，借助数字化手段，浙江省可以对政策执行效果进行实时跟踪，优化资源配置和管理决策。

三、浙江省生物多样性保护机制保障

（一）坚持全体动员，构筑生物多样性保护社会行动体系

一是充分发挥政府职能，不断完善生物多样性政策法规体系。细化生物多样性保护与管理工作标准，理顺各地各部门政府相关工作体制机制，将生物多样性保护行动计划作为重点领域纳入国家发展规划，进一步发挥政府的主导作用。积极运用绩效管理和激励政策，细化目标任务，抓好督促落实，充分发挥生物多样性保护国家委员会统筹协调制度，示范带动社会生物多样性保护工作顺利开展。

二是激励企业进入生物多样性保护行列。科学评估企业经营活动对生物多样性的风险及影响，将企业生物多样性相关指标纳入企业环境信息管理等可持续发展报告，推动企业建立生物多样性惠益发展模式，探索建立生物多样性保护长效机制。充分发挥市场机制的调节作用，引导企业采取可持续的生产模式，鼓励绿色清洁生产，进一步提升资源利用率，构建生物多样性可持续利用及生物多样性友好型企业认证体系，创新产业链协同治理模式。规范企业对外投资活动，促进工商业生物多样性保护联盟建设，推动金融机构将生物多样性纳入投资决策，减少或修复生物多样性的不利影响，推动生产方式绿色低碳转型。

三是激发社会大众自觉保护行为。首先，进一步拓宽公众参与渠道，建立多方参与的生物多样性保护联盟，引导规范生物资源，创新生物多样性经营活动，推动各级党委组织、事业单位、各类社会群体充分参与到生物多样性保护行动中并发挥其积极影响。其次，强化信息透明，完善信息公开机制，搭建全民参与网络监督平台[①]，充分发挥全民行动科学性，实现生物多样性保护良性发展。最后，畅通民众举报渠道，完善生物多样性诉讼机制和举报机制，鼓励公众践行绿色生活方式，保护身边的生物多样性，支持公众发声、媒体舆论监督。

（二）坚持全面保护，完善省级生物多样性保护协调机制

第一，建立健全跨流域、覆盖重点区域的生态补偿机制。探索建立以资金补偿为主，技术、实物、就业等补偿为辅的可持续、创新型的生态保护补偿机制，实现生态补偿规范化、制度化，逐步加大生态补偿力度，鼓励在流域内建立与生物多样性保护相关的多元合

[①]我国生物多样性保护公众参与：现状及建议[EB/OL].（2021-10-27）[2024-07-21]. http://www.mee.gov.cn/zcwj/zcjd/202110/ t20211027_957970. shtml.

作方式[1]。

第二，制定和完善生物多样性保护相关法规政策。以全国人民代表大会常务委员会生态环境法典编撰为契机，建议在生态环境法典单独设置生物多样性保护的专门篇章，将生态系统、物种、遗传资源三个层面纳入保护范畴，增强生物多样性立法体系的完整性。加快研究起草和出台《浙江省生物多样性保护条例》及配套规定。

第三，加大水生生物保护力度。建立健全水生生物资源有偿使用制度，构建水生生物多样性损害赔偿机制和生态补偿机制，科学增殖放流，提高水生生物多样性，保护水生态系统健康[2]。同时，制定更为全面的生物多样性保护政策，将科技手段融入生物多样性保护中，因地制宜地扩大生态保护红线范围，增加生态廊道，持续优化生物多样性保护空间格局，逐步恢复退化了的生态系统[3]。

第四，构建系统性的生物多样性损害鉴定评估方法和工作机制。逐步形成生物多样性损害量化和价值量化的评估方法，建立外来有害生物损害赔偿机制及生态环境损害赔偿机制，设立研究有害生物应急反应基金，完善打击野生动植物非法贸易制度。

（三）坚持治理导向，构建生物多样性现代化治理体系

第一，构建生物多样性调查和监测体系。一是实施生物多样性全面调查评估体系。继续深化《关于进一步加强生物多样性保护的实施意见》（浙委办发〔2022〕23号），以数字化改革为牵引，推动生物多样性调查、监测、评估工作落实落细，促进生物多样性保护与经济社会绿色发展良性互动[4]，助力高质量发展建设共同富裕示范区。浙江省结合多种先进的调查技术和科学的研究方法，对各类生物进行全面调查。全面掌握全区野生动物的物种组成、分布、数量、生境和保护现状等情况，野生动物本底调查与研究工作方面争取产出优质成果。二是形成生物多样性常态化监测体系。积极对接各类生物资源调查监测工作，定期开展物种栖息地遥感监测、重要水体水生生物多样性监测，加强重要物种专项保护监测，持续推进全省重点区域迁徙水鸟同步调查及环志，完成慈溪杭州湾、玉环漩门湾等大湾区的鸟类环志，进一步推进全域关键生境质量得到改善，种群数量实现稳步提升。三是完善生物多样性监测体系。生物监测体系是确保生物多样性保护工作有效落实的重要抓手。紧紧围绕"建设全省监测一盘棋集团军"奋斗目标，坚持补短板、出亮点、提效能，在碳监测、遥感监测、新污染物监测、大气监测预报等监测新领域，以及新技术应用方面积极探索创新。

---

① 段克，王修林. 适应"昆明-蒙特利尔全球生物多样性框架"目标的中国海洋保护区政策研究[J]. 中国科学院院刊，2023，38（8）：1154-1167.

② 《浙江省水生生物多样性保护实施方案》（浙环函〔2020〕106号）。

③ 朱晓泾，于丹丹，乐志芳，等. 未来情景下浙江省土地利用格局和生物多样性变化模拟[J]. 环境科学研究，2024（8）：2-17.

④ Tim Hirsch，Kieran Mooney and David Cooperetal. Secretariat of the conventionon biological diversity（2020） global biodiversity outlook 5[R]. Montreal，2020.

第二，构建可持续利用和惠益分享体系。通过推广绿色、低碳、循环的生产方式，发展生态农业、生态旅游等绿色产业[①]，推进生物多样性的可持续利用和惠益分享。继续深化《浙江省建立健全生态产品价值实现机制指导意见》，依托生物资源，打造了集科研教学、产品研发、课程研发于一体的全过程生物多样性体验产业链条，推动生物资源价值转化，[②]有效解决农民就业难题，促进农民增收致富。推动浙江省生态产品价值实现工作走在全国前列，高质量发展建设共同富裕示范区。

第三，构建生物多样性保护的科技研发体系。首先，加大科研机构建设和资金投入是关键。根据《浙江省生物多样性保护战略与行动计划（2023—2035年）》的指引，浙江省已对科研机构进行战略性补充，并设立专项基金以支持关键科研项目。通过划分重点项目与一般项目的资助额度，确保了各类科研活动的顺利开展，从而为生物多样性监测、评估和恢复等技术难题提供了强有力的技术支撑。其次，优化人才培养机制也是重要一环。在教育事业发展"十五五"的规划中，切实落实好生物多样性保护人才培育，通过高等院校设立相关专业和课程，培养具备扎实专业基础与创新精神的人才。浙江大学、浙江农林大学等高校开设生物多样性保护相关专业和课程，积极培育生物多样性保护领域优秀人才。实施积极的人才引进政策，通过激励措施吸引国内外杰出科学家和青年才俊回乡创业，为地方的生物多样性保护工作注入新鲜血液。最后，促进科研成果转化与示范应用是提升科技效能的重要途径。把生物多样性保护科技研发任务写入《浙江省科技创新发展"十五五"规划》，致力于推动生物多样性保护科研成果的实际应用。通过鼓励企业参与科技创新，实现产学研紧密结合，将科研成果转化为产业优势，不仅推动经济绿色发展，也增强了社会对生物多样性保护重要性的认识。

第四，构建生物多样性知识传播体系。一是政府主导制定政策框架。制定相关的法律法规和政策，明确生物多样性教育的重要性，并为其提供必要的资金支持。出台《生物多样性保护与教育行动计划》，设定短期目标和长期目标，确保各项措施有序推进。政府成立工作小组，负责统筹协调生物多样性教育、培训和宣传工作，整合各类资源，包括科研机构、高校、社会组织等，形成合力。二是把生物多样性保护宣传融入教育与培训。在课程设置方面，将生物多样性知识纳入中小学及高等院校的必修课程，通过理论与实践相结合提高学生的认识。在师资培训方面，定期对教师进行专业培训，使其掌握最新的生物多样性知识及教学方法。在社区与公众培训方面，在社区开展讲座、工作坊及生态考察活动，提高居民对本地生态系统的理解与关注；建设在线学习平台，提供免费或低成本的生物多样性相关课程，方便广大公众学习。在宣传推广方面，通过电视、广播和报纸等传统媒体发布有关生物多样性的宣传内容，提高社会知晓度；利用社交媒体平台（如微博、微信等）发布短视频、图文信息，引发讨论并吸引更多人员参与。三是建立社会参与体系。建立地方志愿者网络，鼓励市民参与植树造林、生境恢复等保护行动；推动公民科学项目，让普

① 金晨，熊元斌. 旅游业可持续发展中的生态环境问题及其制度安排探讨[J]. 宏观经济研究，2016（9）：41-51.
② 钟茂初. 生物多样性保护与可持续发展：内在关系及行为准则[J]. 河北学刊，2023，43（2）：120-129.

通公民参与数据收集，如鸟类观察记录、生物种类调查等；鼓励企业将生物多样性保护纳入其 CSR 战略，通过资金赞助或技术支持来促进相关项目的发展，与企业建立伙伴关系，共同开展公益活动，提高社会对生物多样性的认知。

第五，构建生物多样性治理政策法规体系。首先，在顶层设计上确立浙江省生物多样性保护的政策目标，梳理浙江省现有的生物多样性保护相关政策法规，寻找目标差距，从而针对浙江省相关法律法规体系进行完善。其次，从系统治理视角构建生物多样性保护的政策法规。结合自然资源保护制度完善生态系统多样性保护的政策法律法规，结合环境治理完善遗传多样性和物种多样性保护的政策法律法规。最后，从省、市、县多级构建生物多样性保护的政策法规。在省级层面上出台整体化指导性意见相关的政策法律法规，而在市、县层面上主要出台具体的政策法律法规。

综上所述，浙江省生物多样性保护工作走在全国前列，在未来更是以积极推动我国《生物多样性公约》履约进程、有效应对生物多样性面临的挑战、全面提升生物多样性保护和管理水平为目标，全面推进生物多样性主流化，不断强化生物多样性保护战略地位，将生物多样性保护理念融入生态文明建设全过程。

后 记

　　党的二十大报告明确提出"中国式现代化是人与自然和谐共生的现代化",并专门阐述"推动绿色发展,促进人与自然和谐共生",要求"提升生态系统多样性、稳定性、持续性"。2024 年 7 月 18 日,中国共产党第二十届中央委员会第三次全体会议通过《中共中央关于进一步全面深化改革　推进中国式现代化的决定》,指出要"强化生物多样性保护工作协调机制"。作为习近平生态文明思想的重要萌发地、"绿水青山就是金山银山"理念发源地和率先实践地,历届浙江省委、省政府坚定不移走人与自然和谐共生的现代化之路,积极推进生物多样性保护工作。2023 年,浙江省生态环境厅会同省发展改革委、省自然资源厅、省农业农村厅、省林业局联合印发《浙江省生物多样性保护战略与行动计划(2023—2035 年)》。这是《生物多样性公约》第十五次缔约方大会(COP15)达成《昆明-蒙特利尔全球生物多样性框架》以来的全国首个省级战略与行动计划。该行动计划提出了浙江要做生物多样性治理现代化的展示窗口、绿水青山向金山银山转化的实践典范、共建地球生命共同体的省域样板等战略定位。2023 年 6 月 12 日,联合国教科文组织"人与生物圈计划"国际协调理事会在巴黎举行的会议上决定,第五届世界生物圈保护区大会将于 2025 年 9 月在浙江省杭州市举办,这将是世界生物圈保护区大会首次在中国乃至在亚太地区举办。

　　浙江省是习近平生态文明思想发展和完善的战略高地。[①]2025 年是"绿水青山就是金山银山"理念提出 20 周年,推进美丽浙江建设节点特殊、意义重大。浙江省积极贯彻落实美丽中国建设部署,抓紧构建生物多样性保护的监测体系、责任体系、考核体系、制度体系等,把生物多样性保护融入经济社会文化发展的各方面和全过程,促进了生物多样性保护的专业化、主流化和法治化。鉴于此,及时撰写一部题为"生物多样性保护的浙江经验"的《2023 浙江生态文明发展报告》具有重要的理论与现实意义。本发展报告相对系统且全面地梳理了近 20 年来国家和浙江省相关生物多样性保护政策制度以及省内专家学者的理论研究成果,详细总结了浙江省生物多样性保护的主要实践做法、重大举措、主要成效、经验启示、对策建议和工作展望等。其中,涉及国家领导人批示等研究成果的总结分析,因为涉密略写。

　　本发展报告是浙江生态文明智库联盟和浙江省新型重点专业智库——浙江农林大学生态文明研究院、碳中和研究院组织完成的。在院长兼首席专家沈满洪教授的领导下,陈真亮教授担任本发展报告的课题负责人,李玉文教授、熊立春副教授、孔令乾副教授等作为核心成员。各篇章初稿形成后,沈满洪教授、陈真亮教授提出多轮修改意见,然后课题组进行

---

① 黄承梁,安黎哲,沈满洪. 论习近平生态文明思想在浙江的发展与完善[J]. 中国人口·资源与环境,2024(10):1.

相关调研和多次研讨修改。2024 年 10 月 11 日，课题组举行书稿出版前的讨论会，李兰英教授、李健教授、徐彩瑶副教授等提出了若干完善意见和建议。最后，由陈真亮教授对全书进行修改完善，充实相关内容，统一写作文风、体例格式、脚注格式等，并统稿定稿。

本发展报告是团队精诚合作的成果，各篇负责人及各章执笔人如下：

第一篇负责人：陈真亮（浙江农林大学生态文明研究院生态治理研究所所长；文法学院学术副院长、教授、博士生导师）

第一章：陈真亮

第二章：林雅静（浙江农林大学生态文明研究院研究员；文法学院讲师、博士）

第三章：谷津（浙江农林大学生态文明研究院研究员；文法学院讲师、博士）

第二篇负责人：熊立春（浙江农林大学生态文明研究院生态经济研究所副所长；经济管理学院副教授；人文社科处专聘副处长）

第四章：熊立春

第五章：熊立春

第六章：熊立春

第三篇负责人：孔令乾（浙江农林大学生态文明研究院学术部副部长；经济管理学院副教授）

第七章：孔令乾；陶洁丽（浙江农林大学经济管理学院硕士研究生）

第八章：孔令乾；冯博（浙江农林大学经济管理学院硕士研究生）

第九章：孔令乾；宋长杰（浙江农林大学经济管理学院硕士研究生）

第四篇负责人：李玉文（浙江农林大学生态文明研究院信息部部长；经济管理学院教授、博士生导师）

第十章：李玉文

第十一章：李玉文

正所谓"编辑成就作者"，感谢宾银平责任编辑的辛勤付出，感谢您的专业精神与认真审校。

在本发展报告的撰写和研究过程中，我们得到了浙江省社科联、浙江生态文明智库联盟单位、浙江农林大学的大力支持，在此表示衷心感谢！感谢浙江农林大学生态文明研究院、碳中和研究院提供的智库平台，感谢院长兼首席专家沈满洪教授带领本人及团队不断奋发进取和进步。感谢各位老师指导的部分研究生在撰写本报告中给予的文献资料查找、文字校对等方面的襄助。

每一年度的浙江生态文明发展报告，时间紧、任务重、难度大，报告中难免存在一些错漏和不足之处，敬请读者批评指正。

陈真亮

2024 年 12 月 12 日

于浙江农林大学衣锦校区